SUCCESS

MBA、MPA、MPAcc、MEM等

管理类联考

数学

高分突破

社科赛斯考研 主编

U0274534

北京航空航天大学出版社
BEIHANG UNIVERSITY PRESS

图书在版编目（CIP）数据

MBA、MPA、MPAcc、MEM 等管理类联考数学高分突破 /
社科赛斯考研主编． -- 北京：北京航空航天大学出版社，
2021. 11

ISBN 978-7-5124-3639-8

Ⅰ．①M… Ⅱ．①社… Ⅲ．①高等数学—研究生—入
学考试—自学参考资料 Ⅳ．①O13

中国版本图书馆 CIP 数据核字（2021）第 221648 号

MBA、MPA、MPAcc、MEM 等管理类联考数学高分突破

责任编辑：李　帆　陈美璐
责任印制：秦　赟
出版发行：北京航空航天大学出版社
地　　址：北京市海淀区学院路 37 号（100191）
电　　话：010 - 82317023（编辑部）　　　010 - 82317024（发行部）
　　　　　010 - 82316936（邮购部）
网　　址：http://www.buaapress.com.cn
读者信箱：bhxszx@163.com
印　　刷：保定市中画美凯印刷有限公司
开　　本：787mm × 1092mm　1/16
印　　张：15.75
字　　数：364 千字
版　　次：2021 年 11 月第 1 版
印　　次：2021 年 11 月第 1 次印刷
定　　价：54.00 元

蓝宝书丛书编委会

请扫描右方二维码，
按提示获取视频课程

若对本书有任何意见和建议，可以通过邮箱success200203@163.com与笔者联系

⠿ 前　言

　　自 2008 年数学联考改革以来，数学联考试题已经逐步趋于标准化和成熟化，纵观近几年的考试情况，突出了以下几个特点：难易程度逐步合理化，考试大纲无重大调整，题型稳定。为了帮助广大考生高效、准确地把握考试的脉络，社科赛斯数学教学团队根据数学联考考试大纲的要求，结合近几年数学联考的特点和最新真题，精心编写了这本数学联考复习资料。本书中的例题分为基础部分和进阶部分，下面就本书的特点说明如下：

　　基础部分的例题侧重帮助考生夯实基础，理解基本知识和基本概念，熟练应用基本知识和基本概念解决常规的数学问题。在本书的基础部分，我们本着遵循考试大纲，侧重复习数学联考中常考知识点，让每位考生通过知识考点的归纳总结，明确每一章每一节考试的常考知识点，便于考生明确考试要点，通过典型明确该做什么类型的题，该重点掌握哪些知识点的应用和常规的做题方法，再通过同步练习得以提高，做到有的放矢！

　　进阶部分的例题中包含了精选的历年真题和部分"拔高"题，通过这些有一定难度的例题讲解，专项专练，达到专题训练的目的，帮助考生准确把握题目特点、提高解题技能，有效提升解题能力。在这一部分，编者对考试大纲和真题进行了深入研究，对历年真题进行了统计分析，确定了联考的重要考点，进行专题讲解，解析详细，并且对真题进行了总结性的点评，这对考生总结方法和反思解题技能有很好的帮助。

　　针对数学联考命题规律及最新考题中的一些变化，数学教学团队对未来数学联考的命题进行了细致深入的研讨，本书中的例题和习题实际上也是一种命题导向的预测。

　　一直以来，我们努力把最好的成果呈现在您的面前，因为这是我们的责任！欢迎大家在使用本书的过程中，向我们提出意见和建议。

目 录

管理类联考数学部分大纲解析

一、综合能力数学部分考试大纲

综合能力考试中的数学基础部分主要考查考生的运算能力、逻辑推理能力、空间想象能力和数据处理能力，通过问题求解和条件充分性判断两种形式来测试。

试题涉及的数学知识范围有：

（一）算术

1. 整数

（1）整数及其运算

（2）整除、公倍数、公约数

（3）奇数、偶数

（4）质数、合数

2. 分数、小数、百分数

3. 比和比例

4. 数轴与绝对值

（二）代数

1. 整式

（1）整式及其运算

（2）整式的因式与因式分解

2. 分式及其运算

3. 函数

（1）集合

（2）一元二次函数及其图像

（3）指数函数、对数函数

4. 代数方程

（1）一元一次方程

（2）一元二次方程

（3）二元一次方程组

5. 不等式

（1）不等式的性质

（2）均值不等式

（3）不等式求解

一元一次不等式（组），一元二次不等式，简单绝对值不等式，简单分式不等式.

6. 数列、等差数列、等比数列

（三）几何

1. 平面图形

（1）三角形

（2）四边形

矩形，平行四边形，梯形.

（3）圆与扇形

2. 空间几何体

（1）长方体

（2）柱体

（3）球体

3. 平面解析几何

（1）平面直角坐标系

（2）直线方程与圆的方程

（3）两点间距离公式与点到直线的距离公式

（四）数据分析

1. 计数原理

（1）加法原理、乘法原理

（2）排列与排列数

（3）组合与组合数

2. 数据描述

（1）平均值

（2）方差与标准差

（3）数据的图表表示

直方图，饼图，数表.

3. 概率

（1）事件及其简单运算

（2）加法公式

（3）乘法公式

（4）古典概型

（5）伯努利概型

以上系原文引自《全国硕士研究生入学统一考试管理类专业学位联考综合能力考试大纲》（以下简称《大纲》），供读者参考.

二、大纲解析

从《大纲》中可以看出,考查的知识是中学乃至小学的知识,可见考得并不很深;但考查的知识既包括非常基础的数字计算,也包括贴近经济管理的数据分析,可见考的范围比较广.所以,考生在备考中既不要过于恐慌,也不可掉以轻心.

由于考查范围很广,有的考生将中学课本拿来从头学起,其实,这是在走冤枉路.实际考试中,各章节的重要性是不同的,每章中考查内容的重点也与中、高考不完全相同.

最重要的部分恰恰是《大纲》中没有明确提到的应用题.在历年的 25 道考题中,应用题一般有 7 ~ 8 道.考试中的应用题,所考查的数学知识一般不难,考查的重点大多放在分析问题、解决问题的能力上.

很重要的部分包括几何和数据分析.这两部分在每次考试中一般会各考 4 ~ 6 道题.几何部分从不考全等三角形的证明、弦切角定理之类的理论知识,考查的重点一般是求面积或者几个重点图形,所以,在这部分的学习中,考生应牢牢把握重点,而不要做无用功.数据分析部分的重点是排列组合,其基本知识点很少并且也不难,但这一部分经常和其他知识点综合出题,所以考生在学习时应注意灵活地应用知识.

比较重要的部分包括算术、代数和数列.每次考试,围绕这些知识点出的题目总数并不算多,部分知识点(例如整除、不等式等)难度又很高,而其中绝对值、一元二次方程等知识点是几乎每年必考的.所以,对于这些知识,建议考生牢牢把握重点,而根据个人情况和需求灵活地控制难度.

《大纲》为我们的复习提供了基本的方向,但在实践中又不能过分地拘泥于大纲或者迷信大纲.例如,大纲中没有考查有理数和无理数的规定,但考试中曾经考查过;大纲中没有明确提及应用题,但考试中考得最多的就是应用题.所以,本书的架构以考试的实践为依据,对知识点进行了适当的增删调整,而并不完全拘泥于大纲的体例.

管理类联考综合试卷的数学部分包括问题求解题 15 道和条件充分性判断题 10 道，每题 3 分，共 75 分．其中问题求解题即普通的单项选择题和条件充分性判断题将在后文介绍．作为综合试卷的一部分（综合试卷考试时长为 3 小时），数学部分一般应在 70 分钟内完成，每题仅有约 2.8 分钟的时间．注意到这两种考题均为客观题型，仅要求选出正确且唯一的答案，而完全不看解题过程，所以考生在应试时除了可以依靠自己的数学水平外，还可以应用一些技巧，以节省宝贵的考试时间．本节针对问题形式向读者介绍一些一般性的技巧．由于尚未讲解具体的数学知识，本节例题仅为示例，所以难度低于实战水平．同时，也希望抛砖引玉，能启发读者自行总结出更多的解题技巧．

一、问题求解题

大部分问题求解题都需要正常的求解计算，但作为单选题，五个选项中必然有一个是答案，且仅有一个是答案，所以如果能灵活运用排除法、验证法等技巧则可以大大节省时间并提高正确率．

【引例 1】已知 $f(x) = ||x^2 - 3x - 6| + 2|$，则 $f(1) =$

(A) -5 (B) 1 (C) 10 (D) -8 (E) 0

【解析】本题当然可以代入计算，但注意到式子的绝对值形式，显然答案不会小于 2，所以排除选项 A，B，D，E，可以直接选择 C．

【引例 2】方程 $\dfrac{1}{x-5} = \dfrac{1}{x^2 - 6x + 5}$ 的解为 $x =$

(A) 5 (B) 2 (C) 1 (D) 0 (E) 5 或者 2

【解析】本题当然可以通过正常地解分式方程求得答案．但应注意到，代入法是一种不错的方法，A 显然不成立，否则分母为 0．将选项 B 代入后发现，其确为方程的解．注意本题是单选题，则答案必然为 B．

【引例 3】有黑、白两堆棋子，黑、白子数量比为 3:1. 分别取走 8 个黑子和 1 个白子后黑、白子数量比变为 2:1. 则此时，黑子的数量为

(A) 7 (B) 15 (C) 10 (D) 5 (E) 1

【解析】本题有多种做法，这里强调"此时"黑子数量为白子的 2 倍，所以黑子只能为偶数，所以答案必然为 C．

二、条件充分性判断题

条件充分性判断的题目要求如下.

条件充分性判断：第 16~25 小题，每小题 3 分，共 30 分. 要求判断每题给出的条件 (1) 和条件 (2) 能否充分支持题干所陈述的结论. A，B，C，D，E 五个选项为判断结果，请选择一项符合试题要求的判断，在答题卡上将所选项的字母涂黑.

（A）条件（1）充分，但条件（2）不充分.

（B）条件（2）充分，但条件（1）不充分.

（C）条件（1）和条件（2）单独都不充分，但条件（1）和条件（2）联合起来充分.

（D）条件（1）充分，条件（2）也充分.

（E）条件（1）和条件（2）单独都不充分，条件（1）和条件（2）联合起来也不充分.

这种题型对于大部分考生来说是陌生的，所以在此说明几个关键问题.

1. 什么是充分条件

有两个命题 A 和 B，若 A 成立，则 B 一定成立，那么 A 就是 B 的充分条件. 例如：

A：$x = 1$；B：$x^2 - x = 0$.

若 $x = 1$，则 $x^2 - x = 1 - 1 = 0$ 一定成立，所以 $x = 1$ 是 $x^2 - x = 0$ 的充分条件，即 A 是 B 的充分条件. 但若 $x^2 - x = 0$，则 $x = 1$ 或 $x = 0$，并非一定 $x = 1$，所以 B 不是 A 的充分条件.

2. 充分并非等价，也不需要等价

将上例改写为一道试题.

【引例 4】 $x^2 - x = 0$.

（1）$x = 1$.

（2）$x = 0$.

【解析】本题非常简单，但请初学者注意，本题的答案是 D 而非 C.

注意：选择 C 的前提是"单独都不充分"，而对于本例，（1）、（2）单独都是充分的，所以答案为 D，而不可能是 C.

而 $x = 1$ 与 $x^2 - x = 0$ 并非等价的，但充分并不要求等价. 可以这样记忆，充分条件的范围常常会小于结论. 以本题为例，题干有两个解，但作为答案的充分条件每个仅为其中之一.

【引例 5】 $x \geq 1$.

（1）$x > 0$.

（2）$x = 0$.

【解析】同理，本题答案也是 D.

同样，两个选项每一个的范围均小于题干的范围.

3. 应敢于选择 E

很多初学者不敢选择 E. 实际上，近年来，几乎每年真题中的条件充分性判断题都会有答案为 E 的.

4. 至上而下与至下而上相结合

由于思维的惯性，很多初学者在求解时——特别是题干为方程或不等式时——总是先求解题干，再核对条件. 其实，很多时候，将条件分别代入题干更为简便.

【引例6】$a^2 + 4a = 21$.

（1）$a = 5$.

（2）$a = 3$.

【解析】对于本题，直接求解方程当然是可以的，但若直接将条件代入试验则更为简便，答案为 B.

【引例7】$\triangle ABC$ 是直角三角形.

（1）$\angle A = \dfrac{\pi}{3}$.

（2）$\angle B = \dfrac{\pi}{4}$.

【解析】本题答案为 E.

【引例8】$x \in [2, 8)$.

（1）$x > 3$.

（2）$x \in (-\infty, 7)$.

【解析】对于本题，初学者很容易误选 E，其实，本题答案为 C.

第一章　实数的运算

第一节　知识要点

一、实数

1. 实数的分类

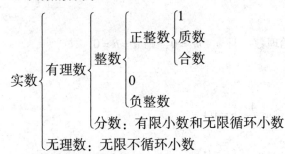

2. 整除与带余除法

（1）带余除法：对于任意的整数 a，$b(a \geqslant b，b \neq 0)$，存在唯一的商 q 与余数 r，使得 $a = bq + r$，其中 $0 \leqslant r < b$.

（2）整除：若整数 a 除以非零整数 b，商为整数，且余数为零，我们就说 a 能被 b 整除（或者说 b 能整除 a），记作：$b \mid a$，其中 a 叫作 b 的倍数，b 叫作 a 的约数（或因数）.

（3）整除特征：

能被 2 整除的数：个位数字为 0 或 2 或 4 或 6 或 8 的整数.

能被 3 整除的数：各位数字之和能被 3 整除的整数.

能被 4 整除的数：个位和十位组成的两位数能被 4 整除的整数.

能被 5 整除的数：个位数字为 0 或 5 的整数.

3. 公约数与公倍数

（1）公约数、最大公约数：设 a，b，c 为整数，若 a 能被 c 整除，b 也能被 c 整除，则 c 是 a、b 的一个公约数. 整数 a、b 的公约数中最大的数叫作 a、b 的最大公约数，记为 $(a，b)$. 若 $(a，b) = 1$，则称 a、b 互质.

（2）公倍数、最小公倍数：设 a，b，c 为整数，若 c 能被 a 整除，c 也能被 b 整除，则 c 是 a、b 的一个公倍数. 整数 a、b 的公倍数中最小的数叫作 a、b 的最小公倍数，记为 $[a，b]$. 若 a、b 互质，则 $[a，b] = a \times b$.

（3）计算方法：短除法.

4. 奇偶数运算

（1）奇数：不能被 2 整除的整数，可表示为 $2k+1\,(k\in \mathbf{Z})$.

偶数：能被 2 整除的整数，可表示为 $2k\,(k\in \mathbf{Z})$.

（2）奇偶数四则运算：

奇数 ± 奇数 = 偶数；　　　偶数 ± 偶数 = 偶数；　　　奇数 ± 偶数 = 奇数；

奇数 × 奇数 = 奇数；　　　偶数 × 偶数 = 偶数；　　　奇数 × 偶数 = 偶数.

5. 质数与合数运算

（1）质数：在大于 1 的整数中，除了 1 和它本身没有其他约数的整数.

合数：在大于 1 的整数中，除了 1 和它本身，还有其他约数的整数.1 既不是质数也不是合数.

（2）20 以内的质数：2、3、5、7、11、13、17、19. 最小的质数为 2，最小的合数为 4.

6. 有理数与无理数运算

若 a 为有理数，b 为有理数，c 为无理数，且 $a+bc=0$，则 $a=b=0$.

7. 实数运算中常见的公式

（1）幂运算公式

$$a^0 = 1\,(a\neq 0) \qquad\qquad a^{-p} = \frac{1}{a^p}\,(a\neq 0)$$

$$a^m \cdot a^n = a^{m+n} \qquad\qquad \frac{a^m}{a^n} = a^{m-n}\,(a\neq 0)$$

$$(ab)^n = a^n \cdot b^n \qquad\qquad \left(\frac{a}{b}\right)^n = \frac{a^n}{b^n}\,(b\neq 0)$$

$$(a^m)^n = a^{mn} \qquad\qquad a^{\frac{n}{m}} = \sqrt[m]{a^n}$$

（2）根式运算公式

$$\sqrt{a}\geq 0\,(a\geq 0) \qquad\qquad \sqrt{a^2} = |a|$$

$$\sqrt{ab} = \sqrt{a}\cdot\sqrt{b}\,(a\geq 0,b\geq 0) \qquad\qquad \sqrt{\frac{a}{b}} = \frac{\sqrt{a}}{\sqrt{b}}\,(a\geq 0,b> 0)$$

（3）裂项公式

$$\frac{1}{n(n+1)} = \frac{1}{n} - \frac{1}{n+1} \qquad\qquad \frac{1}{n(n+k)} = \frac{1}{k}\left(\frac{1}{n} - \frac{1}{n+k}\right)$$

$$\frac{1}{\sqrt{n+1}+\sqrt{n}} = \sqrt{n+1} - \sqrt{n} \qquad\qquad \frac{1}{\sqrt{n+k}+\sqrt{n}} = \frac{1}{k}\left(\sqrt{n+k} - \sqrt{n}\right)$$

二、集合

1. 定义

一般地，把研究对象统称为元素，这些元素组成的总体，叫作集合，简称集.

2. 集合常见的表示方法

（1）列举法：把集合中所有的元素一一列举出来，写在大括号内表示集合的方法.

（2）描述法：把集合中元素的公共属性用文字，符号或式子等描述出来，写在大括号内表示集合的方法.

3. 集合元素的特征

（1）确定性：对于任意一个元素，要么属于某个指定集合，要么不属于该集合，二者必居其一.

（2）互异性：同一个集合中的元素是互不相同的.

（3）无序性：集合中的元素没有先后顺序，即任意改变集合中元素的排列次序，它们仍然表示同一个集合.

4. 元素与集合的关系

（1）如果 a 是集合 A 的元素，即为 a 属于 A，记作 $a \in A$.

（2）如果 a 不是集合 A 的元素，即为 a 不属于 A，记作 $a \notin A$.

5. 常用数集及记法

$\mathbf{N}$：非负整数集（或自然数集）

$\mathbf{N}^*$：正整数集

$\mathbf{Z}$：整数集

$\mathbf{Q}$：有理数集

$\mathbf{R}$：实数集

6. 集合之间的关系

（1）子集：对于两个集合 A，B，如果集合 A 中任意一个元素都是集合 B 的元素，称为 A 包含于 B 或 B 包含 A，即 A 是 B 的子集，记作：$A \subseteq B$.

（2）相等：如果 A 是 B 的子集，且 B 是 A 的子集，则 A 与 B 中的元素是相同的，称为 A 与 B 相等，记作：$A = B$.

（3）真子集：如果 $A \subseteq B$，但存在元素 $x \in B$ 且 $x \notin A$，称为 A 是 B 的真子集，记作：$A \subsetneqq B$.

（4）空集：不含任何元素的集合，记作：$\varnothing$.

（5）并集：由所有属于集合 A 或属于集合 B 的元素组成的集合，记作：$A \cup B$.

（6）交集：由所有属于集合 A 且属于集合 B 的元素组成的集合，记作：$A \cap B$.

（7）补集：对于集合 A，且 $A \subseteq U$，由全集 U 中不属于 A 的元素组成的集合，称为 A 相对于 U 的补集，记作：$\complement_U A$.

7. 集合的性质

（1）若集合中含有 n 个元素，则这个集合的子集有 2^n 个，真子集有 $2^n - 1$ 个.

（2）若 $A \subseteq B$，则 $A \cap B = A$，$A \cup B = B$.

（3）$\complement_U (\complement_U A) = A$.

三、绝对值

1. 绝对值的定义

实数 a 的绝对值用 $|a|$ 表示，$|a| = \begin{cases} a, & a > 0 \\ 0, & a = 0. \\ -a, & a < 0 \end{cases}$

2. 绝对值的几何意义

一条规定了原点、正方向和单位长度的直线叫作数轴．数轴上的点与实数一一对应，数轴上的点表示的数，右边的总比左边的大．

一个实数在数轴上所对应的点到原点的距离即为这个数的绝对值．例如：

$|a|$：表示数轴上点 a 与原点之间的距离．

$|a - b|$：表示数轴上点 a 与点 b 之间的距离．

$|a + b|$：表示数轴上点 a 与点 $-b$ 之间的距离．

3. 绝对值的性质

（1）等价性：$|-a| = |a|$．

（2）自比性：$\dfrac{|a|}{a} = \dfrac{a}{|a|} = \begin{cases} 1, & a > 0 \\ -1, & a < 0 \end{cases}$．

（3）非负性：$|a| \geqslant 0$．

非负数模型：如果 $|A| + B^2 + \sqrt{C} = 0$，那么 $A = B = C = 0$．

4. 绝对值方程和不等式

（1）若 $|x| = A(A \geqslant 0)$，则 $x = \pm A$．　（2）若 $|x| = |y|$，则 $x = y$ 或 $x = -y$．

（3）若 $|x| \leqslant A$，则 $-A \leqslant x \leqslant A$．　（4）若 $|x| \geqslant A$，则 $x \geqslant A$ 或 $x \leqslant -A$．

（5）若 $|x| \leqslant |y|$，则 $x^2 \leqslant y^2$．　　（6）若 $|x| \geqslant |y|$，则 $x^2 \geqslant y^2$．

5. 三角不等式

$||a| - |b|| \leqslant |a \pm b| \leqslant |a| + |b|$．

6. 绝对值最值模型

（1）$y = |x - a| + |x - b|$，在 $x \in [a, b]$ 时，y 有最小值，$y_{\min} = |a - b|$，其图像如下图所示，俗称"平底锅"．

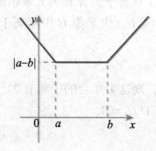

（2）$y = |x-a| - |x-b|$，y 有最小值和最大值，$y_{\max} = |a-b|$，$y_{\min} = -|a-b|$. 其图像如下图所示，俗称"Z 字形". 当 $a < b$ 时，左低右高；当 $a > b$，左高右低.

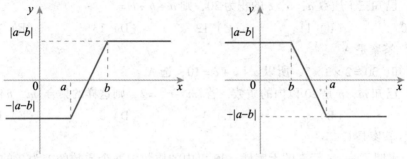

7. 四个成立

（1）如果 $f(x) \geqslant A$ 恒成立，那么 $f(x)$ 的最小值大于等于 A.

（2）如果 $f(x) \leqslant A$ 恒成立，那么 $f(x)$ 的最大值小于等于 A.

（3）如果 $f(x) \geqslant A$ 能成立，那么 $f(x)$ 的最大值大于等于 A.

（4）如果 $f(x) \leqslant A$ 能成立，那么 $f(x)$ 的最小值小于等于 A.

第二节　基础例题

题型1　最大公约数与最小公倍数

【例1】一块长方形铁皮，长 96 厘米，宽 80 厘米，要把它剪成同样大小的正方形且没有剩余，则至少可以剪成

（A）12 块　　　（B）16 块　　　（C）20 块　　　（D）30 块　　　（E）36 块

【解析】答案是 D.

剪成同样大小的正方形且没有剩余，即剪成的正方形边长为 96 和 80 的公约数，要使正方形块数尽量少，即求正方形的最大边长，即为 96 和 80 的最大公约数 16 厘米，故至少可以剪成正方形 $\dfrac{96}{16} \times \dfrac{80}{16} = 30$ 块.

题型2　奇偶数运算

【例2】已知 m，n 是正整数，则 m 是偶数.

（1）$3m + 2n$ 是偶数.　（2）$3m^2 + 2n^2$ 是偶数.

【解析】答案是 D.

条件（1），$3m + 2n$ 是偶数，由于 $2n$ 是偶数，所以 $3m$ 是偶数，其中 3 是奇数，所以只能 m 是偶数，充分.

条件（2），$3m^2 + 2n^2$ 是偶数，由于 $2n^2$ 是偶数，所以 $3m^2$ 是偶数，其中 3 是奇数，所以只能 m^2 是偶数，且 m 是正整数，因此 m 是偶数，充分，选 D.

题型 3　质数合数运算

【例 3】已知三个质数 a，b，c 的积为 30，则 $a+b+c=$

(A) 10　　　(B) 11　　　(C) 12　　　(D) 13　　　(E) 14

【解析】答案是 A.

由题可知，$30=2\times3\times5$，所以 $a+b+c=10$，选 A.

【例 4】已知 m，n 是 20 以内的质数，若 $|m-n|=2$，则这样的集合 $\{m，n\}$ 有

(A) 2　　　(B) 3　　　(C) 4　　　(D) 8　　　(E) 10

【解析】答案是 C.

$\{m，n\}$ 表明了 m，n 元素的无序性，20 以内的质数中两个质数的差为 2 的组合有 3，5；5，7；11，13；17，19 共 4 组，所以选 C.

题型 4　有理数和无理数运算

【例 5】设 x，y 都是有理数，且满足 $\left(\dfrac{1}{2}+\dfrac{\pi}{3}\right)x+\left(\dfrac{1}{3}+\dfrac{\pi}{2}\right)y-4-\pi=0$，则 $x-y$ 的值为

(A) 16　　　(B) 17　　　(C) 18　　　(D) 19　　　(E) 20

【解析】答案是 C.

将原方程变形为 $\left(\dfrac{1}{2}x+\dfrac{1}{3}y-4\right)+\left(\dfrac{1}{3}x+\dfrac{1}{2}y-1\right)\pi=0$，则有 $\begin{cases}\dfrac{1}{2}x+\dfrac{1}{3}y-4=0\\[2mm]\dfrac{1}{3}x+\dfrac{1}{2}y-1=0\end{cases}$，

解得 $\begin{cases}x=12\\y=-6\end{cases}$，所以 $x-y=18$.

【例 6】$a=b=0$.

(1) $ab\geqslant0$，$\left(\dfrac{1}{2}\right)^{a+b}=1$.

(2) a，b 是有理数，m 是无理数，且 $a+bm=0$.

【解析】答案是 D.

条件 (1)，因为 $\left(\dfrac{1}{2}\right)^{a+b}=1$，所以 $a+b=0$.

又因为 $ab\geqslant0$，所以 $a=b=0$，即条件 (1) 充分.

条件 (2)，由常规模型可知：$a=b=0$，即条件 (2) 充分.

【例 7】把无理数 $\sqrt{3}$ 记作 a，它的小数部分记作 b，则 $a-\dfrac{1}{b}=$

(A) $\dfrac{\sqrt{3}}{2}$　　　(B) $\sqrt{3}$　　　(C) $\dfrac{\sqrt{3}+1}{2}$　　　(D) $\dfrac{\sqrt{3}-1}{2}$　　　(E) $2\sqrt{3}$

【解析】答案是 D.

因为 $a=\sqrt{3}$，$b=\sqrt{3}-1$，所以 $a-\dfrac{1}{b}=\sqrt{3}-\dfrac{1}{\sqrt{3}-1}=\sqrt{3}-\dfrac{(\sqrt{3}+1)}{2}=\dfrac{\sqrt{3}-1}{2}$.

题型5　实数运算公式

【例8】$\dfrac{(2+1)\,(2^{2}+1)\,(2^{4}+1)\,(2^{8}+1)\ +1}{3\times 3^{2}\times 3^{3}\times\cdots\times 3^{10}}=$

(A) $\dfrac{2^{16}-1}{3^{55}}$ 　　(B) $\dfrac{2^{16}+1}{3^{55}}$ 　　(C) $\dfrac{2^{16}}{3^{56}}$ 　　(D) $\dfrac{2^{15}}{3^{54}}$ 　　(E) $\dfrac{2^{16}}{3^{55}}$

【解析】答案是 E.

原式 $=\dfrac{(2-1)\,(2+1)\,(2^{2}+1)\,(2^{4}+1)\,(2^{8}+1)+1\times(2-1)}{3\times 3^{2}\times 3^{3}\times\cdots\times 3^{10}\times(2-1)}=\dfrac{2^{16}-1+1}{3^{55}}=\dfrac{2^{16}}{3^{55}}$.

【例9】$\dfrac{1}{1\times 2}+\dfrac{1}{2\times 3}+\dfrac{1}{3\times 4}+\cdots+\dfrac{1}{10\times 11}=$

(A) $\dfrac{10}{11}$ 　　(B) $\dfrac{2}{11}$ 　　(C) $\dfrac{3}{11}$ 　　(D) $\dfrac{4}{11}$ 　　(E) $\dfrac{5}{11}$

【解析】答案是 A.

原式 $=\left(1-\dfrac{1}{2}\right)+\left(\dfrac{1}{2}-\dfrac{1}{3}\right)+\left(\dfrac{1}{3}-\dfrac{1}{4}\right)+\cdots+\left(\dfrac{1}{9}-\dfrac{1}{10}\right)+\left(\dfrac{1}{10}-\dfrac{1}{11}\right)=1-\dfrac{1}{11}=\dfrac{10}{11}$.

【要点】应用裂项求和应抓住两个外在结构特征：（1）若干个分式相加.（2）分母是两项相乘或者可以变换成两项相乘的形式.

同时，需注意哪些项会被消去，哪些项会留下.

变式1：$\dfrac{1}{1\times 3}+\dfrac{1}{2\times 4}+\dfrac{1}{3\times 5}+\dfrac{1}{4\times 6}+\cdots+\dfrac{1}{n\times(n+2)}=$

【解析】原式 $=\dfrac{1}{2}\left[\left(1-\dfrac{1}{3}\right)+\left(\dfrac{1}{2}-\dfrac{1}{4}\right)+\left(\dfrac{1}{3}-\dfrac{1}{5}\right)+\left(\dfrac{1}{4}-\dfrac{1}{6}\right)+\cdots+\left(\dfrac{1}{n}-\dfrac{1}{n+2}\right)\right]$

$=\dfrac{1}{2}\left[\left(1+\dfrac{1}{2}+\dfrac{1}{3}+\cdots+\dfrac{1}{n}\right)-\left(\dfrac{1}{3}+\dfrac{1}{4}+\cdots+\dfrac{1}{n}+\dfrac{1}{n+1}+\dfrac{1}{n+2}\right)\right]$

$=\dfrac{1}{2}\left[\left(1+\dfrac{1}{2}\right)-\left(\dfrac{1}{n+1}+\dfrac{1}{n+2}\right)\right]=\dfrac{3n^{2}+5n}{4n^{2}+12n+8}$

变式2：$\dfrac{1}{1^{2}+2\times 1}+\dfrac{1}{2^{2}+2\times 2}+\dfrac{1}{3^{2}+2\times 3}+\dfrac{1}{4^{2}+2\times 4}+\cdots+\dfrac{1}{10^{2}+2\times 10}=$

【解析】原式 $=\dfrac{1}{2}\left[\left(1-\dfrac{1}{3}\right)+\left(\dfrac{1}{2}-\dfrac{1}{4}\right)+\left(\dfrac{1}{3}-\dfrac{1}{5}\right)+\cdots+\left(\dfrac{1}{10}-\dfrac{1}{12}\right)\right]$

$=\dfrac{1}{2}\left[\left(1+\dfrac{1}{2}\right)-\left(\dfrac{1}{11}+\dfrac{1}{12}\right)\right]=\dfrac{175}{264}$

【例10】$\left(\dfrac{1}{1+\sqrt{2}}+\dfrac{1}{\sqrt{2}+\sqrt{3}}+\cdots+\dfrac{1}{\sqrt{2013}+\sqrt{2014}}\right)\times(1+\sqrt{2014})=$

(A) 2011 　　(B) 2012 　　(C) 2013 　　(D) 2014 　　(E) 2015

【解析】答案是 C.

$$原式 = \left(\frac{\sqrt{2}-1}{1} + \frac{\sqrt{3}-\sqrt{2}}{1} + \cdots + \frac{\sqrt{2014}-\sqrt{2013}}{1} \right) \times \left(1 + \sqrt{2014} \right)$$

$$= \left(\sqrt{2014} - 1 \right) \times \left(\sqrt{2014} + 1 \right) = 2014 - 1 = 2013.$$

【例11】 等式 $\sqrt{\dfrac{x+1}{x-2}} = \dfrac{\sqrt{x+1}}{\sqrt{x-2}}$ 成立.

(1) $x > 3$.　　　　　　　　　(2) $x < 3$.

【解析】答案是 A.

先把结论进行化简，因为 $\sqrt{\dfrac{x+1}{x-2}} = \dfrac{\sqrt{x+1}}{\sqrt{x-2}}$，所以 $\begin{cases} x+1 \geqslant 0 \\ x-2 > 0 \end{cases}$，即 $x > 2$.

利用集合法进行判断，则条件（1）充分，条件（2）不充分.

题型 6　集合

【例12】 若 $A = \{(x, y) \,|\, y = x\}$，$B = \left\{ (x, y) \,\middle|\, \dfrac{y}{x} = 1 \right\}$，则 A 与 B 的关系是

(A) $B \subsetneqq A$　　　(B) $A \subsetneqq B$　　　(C) $A \in B$　　　(D) $A \notin B$　　　(E) $A = B$

【解析】答案是 A.

因为集合 A 中的点满足：$y = x$，集合 B 中的点满足：$y = x$ 且 $x \neq 0$.

所以 B 是 A 的真子集.

【例13】 已知集合 $A = \{-4, 2, a-1, a^2\}$，集合 $B = \{9, a-5, 1-a\}$，且 $A \cap B = \{9\}$，则 $a =$

(A) 10　　　　(B) 3　　　　(C) -10　　　　(D) -3　　　　(E) 3 或 10

【解析】答案是 A.

因为 $a-1 = 9$ 或 $a^2 = 9$，所以 $a = 10$，3，-3.

(1) 若 $a = 10$，则 $A = \{-4, 2, 9, 100\}$，$B = \{9, 5, -9\}$.

(2) 若 $a = 3$，则 $A = \{-4, 2, 2, 9\}$，因为集合元素的互异性，故舍去.

(3) 若 $a = -3$，则 $A = \{-4, 2, -4, 9\}$，因为集合元素的互异性，故舍去.

所以 $a = 10$.

【例14】 若 $A = \{0, 2, 4\}$，$\complement_U A = \{-1, 1\}$，$\complement_U B = \{-1, 0, 2\}$，则集合 $B =$

(A) $\{0, 4\}$　　　　　　　　(B) $\{1, 4\}$　　　　　　　　(C) $\{1, 2, 4\}$

(D) $\{-1, 2, 4\}$　　　　　　(E) $\{-1, 2\}$

【解析】答案是 B.

由题可知，集合 $A = \{0, 2, 4\}$ 和 A 的补集 $\complement_U A = \{-1, 1\}$，那么全集 $U = \{0, 2, 4, -1, 1\}$，且集合 B 的补集 $\complement_U B = \{-1, 0, 2\}$，所以 $B = \{1, 4\}$.

题型 7　绝对值的化简求值

【例15】 使得 $\dfrac{2}{|x-2|-2}$ 不存在的 x 是

(A) 4　　　　　(B) 0　　　　　(C) 4 或 0　　　　(D) 1　　　　(E) 0 或 1

【解析】答案是 C.

因为 $|x-2|-2=0$，所以 $x-2=\pm2$，即 $x=0$ 或 4.

【例 16】$\dfrac{|a|}{a}-\dfrac{|b|}{b}=-2$.

(1) $a<0$.　　　　　　　　(2) $b>0$.

【解析】答案是 C.

显然条件（1）、条件（2）单独都不充分，那么条件（1），条件（2）联合有 $\begin{cases} a<0 \\ b>0 \end{cases}$，

所以 $\dfrac{|a|}{a}-\dfrac{|b|}{b}=-1-1=-2$，即条件（1）和条件（2）联合充分，选 C.

题型 8　非负数模型

【例 17】已知 $(x-2y+1)^2+\sqrt{x-1}+|2x-y+z|=0$，则 $x^{y+z}=$

(A) 1　　　　　(B) 2　　　　　(C) $\dfrac{1}{2}$　　　　(D) 3　　　　(E) $\dfrac{2}{3}$

【解析】答案是 A.

由非负数模型可知 $\begin{cases} x-2y+1=0 \\ x-1=0 \\ 2x-y+z=0 \end{cases}$，解得 $\begin{cases} x=1 \\ y=1 \\ z=-1 \end{cases}$，所以 $x^{y+z}=1^0=1$.

【例 18】若 $\sqrt{x-1}+a^2+b^2=2a-6b-10$，则 $x^2-2a+3b=$

(A) 7　　　　　(B) -9　　　　(C) 10　　　　(D) -10　　　　(E) 15

【解析】答案是 D.

由于 $\sqrt{x-1}+(a^2-2a+1)+(b^2+6b+9)=0$，$\sqrt{x-1}+(a-1)^2+(b+3)^2=0$，

所以 $x=1$，$a=1$，$b=-3$. 则 $x^2-2a+3b=-10$.

题型 9　绝对值的自比性

【例 19】若 a，b，c 是非零实数，则代数式 $\dfrac{a}{|a|}+\dfrac{b}{|b|}+\dfrac{c}{|c|}+\dfrac{abc}{|abc|}$ 的所有值的集合是

(A) $\{-4,\ -2,\ 2,\ 4\}$　　　　(B) $\{-4,\ 0,\ 4\}$　　　　(C) $\{4,\ 2,\ 0,\ -4\}$

(D) $\{-3,\ 0,\ 2\}$　　　　(E) 空集

【解析】答案是 B.

(1) 若 a，b，c 都是正数，则原式 $=1+1+1+1=4$.

(2) 若 a，b，c 都是负数，则原式 $=-1-1-1-1=-4$.

(3) 若 a，b，c 是一个正数两个负数，则原式 $=1-1-1+1=0$.

(4) 若 a，b，c 是一个负数两个正数，则原式 $=-1+1+1-1=0$.

则所有值的集合为 $\{4,\ 0,\ -4\}$.

题型10 绝对值求最值

【例20】 如果关于 x 的不等式 $|3-x|+|x-2|<a$ 的解集是空集，则 a 的取值范围是

(A) $a<1$　　　(B) $a\leqslant1$　　　(C) $a>1$　　　(D) $a\geqslant1$　　　(E) $a\neq1$

【解析】 答案是 B.

由于 $|3-x|+|x-2|<a$ 的解集是空集，等价于 $|3-x|+|x-2|\geqslant a$ 恒成立.

令 $f(x)=|3-x|+|x-2|$，由四个成立可知，$[f(x)]_{\min}\geqslant a$，那么 $[f(x)]_{\min}=$ $|3-2|=1$ 则 $a\leqslant1$.

【例21】 不等式 $|x-2|+|4-x|<s$ 无解.

(1) $s\leqslant2$.　　　　　　　　　　(2) $s>2$.

【解析】 答案是 A.

令 $f(x)=|x-2|+|4-x|$，由题 $|x-2|+|4-x|\geqslant s$ 恒成立.

由四个成立可知，$f(x)_{\min}\geqslant s$，又因为 $f(x)_{\min}=2$，则 $s\leqslant2$.

利用集合法进行判断，则条件（1）充分，条件（2）不充分，选 A.

【例22】 若不等式 $|x+3|-|x-6|>a$ 有解，则 a 的取值范围是

(A) $a>-9$　　　(B) $a\leqslant-9$　　　(C) $a\leqslant9$　　　(D) $a<9$　　　(E) $a>9$

【解析】 答案是 D.

令 $f(x)=|x+3|-|x-6|$，由题 $|x+3|-|x-6|>a$ 能成立.

由四个成立可知，$f(x)_{\max}>a$，又因为 $-9\leqslant f(x)\leqslant9$，则 $f(x)_{\max}=9$，所以 $a<9$.

第三节　进阶例题

考点1　整数运算

(一) 奇偶数与质数运算

【例1】 利用长度为 a 和 b 的两种管材能连接成长度为 37 的管道（单位：米）.

(1) $a=3$，$b=5$.

(2) $a=4$，$b=6$.

【解析】 答案是 A.

设长度为 a 的管材 x 根，长度为 b 的管材 y 根，根据已知得，$ax+by=37$.

条件（1），$3x+5y=37$，其中 x，y 为正整数，根据整除特性穷举，$x=4$，$y=5$ 时，所能连接成长度为 37 的管道，充分.

条件（2），$4x+6y=37$，其中 x，y 为正整数，由于 $4x$，$6y$ 均为偶数，无论 x、y 取何值，均无法等于 37，不充分. 故答案为 A.

【例2】 设 a，b，c 是小于 12 的三个不同的质数（素数），且 $|a-b|+|b-c|+$

$|c-a|=8$，则 $a+b+c=$

(A) 10   (B) 12   (C) 14   (D) 15   (E) 19

【解析】答案是 D.

此题的特点是 a，b，c 地位具有平等性，即具有轮换式的特点，借助于字母地位的平等性，人为设 $a>b>c$，这样让绝对值符号"失效"，那么 $|a-b|+|b-c|+|c-a|=8$ 等同于 $a-b+b-c+a-c=8$，即 $a-c=4$，而 a，c 又是 12 以内的质数，所以 $\begin{cases} a=7 \\ c=3 \end{cases}$ 或 $\begin{cases} a=11 \\ c=7 \end{cases}$，但是 $a>b>c$，且 a，b，c 是小于 12 的三个不同的质数，故 $\begin{cases} a=7 \\ c=3 \end{cases}$，此时 $b=5$，所以选 D.

【例3】已知 p_1，p_2，p_3 为三个质数，且满足 $p_1+p_2+p_3+p_1p_2p_3=99$，则 $p_1+p_2+p_3=$

(A) 19   (B) 25   (C) 27   (D) 26   (E) 23

【解析】答案是 E.

根据奇偶性分析，若 p_1，p_2，p_3 为 3 奇或 1 偶 2 奇或 3 偶，则结果 $p_1+p_2+p_3+p_1p_2p_3$ 必为偶数，与已知条件矛盾. 从而 p_1，p_2，p_3 为 2 偶 1 奇. 由于 2 是唯一的偶质数，设 $p_1=p_2=2$，则 $p_3=19$，所以 $p_1+p_2+p_3=23$.

【例4】正整数 m、n 是两个不同的质数，则 $\dfrac{m^2+n^2}{p^2}=\dfrac{13}{121}$.

(1) $m+n+mn$ 的最小值为 p.

(2) $m=2$，$n=3$，$p=11$.

【解析】答案是 D.

条件（1），因为 m、n 都是质数，而 p 要想取到最小，必须 $\begin{cases} m=2 \\ n=3 \end{cases}$ 或 $\begin{cases} m=3 \\ n=2 \end{cases}$，而此时 $p=11$，$m^2+n^2=13$，条件（1）充分.

条件（2），$m=2$，$n=3$，$p=11$，显然适合，条件（2）充分，选 D.

(二) 最大公约数与最小公倍数

【例5】将长、宽、高分别是 12，9 和 6 的长方体切割成正方体，且切割后无剩余，则能切割成相同正方体的最少个数为

(A) 3   (B) 6   (C) 24   (D) 96   (E) 648

【解析】答案是 C.

根据题意，正方体个数最少，则边长最长. 12、9、6 的最大公约数为 3，则正方体的最大边长为 3，如图能切成 $\dfrac{12}{3}\times\dfrac{9}{3}\times\dfrac{6}{3}=4\times3\times2=24$ 个正方体，故本题选 C.

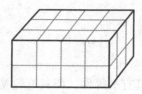

（三）整除与带余除法

【例6】如果 9121 除以一个质数，余数为 13，那么这个质数是

(A) 7   (B) 11   (C) 17   (D) 23   (E) 29

【解析】答案是 D.

令 $9121 = a \cdot x + 13$，其中 x 为除数，a 为商，则有 $a \cdot x = 9108 = 2 \times 2 \times 3 \times 3 \times 11 \times 23$，由于 $13 < x$ 且 x 为质数，所以 $x = 23$.

【例7】正整数 N 的 8 倍与 5 倍之和，除以 10 的余数为 9，则 N 的末位数字为

(A) 2   (B) 3   (C) 5   (D) 7   (E) 9

【解析】答案是 B.

由于 $8N + 5N = 13N$，令 $13N = 10x + 9$，由于 $10x + 9$ 的末位数字是 9，所以 $13N$ 的末位数字是 9，则 N 的末位数字是 3.

【例8】从 1 到 100 的自然数中，能被 2 整除或能被 3 整除的数有

(A) 16 个   (B) 33 个   (C) 50 个   (D) 67 个   (E) 72 个

【解析】答案是 D.

由于 1 到 100 的自然数中，能被 2 整除的自然数是 $2n(n = 1，2，3，\cdots，50)$ 即有 50 个，能被 3 整除的自然数是 $3n(n = 1，2，3，\cdots，33)$ 即有 33 个，其中既能被 2 整除又能被 3 整除的自然数是 $6n(n = 1，2，3，\cdots，16)$ 即有 16 个，所以能被 2 整除或能被 3 整除的自然数有 $50 + 33 - 16 = 67$ 个.

考点2　实数运算

【例9】若 $\dfrac{1}{x^2 + x} + \dfrac{1}{x^2 + 3x + 2} + \dfrac{1}{x^2 + 5x + 6} + \dfrac{1}{x^2 + 7x + 12} = \dfrac{4}{21}$，则 $x =$

(A) 3   (B) -7 (C) 3 或 -7 (D) 3 或 7   (E) 7

【解析】答案是 C.

$$\dfrac{1}{x^2 + x} + \dfrac{1}{x^2 + 3x + 2} + \dfrac{1}{x^2 + 5x + 6} + \dfrac{1}{x^2 + 7x + 12}$$

$$= \dfrac{1}{x(x+1)} + \dfrac{1}{(x+1)(x+2)} + \dfrac{1}{(x+2)(x+3)} + \dfrac{1}{(x+3)(x+4)}$$

$$= \left(\dfrac{1}{x} - \dfrac{1}{x+1}\right) + \left(\dfrac{1}{x+1} - \dfrac{1}{x+2}\right) + \left(\dfrac{1}{x+2} - \dfrac{1}{x+3}\right) + \left(\dfrac{1}{x+3} - \dfrac{1}{x+4}\right)$$

$$= \dfrac{1}{x} - \dfrac{1}{x+4}.$$

由于 $\dfrac{1}{x} - \dfrac{1}{x+4} = \dfrac{4}{21}$，解得，$x = -7$ 或 3.

考点3 集合

【例10】若集合 $A = \{1, 2, a^2 - 3a - 1\}$，$B = \{1, 3\}$，且 $B \subseteq A$，则 $a =$

(A) -4 或 1   (B) -1 或 4   (C) -1 (D) -4 (E) 1

【解析】答案是 B.

由题可知，$B \subseteq A$，那么 $a^2 - 3a - 1 = 3$，解得，$a = 4$ 或 $a = -1$，选 B.

考点4 绝对值

(一) 绝对值的化简求值

【例11】已知实数 a，b，c 在数轴上的位置如下图，则 $\sqrt{a^2} - |a+b| + \sqrt{(c-a)^2} + |b+c| =$

(A) a (B) $-a$ (C) $a+b$ (D) 0   (E) $b+c$

【解析】答案是 B.

由图可知，$b < a < 0 < c$，那么 $a + b < 0$，$c - a > 0$，$b + c < 0$.

所以 $\sqrt{a^2} - |a+b| + \sqrt{(c-a)^2} + |b+c| = -a - (-a-b) + c - a - b - c = -a$.

【例12】已知 $g(x) = \begin{cases} 1, & x > 0 \\ -1, & x < 0 \end{cases}$，$f(x) = |x-1| - g(x)|x+1| + |x-2| + |x+2|$. 则 $f(x)$ 是与 x 无关的常数.

(1) $-1 < x < 0$.

(2) $1 < x < 2$.

【解析】答案是 D.

条件 (1)，$-1 < x < 0$，此时 $g(x) = -1$，$f(x) = (1-x) + (x+1) + (2-x) + (x+2) = 6$，与 x 无关，充分.

条件 (2)，$1 < x < 2$，此时 $g(x) = 1$，$f(x) = (x-1) - (x+1) + (2-x) + (x+2) = 2$，与 x 无关，充分，选 D.

(二) 绝对值的性质

【例13】$\dfrac{b+c}{|a|} + \dfrac{c+a}{|b|} + \dfrac{a+b}{|c|} = 1$.

(1) 非零实数 a，b，c 满足 $a + b + c = 0$.

(2) 非零实数 a，b，c 满足 $abc > 0$.

【解析】答案是 C.

条件（1），由 $a+b+c=0$ 可知，若 a，b，c 两正一负，

则 $\dfrac{b+c}{|a|}+\dfrac{c+a}{|b|}+\dfrac{a+b}{|c|}=\dfrac{-a}{|a|}+\dfrac{-b}{|b|}+\dfrac{-c}{|c|}=-1-1+1=-1$，不充分.

条件（2），由 $abc>0$ 无法确定 a，b，c 三者的数量关系，可举反例证明不充分，令 $a=1$，$b=1$，$c=1$，则 $\dfrac{b+c}{|a|}+\dfrac{c+a}{|b|}+\dfrac{a+b}{|c|}=6$，不充分.

联合条件（1）和条件（2），a，b，c 满足 $a+b+c=0$ 且 $abc>0$，则 a，b，c 必为两负一正，则 $\dfrac{b+c}{|a|}+\dfrac{c+a}{|b|}+\dfrac{a+b}{|c|}=\dfrac{-a}{|a|}+\dfrac{-b}{|b|}+\dfrac{-c}{|c|}=1+1-1=1$，充分，选 C.

【例 14】设 x，y，z 满足 $|3x+y-z-2|+(2x+y-z)^2=\sqrt{x+y-2002}+\sqrt{2002-x-y}$，则 $x+y+z=$

（A）4006　　　（B）4004　　　（C）4012　　　（D）4016　　　（E）4002

【解析】答案是 A.

要使算术平方根有意义，即 $\begin{cases}\sqrt{x+y-2002}\geqslant 0\\\sqrt{2002-x-y}\geqslant 0\end{cases}$，得 $x+y-2002=0$　①，那么 $|3x+y-z-2|+(2x+y-z)^2=0$，由非负性可知，$\begin{cases}3x+y-z-2=0 & ②\\2x+y-z=0 & ③\end{cases}$，将式①②③联合，解得 $x=2$，$y=2000$，$z=2004$，则 $x+y+z=4006$，应选 A.

（三）绝对值求最值

【例 15】$|x+1|+|x-2|+|x-3|\geqslant s$ 恒成立，则 s 的取值范围是

（A）$s\leqslant 4$　　（B）$s\leqslant 5$　　（C）$s<4$　　（D）$s<5$　　（E）$s\leqslant 3$

【解析】答案是 A.

$y=|x-a_1|+|x-a_2|+\cdots+|x-a_n|$，其中 $a_1\leqslant a_2\leqslant a_3\leqslant\cdots\leqslant a_n$，当 n 是奇数时，在 $x=a_{\frac{n+1}{2}}$ 时，代数式的值最小；当 n 是偶数时，在 $a_{\frac{n}{2}}\leqslant x\leqslant a_{\frac{n+2}{2}}$ 时代数式的值最小.

故 $x=2$ 时，$|x+1|+|x-2|+|x-3|$ 的最小值为 4，所以选 A.

（四）绝对值方程与不等式

【例 16】方程 $|x-|2x+1||=4$ 的根是

（A）$x=-5$ 或 $x=1$　　　　（B）$x=5$ 或 $x=-1$　　　　（C）$x=3$ 或 $x=-\dfrac{5}{3}$

（D）$x=\dfrac{5}{3}$ 或 $x=-3$　　　　（E）不存在

【解析】答案是 C.

原式等价于 $x-|2x+1|=4$ 或 $x-|2x+1|=-4$，那么 $\begin{cases}2x+1\geqslant 0\\x-2x-1=4\end{cases}$ 或 $\begin{cases}2x+1<0\\x+2x+1=4\end{cases}$，

无解. $\begin{cases} 2x+1\geqslant 0 \\ x-2x-1=-4 \end{cases}$ 或者 $\begin{cases} 2x+1<0 \\ x+2x+1=-4 \end{cases}$，解得 $x=3$ 或 $x=-\dfrac{5}{3}$.

【例17】不等式 $|x-1|+x\leqslant 2$ 的解集为

(A) $\left(-\infty,1\right]$　　　　(B) $\left(-\infty,\dfrac{3}{2}\right]$　　　　(C) $\left[1,\dfrac{3}{2}\right]$

(D) $\left[1,+\infty\right)$　　　　(E) $\left[\dfrac{3}{2},+\infty\right)$

【解析】答案是 B.

根据 $|x-1|+x\leqslant 2$，可得 $|x-1|\leqslant 2-x$ 且 $x\leqslant 2$，根据绝对值不等式可得 $x-2\leqslant x-1\leqslant 2-x$，左侧恒成立，右侧解得 $x\leqslant\dfrac{3}{2}$，综上，$x\leqslant\dfrac{3}{2}$，故本题选 B.

【例18】若 $|a-b|=|a|+|b|$ 成立，则下列各式中一定成立的是

(A) $ab<0$　　(B) $ab\leqslant 0$　　(C) $ab>0$　　(D) $ab\geqslant 0$　　(E) $a+b=0$

【解析】答案是 B.

由绝对值的几何意义可知，（1）若 a，b 都是正数，则 $|a-b|=|b|-|a|$ 或 $|a|-|b|$.（2）若 a，b 都是负数，则 $|a-b|=|b|-|a|$ 或 $|a|-|b|$.（3）若 a，b 是一个正数一个负数，则 $|a-b|=|a|+|b|$.（4）若 $a=0$，则 $|-b|=|b|$ 成立.（5）若 $b=0$，则 $|a|=|a|$ 成立.

综上，$ab\leqslant 0$.

【例19】已知 $|2x-a|\leqslant 1$，$|2x-y|\leqslant 1$，则 $|y-a|$ 的最大值为

(A) 1　　　　(B) 2　　　　(C) 3　　　　(D) 4　　　　(E) 5

【解析】答案是 B.

根据三角不等式，$|y-a|=|2x-a-(2x-y)|\leqslant|2x-a|+|2x-y|\leqslant 2$，则 $|y-a|$ 的最大值为 2.

第四节　习题

基础习题

1. a 是最大的负整数，b 是绝对值最小的有理数，则 $a^{2007}+\dfrac{b^{2009}}{2008}=$

(A) -1　　　(B) 1　　　(C) 0　　　(D) 2　　　(E) -2

2. 最小的质数与最大的两位数合数相乘的积是

(A) 99　　　(B) 198　　　(C) 98　　　(D) 196　　　(E) 96

3. $\dfrac{1}{1\times 3}+\dfrac{1}{3\times 5}+\cdots+\dfrac{1}{17\times 19}=$

(A) $\dfrac{18}{19}$ (B) $\dfrac{9}{19}$ (C) $\dfrac{8}{19}$ (D) $\dfrac{7}{19}$ (E) $\dfrac{16}{19}$

4. 已知 A 是小于 10 的一个质数，且 $A+40$ 是一个质数，$A+80$ 也是一个质数，则 $A =$

(A) 1   (B) 2   (C) 3   (D) 5   (E) 7

5. 四个互不相等的整数 a，b，c，d，它们的乘积 $a \cdot b \cdot c \cdot d = 9$，则 $a+b+c+d =$

(A) 0   (B) 6   (C) 8   (D) 12   (E) 15

6. 若 $(a^{m+1} \cdot b^{n+2})(a^{2n-1} \cdot b^{2m}) = a^5 b^3$，则 $m+n$ 的值为

(A) 1   (B) 2   (C) 3   (D) -3 (E) -2

7. 如果 $|a| = \dfrac{1}{2}$，$|b| = 1$，那么 $|a+b| =$

(A) $\dfrac{3}{2}$ 或 0   (B) $\dfrac{1}{2}$ 或 0   (C) $-\dfrac{1}{2}$ (D) $\dfrac{1}{2}$ 或 $\dfrac{3}{2}$ (E) $\dfrac{1}{2}$ 或 -1

8. 若 $|x^2 - 4xy + 5y^2| + \sqrt{z+1} - 2y + 1 = 0$，则 $x^{y+z} =$

(A) 0   (B) 1   (C) 4   (D) 5   (E) 6

9. 已知 n 为正整数，则 n 为 35 的倍数.

（1）n 是 5 的倍数.   （2）n 是 7 的倍数.

10. 已知 m 为正整数. 则 m 为偶数.

（1）m 被 3 除，余数为 2.   （2）m 被 6 除，余数为 4.

进阶习题

1. 已知 $\sqrt{10}$ 在两个连续整数 a 和 b 之间，即 $a < \sqrt{10} < b$，则 $a \times b =$

(A) 6   (B) 8   (C) 9   (D) 12   (E) 15

2. 如果 $\dfrac{|x+y|}{x-y} = 2$，那么 $\dfrac{x}{y} =$

(A) $\dfrac{1}{2}$ (B) 3   (C) $\dfrac{1}{3}$ 或 3   (D) $\dfrac{1}{2}$ 或 $\dfrac{1}{3}$ (E) 3 或 $\dfrac{1}{2}$

3. 若 $|a-1| = 3$，$|b| = 4$，$b > ab$，则 $|a-1-b| =$

(A) 1   (B) 7   (C) 5   (D) 16   (E) 9

4. 若 $x < -2$，则 $|1 - |1+x|| =$

(A) $-x$ (B) x (C) $2+x$ (D) $-2-x$ (E) 0

5. 已知 a，b，c 为非零实数，且 $\dfrac{|a|}{a} + \dfrac{|b|}{b} + \dfrac{|c|}{c} = 1$，那么 $6 - \dfrac{abc}{|abc|} =$

(A) 3   (B) 5   (C) 7   (D) 9   (E) 10

6. 已知 $|ab-2|$ 与 $|a-1|$ 互为相反数，那么

$\dfrac{1}{ab} + \dfrac{1}{(a+1)(b+1)} + \dfrac{1}{(a+2)(b+2)} + \cdots + \dfrac{1}{(a+2014)(b+2014)} =$

(A) $\dfrac{2013}{2014}$ (B) $\dfrac{2014}{2015}$ (C) $\dfrac{2015}{2016}$ (D) $\dfrac{2016}{2017}$ (E) $\dfrac{2017}{2018}$

7. 若 $|a-1|+(b+2)^2=0$，则 $(a+b)^{2013}+(a+b)^{2012}+\cdots+(a+b)^2+a+b=$
(A) -2　　　(B) -1　　　(C) 0　　　(D) 1　　　(E) 2

8. 设正整数 a，m，n 满足 $\sqrt{a^2-4\sqrt{2}}=|\sqrt{m}-\sqrt{n}|$，则这样的 a，m，n 有
(A) 1 组　　　(B) 2 组　　　(C) 3 组　　　(D) 4 组　　　(E) 5 组

9. 已知 $\dfrac{\sqrt{5}+1}{\sqrt{5}-1}$ 的整数部分为 a，小数部分为 b，则 $ab-\sqrt{5}=$
(A) 3　　　(B) 2　　　(C) -1　　　(D) -2　　　(E) 0

10. 若 $A=\{(x,y)\,|\,x+y>0,xy>0\}$，$B=\{(x,y)\,|\,x>0\text{ 且 }y>0\}$，则 A，B 的关系是
(A) $A\subsetneqq B$　　(B) $B\subsetneqq A$　　(C) $A=B$　　(D) $A\cap B=\varnothing$　(E) $A\cup B=\varnothing$

11. 下列命题正确的是
(A) 若 $U=\{$四边形$\}$，$A=\{$梯形$\}$，则 $\complement_U A=\{$平行四边形$\}$
(B) 若 U 是全集，且 $A\subseteq B$，则 $\complement_U A\subseteq\complement_U B$
(C) 若 $U=\{1,2,3\}$，$A=U$，则 $\complement_U A=\varnothing$
(D) 若 $U=\{1,2,4,8\}$，$A=\varnothing$，则 $\complement_U A=\{1,2\}$
(E) 以上均不正确

12. 方程 $|x+2|+|x-8|=a$ 有无数正根.
(1) $-4<a<4$.　　　　　　　(2) $a=4$.

13. $X=\dfrac{199}{100}$.

(1) $X=\dfrac{198+\left(\dfrac{1}{2345}\right)^0}{(2002+2000+1998+\cdots+4+2)-(2001+1999+1997+\cdots+3+1)}$.

(2) $X=1+\dfrac{1}{1\times2}+\dfrac{1}{2\times3}+\cdots+\dfrac{1}{99\times100}$.

14. $|x|(1-2x)>0$.
(1) $x<0$.　　　　　　　　　(2) $0<x<\dfrac{1}{2}$.

15. 存在 x 使得不等式 $|x+1|+|x-3|\leqslant a$ 成立.
(1) $a=1$.　　　　　　　　　(2) $a=2$.

基础习题详解

1. 【解析】答案是 A.

根据题意有 $a=-1$，$b=0$，所以 $a^{2007}+\dfrac{b^{2009}}{2008}=-1$，故选 A.

2. 【解析】答案是 B.

由于最小的质数是 2，最大的两位数合数是 99，所以乘积是 $2\times99=198$.

3. 【解析】答案是 B.

原式 $= \dfrac{1}{2}\left[\left(1-\dfrac{1}{3}\right)+\left(\dfrac{1}{3}-\dfrac{1}{5}\right)+\cdots+\left(\dfrac{1}{17}-\dfrac{1}{19}\right)\right]=\dfrac{1}{2}\left(1-\dfrac{1}{19}\right)=\dfrac{9}{19}.$

4. 【解析】答案是 C.

由于小于 10 的质数是 2，3，5，7，所以用列举法代入验证可得，$A=3$.

5. 【解析】答案是 A.

由于 $a \cdot b \cdot c \cdot d = 9$，且 9 的约数只有 1，3，9，所以 $9 = 1 \times 3 \times (-1) \times (-3)$.

则 $a+b+c+d = 1+3+(-1)+(-3)=0$.

6. 【解析】答案是 B.

由于 $a^{m+2n} \cdot b^{n+2+2m} = a^5 \cdot b^3$，所以 $m+2n=5$ 且 $n+2+2m=3$，解得，$m=-1$，$n=3$，

所以 $m+n=2$.

7. 【解析】答案是 D.

由于 $a = \pm\dfrac{1}{2}$，$b = \pm 1$，所以

(1) 若 $a = \dfrac{1}{2}$，$b=1$，则有 $|a+b| = \dfrac{3}{2}$.

(2) 若 $a = -\dfrac{1}{2}$，$b=-1$，则有 $|a+b| = \dfrac{3}{2}$.

(3) 若 $a = -\dfrac{1}{2}$，$b=1$，则有 $|a+b| = \dfrac{1}{2}$.

(4) 若 $a = \dfrac{1}{2}$，$b=-1$，则有 $|a+b| = \dfrac{1}{2}$.

综上，$|a+b| = \dfrac{3}{2}$ 或 $\dfrac{1}{2}$.

8. 【解析】答案是 B.

由于 $|(x-2y)^2+y^2|+\sqrt{z+1}-2y+1=0$，所以 $(x-2y)^2+\sqrt{z+1}+(y-1)^2=0$.

由非负数模型可知 $\begin{cases} x-2y=0 \\ z+1=0 \\ y-1=0 \end{cases}$，解得，$\begin{cases} x=2 \\ y=1 \\ z=-1 \end{cases}$，所以所求值为 $2^0=1$.

9. 【解析】答案是 C.

条件（1），令 $n=10$，显然不充分. 条件（2），令 $n=14$，显然不充分.

联合条件（1）和条件（2），由于 5 和 7 的最小公倍数是 35，所以 n 既是 5 的倍数又是

7 的倍数，即 n 是 35 的倍数，充分，选 C.

10. 【解析】答案是 B.

条件（1），令 $m=3k+2$，若 $k=1$，则 $m=5$，不充分.

条件（2），令 $m=6k+4=2(3k+2)$，则 m 一定是偶数，充分，选 B.

进阶习题详解

1. 【解析】答案是 D.

由于 a，b 是两个连续的整数，则有 $\sqrt{9}<\sqrt{10}<\sqrt{16}$，所以 $a=3$，$b=4$，即 $a \cdot b=12$.

2. 【解析】答案是 C.

(1) 若 $x + y \geqslant 0$，则有 $x + y = 2x - 2y$，即 $3y = x$，所以 $\dfrac{x}{y} = 3$.

(2) 若 $x + y < 0$，则有 $-(x + y) = 2x - 2y$，即 $3x = y$，所以 $\dfrac{x}{y} = \dfrac{1}{3}$.

综上，$\dfrac{x}{y} = 3$ 或 $\dfrac{1}{3}$.

3. 【解析】答案是 B.

由于 $a - 1 = \pm 3$，所以 $a = -2$ 或 4，且 $b = \pm 4$.

由于 $b(1 - a) > 0$，解得，$b > 0$，$a < 1$ 或 $b < 0$，$a > 1$，则有 $b = 4$，$a = -2$ 或 $b = -4$，$a = 4$. 所以 $|a - 1 - b| = 7$.

4. 【解析】答案是 D.

由于 $x < -2$，则有 $1 + x < -1$ 为负数.

所以 $|1 - |1 + x|| = |1 + (1 + x)| = |x + 2| = -(x + 2) = -x - 2$.

5. 【解析】答案是 C.

(1) 若 a，b，c 都是正数，则 $\dfrac{|a|}{a} + \dfrac{|b|}{b} + \dfrac{|c|}{c} = 1 + 1 + 1 = 3$

(2) 若 a，b，c 都是负数，则 $\dfrac{|a|}{a} + \dfrac{|b|}{b} + \dfrac{|c|}{c} = -1 - 1 - 1 = -3$.

(3) 若 a，b，c 是一个正数两个负数，则 $\dfrac{|a|}{a} + \dfrac{|b|}{b} + \dfrac{|c|}{c} = 1 - 1 - 1 = -1$.

(4) 若 a，b，c 是一个负数两个正数，则 $\dfrac{|a|}{a} + \dfrac{|b|}{b} + \dfrac{|c|}{c} = -1 + 1 + 1 = 1$.

所以 a，b，c 是一个负数两个正数，则有 $6 - \dfrac{abc}{|abc|} = 6 - (-1) = 7$.

6. 【解析】答案是 C.

由于 $|ab - 2| + |a - 1| = 0$，所以 $ab = 2$，$a = 1$，解得，$b = 2$，$a = 1$.

原式 $= \dfrac{1}{1 \times 2} + \dfrac{1}{2 \times 3} + \dfrac{1}{3 \times 4} + \cdots + \dfrac{1}{2015 \times 2016}$

$= \left(1 - \dfrac{1}{2}\right) + \left(\dfrac{1}{2} - \dfrac{1}{3}\right) + \left(\dfrac{1}{3} - \dfrac{1}{4}\right) + \cdots + \left(\dfrac{1}{2015} - \dfrac{1}{2016}\right) = 1 - \dfrac{1}{2016} = \dfrac{2015}{2016}$.

7. 【解析】答案是 B.

由于 $a = 1$，$b = -2$，则有 $a + b = -1$，

所以原式 $= (-1)^{2013} + (-1)^{2012} + \cdots + (-1)^2 + (-1) = -1 + 1 - \cdots + 1 - 1 = -1$.

8. 【解析】答案是 B.

$\sqrt{a^2 - 4\sqrt{2}} = |\sqrt{m} - \sqrt{n}|$，则 $a^2 - 4\sqrt{2} = m + n - 2\sqrt{m}\sqrt{n} \Rightarrow m + n = a^2$，$4\sqrt{2} = 2\sqrt{mn}$.

可得，$m + n = a^2$，$mn = 8$. 因为 a，m，n 为正整数，则 $\begin{cases} m = 8 \\ n = 1 \\ a = 3 \end{cases}$ 或 $\begin{cases} m = 1 \\ n = 8 \\ a = 3 \end{cases}$，故有 2 组.

9.【解析】 答案是 C.

因为 $\dfrac{\sqrt{5}+1}{\sqrt{5}-1}=\dfrac{(\sqrt{5}+1)^2}{5-1}=\dfrac{3+\sqrt{5}}{2}$，所以 $a=2$，$b=\left(\dfrac{3+\sqrt{5}}{2}\right)-2=\dfrac{\sqrt{5}-1}{2}$，则 $ab=\sqrt{5}=-1$.

10.【解析】 答案是 C.

集合 A：由于 $xy>0$，所以 x，y 同号，且 $x+y>0$，所以 $x>0$ 且 $y>0$，即等价于集合 B.

11.【解析】 答案是 C.

命题（A）错误：例 $\complement_U A=\{$不规则四边形$\}$，

命题（B）错误：由于 $A\subseteq B$，则 $\complement_U B\subseteq\complement_U A$，

命题（D）错误：由于 $A=\varnothing$，则 $\complement_U A=U$.

12.【解析】 答案是 E.

先把结论进行化简，令 $y_1=|x+2|+|x-8|$，由于 $y_2=a$ 表示平行于 x 轴的直线，由图可知 $a=10$. 显然条件（1），条件（2）单独和联合起来都不充分，选 E.

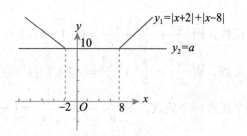

13.【解析】 答案是 B.

条件（1），$X=\dfrac{198+1}{(2002-2001)+(2000-1999)+(1998-1997)+\cdots+(4-3)+(2-1)}=\dfrac{199}{1001}$，不充分.

条件（2），$X=1+\left(1-\dfrac{1}{2}\right)+\left(\dfrac{1}{2}-\dfrac{1}{3}\right)+\cdots+\left(\dfrac{1}{99}-\dfrac{1}{100}\right)=1+1-\dfrac{1}{100}=\dfrac{199}{100}$，充分，选 B.

14.【解析】 答案是 D.

先把结论进行化简，由于 $x\ne0$ 且 $1-2x>0$，解得：$x<\dfrac{1}{2}$ 且 $x\ne0$.

由集合法可知，条件（1）充分，条件（2）充分，选 D.

15.【解析】 答案是 E.

先把结论进行化简，令 $y=|x+1|+|x-3|$，由于 $y\le a$ 能成立，则有 $y_{\min}\le a$

由于 $y_{\min}=4$，则有 $4\le a$.

由集合法可知，条件（1），条件（2）单独和联合起来都不充分，选 E.

第二章　整式与分式

第一节　知识要点

一、整式

1. 基本公式

（1）完全平方公式：$(a+b)^2 = a^2 + 2ab + b^2$

$\qquad\qquad\qquad (a-b)^2 = a^2 - 2ab + b^2$

（2）三项平方公式：$(a+b+c)^2 = a^2 + b^2 + c^2 + 2ab + 2bc + 2ac$

$\qquad$ 对比：$a^2 + b^2 + c^2 + ab + bc + ac = \dfrac{1}{2}\left[(a+b)^2 + (b+c)^2 + (a+c)^2\right]$

$\qquad\qquad\quad a^2 + b^2 + c^2 - ab - bc - ac = \dfrac{1}{2}\left[(a-b)^2 + (b-c)^2 + (a-c)^2\right]$

（3）平方差公式：$a^2 - b^2 = (a+b)(a-b)$

（4）立方和公式：$a^3 + b^3 = (a+b)(a^2 - ab + b^2)$

（5）立方差公式：$a^3 - b^3 = (a-b)(a^2 + ab + b^2)$

（6）完全立方公式：$(a+b)^3 = a^3 + 3a^2b + 3ab^2 + b^3$

$\qquad\qquad\qquad\quad (a-b)^3 = a^3 - 3a^2b + 3ab^2 - b^3$

2. 常用的因式分解的方法

（1）提取公因式法：$am + bm + cm = m\,(a+b+c)$，其中 m 叫作这个多项式各项的公因式，m 既可以是一个单项式，也可以是一个多项式.

（2）完全平方公式的逆用：$a^2 + 2ab + b^2 = (a+b)^2$，$a^2 - 2ab + b^2 = (a-b)^2$.

（3）十字相乘法：二次三项式 $ax^2 + bx + c(a \neq 0)$，如果 $a_1 a_2 = a$，$c_1 c_2 = c$，$a_1 c_2 + a_2 c_1 = b$，那么 $ax^2 + bx + c = (a_1 x + c_1)(a_2 x + c_2)$.

3. 整式的除法

（1）多项式的带余除法：多项式 $f(x)$ 除以多项式 $g(x)$，商式为 $h(x)$，余式为 $r(x)$，则 $f(x) = g(x) \cdot h(x) + r(x)$，其中 $r(x)$ 的次数低于 $g(x)$ 的次数.

【例】求 $f(x) = x^4 + 3x^3 + x^2 + 1$ 除以 $g(x) = x^2 - 1$ 的商式和余式.

解：用竖式做除法，类似于多位数除法

$$
\begin{array}{r}
x^2+3x+2 \\
x^2-1\overline{\smash{\big)}\,x^4+3x^3+x^2+1} \\
\underline{x^4-x^2} \\
3x^3+2x^2+1 \\
\underline{3x^3-3x} \\
2x^2+3x+1 \\
\underline{2x^2-2} \\
3x+3
\end{array}
$$

得商式 $h(x)=x^2+3x+2$，余式 $r(x)=3x+3$.

即 $x^4+3x^3+x^2+1=(x^2-1)(x^2+3x+2)+(3x+3)$.

(2) 余式定理：若多项式 $f(x)$ 除以 $(x-a)$ 所得的商式为 $h(x)$，余式为 $r(x)$，则 $f(x)=(x-a)\cdot h(x)+r(x)$，此时 $f(a)=r(a)$.

因式定理：若多项式 $f(x)$ 能被 $(x-a)$ 整除，或 $(x-a)$ 是 $f(x)$ 的因式，则 $f(x)=(x-a)\cdot h(x)$，此时 $f(a)=0$.

二、分式

1. 定义

若 A，B 表示两个整式，如果 B 中含有字母，那么式子 $\dfrac{A}{B}$ 就叫作分式，此时 B 不能为零，否则分式没有意义，分子与分母没有公因式的分式称为最简分式，如果分子分母有公因式，要进行约分化简.

2. 基本性质

(1) $\dfrac{A}{B}=\dfrac{A\times M}{B\times M}(B\neq 0,\ M\neq 0)$

(2) $\dfrac{A}{B}=\dfrac{A\div M}{B\div M}(B\neq 0,\ M\neq 0)$

3. 运算法则

(1) $\dfrac{a}{b}=\dfrac{c}{d}\Rightarrow a\cdot d=b\cdot c\,(b\neq 0,\ d\neq 0)$

(2) $\dfrac{a}{b}=\dfrac{c}{d}\Rightarrow\dfrac{a\pm b}{b}=\dfrac{c\pm d}{d}\,(b\neq 0,\ d\neq 0)$

4. 等比定理

如果 $\dfrac{a_1}{b_1}=\dfrac{a_2}{b_2}=\dfrac{a_3}{b_3}=\cdots=\dfrac{a_n}{b_n}(b_1+b_2+\cdots+b_n\neq 0)$，那么 $\dfrac{a_1+a_2+\cdots+a_n}{b_1+b_2+\cdots+b_n}=\dfrac{a_1}{b_1}$.

第二节　基础例题

题型 1　乘法公式的应用

【例 1】 已知 $a - b = -2$，则 $\dfrac{a^2 + b^2}{2} - ab =$

(A) 2　　　　(B) 1　　　　(C) 0　　　　(D) -1　　　　(E) -2

【解析】 答案是 A.

$\dfrac{a^2 + b^2}{2} - ab = \dfrac{a^2 + b^2 - 2ab}{2} = \dfrac{(a-b)^2}{2} = \dfrac{(-2)^2}{2}$，所以 $\dfrac{a^2 + b^2}{2} - ab = 2$.

【例 2】 若 $a - b = -2$，$a - c = -3$，则 $(b - c)^2 - 3(b - c) + 1 =$

(A) -2　　　(B) -1　　　(C) 0　　　(D) 3　　　(E) 5

【解析】 答案是 E.

由已知 $\begin{cases} a - b = -2 \\ a - c = -3 \end{cases}$，两式相减得，$b - c = -1$.

所以 $(b - c)^2 - 3(b - c) + 1 = (-1)^2 - 3 \times (-1) + 1 = 5$.

【例 3】 已知实数 x，y，则 $x^2 + y^2 - 2x + 12y + 40$ 的最小值为

(A) 0　　　　(B) 1　　　　(C) 2　　　　(D) 3　　　　(E) 4

【解析】 答案是 D.

因为 $x^2 + y^2 - 2x + 12y + 40 = (x^2 - 2x + 1) + (y^2 + 12y + 36) + 3$

$\qquad\qquad\qquad\qquad\qquad\quad = (x - 1)^2 + (y + 6)^2 + 3$，

且 $(x - 1)^2 \geqslant 0$，$(y + 6)^2 \geqslant 0$，

所以 $x^2 + y^2 - 2x + 12y + 40 \geqslant 3$，最小值为 3.

【例 4】 若 $3(a^2 + b^2 + c^2) = (a + b + c)^2$，则 a，b，c 一定满足的关系为

(A) $a^2 = b^2 + c^2$　　　　　(B) $a + b + c = 1$　　　　　(C) $a = b = c$

(D) $a + b + c = 0$　　　　　(E) $abc = 1$

【解析】 答案是 C.

由 $3(a^2 + b^2 + c^2) = (a + b + c)^2$ 得

$a^2 + b^2 + c^2 - ab - ac - bc = \dfrac{1}{2}\left[(a - c)^2 + (b - c)^2 + (a - b)^2\right] = 0$，

所以由非负性可以得到 $a = b = c$.

【例 5】 如果 $ab = 2$，$a + b = 3$，求下列各个式子的值.

(1) $a^2 + b^2$　　　　　　(2) $\dfrac{b}{a} + \dfrac{a}{b}$　　　　　　(3) $\dfrac{1}{a^2} + \dfrac{1}{b^2}$

(4) $a^3 + b^3$　　　　　　(5) $|a - b|$　　　　　　(6) $a^4 + b^4$

【解析】

(1) $a^2 + b^2 = (a+b)^2 - 2ab = 9 - 4 = 5.$

(2) $\dfrac{b}{a} + \dfrac{a}{b} = \dfrac{a^2 + b^2}{ab} = \dfrac{(a+b)^2 - 2ab}{ab} = \dfrac{5}{2}.$

(3) $\dfrac{1}{a^2} + \dfrac{1}{b^2} = \dfrac{a^2 + b^2}{(ab)^2} = \dfrac{(a+b)^2 - 2ab}{(ab)^2} = \dfrac{5}{4}.$

(4) $a^3 + b^3 = (a+b)(a^2 - ab + b^2) = (a+b)[(a+b)^2 - 3ab] = 9.$

(5) $|a-b| = \sqrt{(a+b)^2 - 4ab} = 1.$

(6) $a^4 + b^4 = (a^2 + b^2)^2 - 2a^2 b^2 = [(a+b)^2 - 2ab]^2 - 2(ab)^2 = 17.$

题型2　因式分解

【例6】 如果 $x^2 - 3x + 2xy + y^2 - 3y - 40 = (x+y+m)(x+y+n)$，且 $m < n$，那么 m，n 的值分别为

(A) $m=5$，$n=8$　　　　(B) $m=8$，$n=-5$　　　　(C) $m=-8$，$n=5$

(D) $m=-8$，$n=-5$　　　(E) $m=-8$，$n=3$

【解析】答案是 C.

方法一：因为 $x^2 - 3x + 2xy + y^2 - 3y - 40 = (x^2 + 2xy + y^2) - 3(x+y) - 40 = (x+y)^2 - 3(x+y) - 40 = (x+y-8)(x+y+5).$

由等式左右对应相等可知，$\begin{cases} m=-8 \\ n=5 \end{cases}$ 或 $\begin{cases} m=5 \\ n=-8 \end{cases}$，再考虑到 $m < n$ 知答案为 C.

方法二：左边代数式中的常数项为 -40，说明右边 m 和 n 的乘积是 -40，排除 A，D，E，再考虑左边 x 系数是 -3，故答案为 C.

题型3　因式定理与余式定理

【例7】 若 $x+1$ 能整除 $x^3 + a^2 x^2 + ax - 1$，则 $a =$

(A) 0　　　(B) 2 或 -1　　(C) -1　　　(D) 2　　　　(E) -2 或 1

【解析】答案是 B.

令 $f(x) = x^3 + a^2 x^2 + ax - 1,$

因为 $f(x) = (x+1) \cdot h(x)$，所以 $f(-1) = 0$，即 $(-1)^3 + a^2 \cdot (-1)^2 + a \cdot (-1) - 1 = 0.$

则 $a^2 - a - 2 = 0$，所以 $a = 2$ 或 $-1.$

【例8】 如果 $x^2 + x + m$ 被 $x+5$ 除，余数为 -3，那么 $m =$

(A) 21　　　(B) 22　　　(C) -22　　　(D) -23　　　(E) 23

【解析】答案是 D.

令 $f(x) = x^2 + x + m$

因为 $f(x) = (x+5) \cdot h(x) + (-3)$，所以 $f(-5) = -3$，即 $(-5)^2 + (-5) + m = -3.$

所以 $m = -23$.

【例9】已知多项式 $f(x)$ 除以 $x+2$ 所得余数为 1，除以 $x+3$ 所得余数为 -1，则多项式 $f(x)$ 除以 $(x+2)(x+3)$ 所得余式为

(A) $2x-5$　　(B) $2x+5$　　(C) $x-1$　　(D) $x+1$　　(E) $2x-1$

【解析】答案是 B.

根据题意，设 $f(x) = (x+2)(x+3)q(x) + ax + b$，则

令 $x = -2$ 时，$f(-2) = -2a + b = 1$.

令 $x = -3$ 时，$f(-3) = -3a + b = -1$.

关于 a，b 的方程组求解得 $a=2$，$b=5$.

【例10】$x-2$ 是多项式 $f(x) = x^3 + 2x^2 - ax + b$ 的因式.

(1) $a=1$，$b=2$.　　　　　(2) $a=2$，$b=3$.

【解析】答案是 E.

先把结论进行化简，即 $f(x) = (x-2) \cdot h(x)$，所以 $f(2) = 0$.

即 $2^3 + 2 \times 2^2 - 2a + b = 0$，所以 $16 - 2a + b = 0$.

把条件（1）、条件（2）代入均不成立，所以条件（1）、条件（2）单独都不充分，显然条件（1）和条件（2）无法联合，选 E.

题型4　分式运算

【例11】已知 $abc \neq 0$，且 $\dfrac{a}{2} = \dfrac{b}{3} = \dfrac{c}{4}$，那么 $\dfrac{2a^2 - 3bc + b^2}{a^2 - 2ab - c^2} =$

(A) $\dfrac{19}{24}$　　(B) $\dfrac{1}{2}$　　(C) $\dfrac{2}{3}$　　(D) $\dfrac{3}{5}$　　(E) $\dfrac{7}{22}$

【解析】答案是 A.

设 $\dfrac{a}{2} = \dfrac{b}{3} = \dfrac{c}{4} = k$，则 $a = 2k$，$b = 3k$，$c = 4k$.

所以 $\dfrac{2a^2 - 3bc + b^2}{a^2 - 2ab - c^2} = \dfrac{2 \times 4k^2 - 3 \times 3k \times 4k + 9k^2}{4k^2 - 2 \times 2k \times 3k - 16k^2} = \dfrac{-19k^2}{-24k^2} = \dfrac{19}{24}$.

【例12】如果 $a+b+c \neq 0$，$\dfrac{2a+b}{c} = \dfrac{2b+c}{a} = \dfrac{2c+a}{b} = k$，那么 $k =$

(A) 2　　(B) 3　　(C) -2　　(D) -3　　(E) 1

【解析】答案是 B.

由等比定理可知，$k = \dfrac{2a+b+2b+c+2c+a}{a+b+c} = \dfrac{3(a+b+c)}{a+b+c} = 3$.

【例13】如果 a，b，c 是实数，$\dfrac{a+c}{b} = \dfrac{b+c}{a} = \dfrac{a+b}{c} = k$，那么 $k =$

(A) 2 或 -1　　(B) 3 或 -1　　(C) 2　　(D) -1　　(E) 1

【解析】答案是 A.

(1) $a+b+c \neq 0$ 时, $k = \dfrac{a+c+b+c+a+b}{a+b+c} = 2$.

(2) $a+b+c = 0$ 时, $k = \dfrac{a+c}{b} = \dfrac{-b}{b} = -1$.

【例14】 若 $\dfrac{4}{x^2-1} = \dfrac{A}{x-1} + \dfrac{B}{x+1}$ 是恒等式, 则 $A+B =$

(A) 0   (B) 3   (C) -2 (D) -3 (E) 1

【解析】 答案是 A.

因为 $\dfrac{A}{x-1} + \dfrac{B}{x+1} = \dfrac{A(x+1)+B(x-1)}{x^2-1} = \dfrac{(A+B)x+(A-B)}{x^2-1}$

由等式左右对应相等可知, $4 = (A+B)x + (A-B)$,

所以 $\begin{cases} A+B=0 \\ A-B=4 \end{cases}$, 即 $A=2$, $B=-2$, 所以选 A.

【例15】 已知 $abc \neq 0$, 且 $a+b+c=0$, 那么 $a\left(\dfrac{1}{b}+\dfrac{1}{c}\right) + b\left(\dfrac{1}{a}+\dfrac{1}{c}\right) + c\left(\dfrac{1}{a}+\dfrac{1}{b}\right) =$

(A) 0   (B) 1   (C) 2   (D) 3   (E) -3

【解析】 答案是 E.

由于 $a\left(\dfrac{1}{b}+\dfrac{1}{c}\right) + b\left(\dfrac{1}{a}+\dfrac{1}{c}\right) + c\left(\dfrac{1}{a}+\dfrac{1}{b}\right) = \dfrac{a}{b}+\dfrac{a}{c}+\dfrac{b}{a}+\dfrac{b}{c}+\dfrac{c}{a}+\dfrac{c}{b} = \dfrac{a+c}{b}+\dfrac{a+b}{c}+\dfrac{b+c}{a}$,

且 $a+b+c=0$, 则 $a\left(\dfrac{1}{b}+\dfrac{1}{c}\right) + b\left(\dfrac{1}{a}+\dfrac{1}{c}\right) + c\left(\dfrac{1}{a}+\dfrac{1}{b}\right) = \dfrac{(-b)}{b}+\dfrac{(-c)}{c}+\dfrac{(-a)}{a} = -3$.

【例16】 $f(x) \neq 2$.

(1) $f(x) = \dfrac{2x^2+2x+3}{x^2+x+1}$.   (2) $f(x) = x^2-2x+4$.

【解析】 答案是 D.

由条件 (1) 可知, $f(x) = \dfrac{2x^2+2x+3}{x^2+x+1} = \dfrac{2(x^2+x+1)+1}{x^2+x+1} = 2 + \dfrac{1}{x^2+x+1}$.

因为 $\dfrac{1}{x^2+x+1} \neq 0$, 所以 $f(x) \neq 2$, 条件 (1) 充分.

由条件 (2) 可知, $f(x) = x^2-2x+4 = (x-1)^2+3$, 因为 $f(x) \geqslant 3$, 显然 $f(x) \neq 2$, 即条件 (2) 充分, 选 D.

【例17】 已知 $x+\dfrac{1}{x}=3$, 那么 $x^4+\dfrac{1}{x^4} =$

(A) 50   (B) 49   (C) 48   (D) 47   (E) 46

【解析】 答案是 D.

由于 $\left(x+\dfrac{1}{x}\right)^2 = x^2+2+\dfrac{1}{x^2} = 9$, 所以 $x^2+\dfrac{1}{x^2} = 7$.

因为 $\left(x^2+\dfrac{1}{x^2}\right)^2 = x^4+2+\dfrac{1}{x^4} = 49$, 所以 $x^4+\dfrac{1}{x^4} = 47$.

【例 18】已知 $x^2 - 3x + 1 = 0$，那么 $\dfrac{2x^2}{x^4 - x^2 + 1} =$

(A) 1　　　(B) $\dfrac{1}{2}$　　　(C) $\dfrac{1}{3}$　　　(D) $\dfrac{1}{4}$　　　(E) $\dfrac{1}{5}$

【解析】答案是 C.

$x^2 - 3x + 1 = 0$，左右两边同时除以 x 得，$x + \dfrac{1}{x} = 3$. 原式 $\dfrac{2x^2}{x^4 - x^2 + 1}$ 上下同时除以 x^2，

得 $\dfrac{2x^2}{x^4 - x^2 + 1} = \dfrac{2}{x^2 - 1 + \dfrac{1}{x^2}} = \dfrac{2}{\left(x + \dfrac{1}{x}\right)^2 - 2 - 1} = \dfrac{2}{9 - 3} = \dfrac{1}{3}$.

第三节　进阶例题

考点 1　乘法公式的应用

【例 1】已知 $x^2 + y^2 = 9$，$xy = 4$，则 $\dfrac{x + y}{x^3 + y^3 + x + y} =$

(A) $\dfrac{1}{2}$　　　(B) $\dfrac{1}{5}$　　　(C) $\dfrac{1}{6}$　　　(D) $\dfrac{1}{13}$　　　(E) $\dfrac{1}{14}$

【解析】答案是 C.

由题可知，$x + y \neq 0$，所以，$\dfrac{x + y}{x^3 + y^3 + x + y} = \dfrac{x + y}{(x + y)(x^2 - xy + y^2) + x + y} = \dfrac{1}{x^2 - xy + y^2 + 1} =$

$\dfrac{1}{9 - 4 + 1} = \dfrac{1}{6}$.

【例 2】若 $M = 3x^2 - 8xy + 9y^2 - 4x + 6y + 13$，则 M 的值一定是

(A) 正数　　　(B) 负数　　　(C) 零　　　(D) 整数　　　(E) 质数

【解析】答案是 A.

因为 $M = 3x^2 - 8xy + 9y^2 - 4x + 6y + 13 = 2(x - 2y)^2 + (x - 2)^2 + (y + 3)^2 \geqslant 0$，

且 $x - 2y$，$x - 2$，$y + 3$ 这三个数不能同时为 0，所以 $M > 0$. 故选 A.

【例 3】已知 $x - y = 5$，$z - y = 10$，则 $x^2 + y^2 + z^2 - xy - xz - yz$ 的值是

(A) 50　　　(B) 75　　　(C) 100　　　(D) 105　　　(E) 110

【解析】答案是 B.

由 $x - y = 5$，$z - y = 10$ 可知 $z - x = 5$，由基本公式可知，

$$x^2 + y^2 + z^2 - xy - xz - yz = \dfrac{1}{2}\left[(x - y)^2 + (x - z)^2 + (y - z)^2\right]$$

$$= \dfrac{1}{2}(5^2 + 5^2 + 10^2) = 75$$

【例 4】$(a + b + c)^2 = a^2 + b^2 + c^2$.

（1） $\dfrac{1}{a}+\dfrac{1}{b}+\dfrac{1}{c}=0$.

（2） $ab+bc+ca=0$.

【解析】答案是 D.

条件（1）， $\dfrac{ab+bc+ac}{abc}=0$ ，当 $abc\neq0$ ，则 $ab+bc+ac=0$ ；可得 $(a+b+c)^2=a^2+b^2+c^2+ac+bc+ab=a^2+b^2+c^2$ ，充分.

条件（2）， $ab+bc+ca=0$ 与上面条件等价，充分，选 D.

考点 2　整式分式化简求值

【例5】已知 $(1-x)^5=a_0+a_1x+a_2x^2+a_3x^3+a_4x^4+a_5x^5$ ，

则 $(a_0+a_2+a_4)(a_1+a_3+a_5)=$

（A） -256　　（B） 256　　（C） 128　　（D） -128　　（E） 280

【解析】答案是 A.

令 $f(x)=(1-x)^5$ ， $x=1$ ，那么 $f(1)=a_0+a_1+a_2+a_3+a_4+a_5=0$ ，

令 $x=-1$ ，那么 $f(-1)=a_0-a_1+a_2-a_3+a_4-a_5=2^5$ ，

则 $a_0+a_2+a_4=\dfrac{f(1)+f(-1)}{2}=2^4$ ， $a_1+a_3+a_5=\dfrac{f(1)-f(-1)}{2}=-2^4$ ，

得 $(a_0+a_2+a_4)(a_1+a_3+a_5)=-2^4\times2^4=-256$.

【例6】设 x ， y ， z 为非零实数. 则 $\dfrac{2x+3y-4z}{-x+y-2z}=1$.

（1） $3x-2y=0$.

（2） $2y-z=0$.

【解析】答案是 C.

【解析】因无法确定 x ， y ， z 的比例关系，条件（1）、条件（2）单独均不充分.

联合条件（1）、条件（2）， $3x=2y=z$ ，令 $x=2$ ， $y=3$ ， $z=6$ ， $\dfrac{2x+3y-4z}{-x+y-2z}=\dfrac{4+9-24}{-2+3-12}=1$ ，充分，选 C.

【例7】已知 $\dfrac{a+b-c}{c}=\dfrac{a-b+c}{b}=\dfrac{-a+b+c}{a}$ ，则 $\dfrac{(a+b)(b+c)(c+a)}{abc}=$

（A） 8 和 1　　（B） 8 和 -1　　（C） 1 和 -1　　（D） 8 和 2　　（E） -1 和 2

【解析】答案是 B.

设 $\dfrac{a+b-c}{c}=\dfrac{a-b+c}{b}=\dfrac{-a+b+c}{a}=k$ ，所以 $\begin{cases}a+b-c=ck\\a-b+c=bk\\-a+b+c=ak\end{cases}$ ，整体加和， $a+b+c=(a+b+c)k$ ，然后对 $a+b+c=0$ 和 $a+b+c\neq0$ 两种情况进行讨论.

当 $a+b+c=0$ 时， $k=-2$. 当 $a+b+c\neq0$ 时， $k=1$.

则 $\dfrac{(a+b)(b+c)(c+a)}{abc}=(k+1)^3=-1$ 或 8.

【例 8】已知 $abc\neq 0$. 则 $\dfrac{ab+1}{b}=1$.

(1) $b+\dfrac{1}{c}=1$.　　　　(2) $c+\dfrac{1}{a}=1$.

【解析】答案是 C.

显然条件（1）、条件（2）单独都不充分，

联合条件（1）和条件（2），$\begin{cases} b+\dfrac{1}{c}=1 \\ c+\dfrac{1}{a}=1 \end{cases}$，所以 $\begin{cases} \dfrac{1}{c}=1-b \\ c=1-\dfrac{1}{a} \end{cases}$.

因为 $(1-b)\left(1-\dfrac{1}{a}\right)=1$，所以 $1-\dfrac{1}{a}-b+\dfrac{b}{a}=1$，即 $\dfrac{b-1-ab}{a}=0$.

所以 $ab+1=b$，即 $\dfrac{ab+1}{b}=1$，充分，选 C.

【例 9】已知 x，y，z 不全相等，且 $x+y+z=3a$（$a\neq 0$），则

$$\dfrac{(x-a)(y-a)+(y-a)(z-a)+(z-a)(x-a)}{(x-a)^2+(y-a)^2+(z-a)^2}=$$

(A) $\dfrac{1}{2}$　　(B) $-\dfrac{1}{2}$　　(C) $\dfrac{1}{3}$　　(D) $\dfrac{1}{4}$　　(E) $\dfrac{1}{5}$

【解析】答案是 B.

由 $x+y+z=3a$ 得，$(x-a)+(y-a)+(z-a)=0$,

设 $x-a=m$，$y-a=n$，$z-a=p$，所以 $p=-(m+n)$.

原式 $=\dfrac{mn+mp+np}{m^2+n^2+p^2}=\dfrac{-(m^2+n^2+mn)}{2(m^2+n^2+mn)}=-\dfrac{1}{2}$，故选 B.

【例 10】已知 x，y，z 为两两不相等的三个实数，且满足 $x+\dfrac{1}{y}=y+\dfrac{1}{z}=z+\dfrac{1}{x}$，则

$(xyz)^2=$

(A) 0　　(B) 1　　(C) 0 或 1　　(D) -1　　(E) 5

【解析】答案是 B.

注意到"两两不相等"，则 $x+\dfrac{1}{y}=y+\dfrac{1}{z}$，整理得 $x-y=\dfrac{y-z}{yz}$，即 $yz=\dfrac{y-z}{x-y}$.

同理，$xz=\dfrac{x-z}{z-y}$，$xy=\dfrac{x-y}{z-x}$. 三个关系式相乘，得 $(xyz)^2=\dfrac{x-z}{z-y}\times\dfrac{x-y}{z-x}\times\dfrac{y-z}{x-y}=1$.

【例 11】若 $4x+y+10z=169$，$3x+y+7z=126$，则 $x+y+z=$

(A) 20　　(B) 30　　(C) 40　　(D) 50　　(E) 60

【解析】答案是 C.

方法一：因为 $4x+y+10z=169$，$3x+y+7z=126$，可得 $x+3z=43$，代入关系式可得

$3x + y + 7z = 126$，那么 $x + y + z + 2 (x + 3z) = 126$，即 $x + y + z = 126 - 86 = 40$.

方法二：根据题意 $\begin{cases} 4x + y + 10z = 169 \\ 3x + y + 7z = 126 \end{cases}$，整理得 $\begin{cases} x = 43 - 3z \\ y = 2z - 3 \end{cases}$，

即 $x + y + z = (43 - 3z) + (2z - 3) + z = 40$.

考点3　因式定理与余式定理

【例12】若 $x^3 + x^2 + ax + b$ 能被 $x^2 - 3x + 2$ 整除，则

(A) $a = 4$，$b = 4$ 　　(B) $a = -4$，$b = -4$ 　　(C) $a = 10$，$b = -8$

(D) $a = -10$，$b = 8$ 　　(E) $a = -2$，$b = 0$

【解析】答案是 D.

令 $f(x) = x^3 + x^2 + ax + b$，

由题意可知，则 $\begin{cases} f(1) = 0 \\ f(2) = 0 \end{cases}$，即 $\begin{cases} 2 + a + b = 0 \\ 12 + 2a + b = 0 \end{cases}$，解得 $\begin{cases} a = -10 \\ b = 8 \end{cases}$.

【例13】设多项式 $f(x)$ 除以 $x - 1$，余数为 2. 除以 $(x^2 - 2x + 3)$，余式为 $4x + 6$. 则 $f(x)$ 除以 $(x^2 - 2x + 3)(x - 1)$ 的余式为

(A) $-2x^2 + 6x - 3$ 　　(B) $2x^2 + 6x + 3$ 　　(C) $-4x^2 + 12x - 6$

(D) $x + 4$ 　　(E) $2x + 1$

【解析】答案是 C.

方法一：由题可知，$f(1) = 2$，且 $f(x) = g(x)(x^2 - 2x + 3)(x - 1) + r(x)$，令 $x = 1$，$f(1) = r(1) = 2$. 因此，可令选项中的 $x = 1$，验证选项是否满足 $r(1) = 2$，验证后发现只有选项 C 满足，选 C.

方法二：注意到"$f(x)$ 除以 $(x^2 - 2x + 3)$，余式为 $4x + 6$"，则设 $f(x) = g(x)(x^2 - 2x + 3)(x - 1) + k(x^2 - 2x + 3) + 4x + 6$. 其中 $k(x^2 - 2x + 3) + 4x + 6$ 即为所求余式. 根据余式定理，得 $f(1) = 2$.

代入求解得 $k = -4$. 整理得余式为 $-4x^2 + 12x - 6$.

第四节　习题

基础习题

1. 若 $x^2 + 2(m - 3)x + 16$ 是一个完全平方式，则 m 的值是

(A) -5 　　(B) 7 　　(C) -1 　　(D) 7 或 -1 　　(E) 7 或 -5

2. 已知 $(2010 - a)(2008 - a) = 2009$，那么 $(2010 - a)^2 + (2008 - a)^2 =$

(A) 4002 　　(B) 4012 　　(C) 4022 　　(D) 4020 　　(E) 4000

3. $\left(1 - \dfrac{1}{2^2}\right)\left(1 - \dfrac{1}{3^2}\right)\left(1 - \dfrac{1}{4^2}\right)\cdots\left(1 - \dfrac{1}{100^2}\right) =$

(A) $\dfrac{99}{100}$　　　(B) $\dfrac{199}{200}$　　　(C) $\dfrac{101}{200}$　　　(D) $\dfrac{101}{201}$　　　(E) $\dfrac{101}{202}$

4. 若 $x:y:z=3:4:7$，且 $2x-y+z=18$，则 $x+2y-z=$

(A) 8　　　(B) 9　　　(C) 15　　　(D) 20　　　(E) 25

5. 若多项式 $f(x)=x^3+px^2+qx+6$ 含有一次因式 $x+1$ 和 $x-\dfrac{3}{2}$，则 $f(x)$ 的另一个一次因式是

(A) $x-2$　　　(B) $x+2$　　　(C) $x-4$　　　(D) $x+4$　　　(E) $x-6$

6. 若 $x=3$ 时，多项式 px^3+qx+1 的值为 2014，则当 $x=-3$ 时，多项式 px^3+qx+1 的值为

(A) -2012　　　(B) 2012　　　(C) -2013　　　(D) 2013　　　(E) -2014

7. 若 $x^2+xy=12$，$xy+y^2=15$，则 $(x+y)^2-(x+y)(x-y)=$

(A) 24　　　(B) 26　　　(C) 27　　　(D) 29　　　(E) 30

8. 若 $4m^2+n^2-6n+4m+10=0$，则 $m^{-n}=$

(A) -9　　　(B) 9　　　(C) -8　　　(D) 8　　　(E) 10

9. 已知 $a=2005x+2009$，$b=2005x+2010$，$c=2005x+2011$，那么 $a^2+b^2+c^2-ab-bc-ca=$

(A) 3　　　(B) 4　　　(C) 5　　　(D) 6　　　(E) 7

10. 设 x 是非零实数．则 $x^3+\dfrac{1}{x^3}=18$．

（1）$x+\dfrac{1}{x}=3$．　　　　　（2）$x+\dfrac{1}{x}=-3$．

进阶习题

1. 已知 x，y，z 为非零实数，$5x-2y-3z=0$，$2x-y-z=0$，则 $\dfrac{2x^2+3y^2+6z^2}{x^2+5y^2+7z^2}=$

(A) -1　　　(B) 2　　　(C) $\dfrac{1}{2}$　　　(D) $\dfrac{11}{13}$　　　(E) 1

2. 已知 $x=\dfrac{\sqrt{3}+\sqrt{2}}{\sqrt{3}-\sqrt{2}}$，$y=\dfrac{\sqrt{3}-\sqrt{2}}{\sqrt{3}+\sqrt{2}}$，则 $\dfrac{x^3-xy^2}{x^4y+2x^3y^2+x^2y^3}=$

(A) $\dfrac{2}{5}\sqrt{3}$　　　(B) $\dfrac{3}{5}\sqrt{6}$　　　(C) $\dfrac{3}{5}\sqrt{2}$　　　(D) $\dfrac{4}{5}\sqrt{6}$　　　(E) $\dfrac{2}{5}\sqrt{6}$

3. 若 a，b，c 为实数，$a+b+c\neq0$ 且 $\dfrac{b+c}{a}=\dfrac{a+c}{b}=\dfrac{a+b}{c}$，则 $\dfrac{abc}{(a+b)(a+c)(b+c)}=$

(A) $\dfrac{1}{6}$　　　(B) $\dfrac{1}{8}$　　　(C) 6　　　(D) 8　　　(E) 12

4. 设多项式 $f(x)$ 被 x^2-1 除后的余式为 $3x+4$，并且已知 $f(x)$ 有因式 x，若 $f(x)$ 被 $x(x^2-1)$ 除后的余式为 px^2+qx+r，则 $p^2-q^2+r^2=$

  (A) -13 (B) -12 (C) -9 (D) 13 (E) 7

5. 如果 $(a+b-x)^2$ 的结果中不含有 x 的一次项, 那么 a, b 必满足

  (A) $a=b$ (B) $a=0$, $b=0$ (C) $a=-b$

  (D) a, b 都不为 0   (E) $a=0$, $b=1$

6. 多项式 $(x^2+px+7)(x^2-3x+q)$ 的展开式中不含 x^2 与 x^3 的项, 则 p, q 的值分别为

  (A) $p=2$, $q=3$ (B) $p=-2$, $q=3$ (C) $p=3$, $q=2$

  (D) $p=3$, $q=-2$ (E) $p=-3$, $q=-2$

7. 若 $(x^2+ax-2y+7)-(bx^2-2x+9y-1)$ 的值与字母 x 无关, 则 a, b 的值分别是

  (A) $a=-2$, $b=1$ (B) $a=2$, $b=-1$ (C) $a=-2$, $b=-1$

  (D) $a=2$, $b=1$ (E) $a=3$, $b=-1$

8. 设 $f(x)$ 是三次多项式, 且 $f(2)=f(-1)=f(4)=3$, $f(1)=-9$, 则 $f(0)=$

  (A) -13 (B) -12 (C) -9 (D) 13 (E) 7

9. 多项式 $f(x)$ 除以 $x+1$ 所得余式为 2.

  (1) 多项式 $f(x)$ 除以 x^2-x-2 所得的余式是 $x+5$.

  (2) 多项式 $f(x)$ 除以 x^2-2x-3 所得的余式是 $x+3$.

10. 已知 x, y, z 都是实数. 则 $x+y+z=0$

  (1) $\dfrac{x}{a+b}=\dfrac{y}{b+c}=\dfrac{z}{c+a}$.

  (2) $\dfrac{x}{a-b}=\dfrac{y}{b-c}=\dfrac{z}{c-a}$.

基础习题详解

1. 【解析】答案是 D.

  由于 $(x\pm4)^2=x^2\pm8x+16=x^2+2(m-3)x+16$, 则有 $\pm8=2(m-3)$, 解得, $m=7$ 或 -1.

2. 【解析】答案是 C.

  因为 $(2010-a)^2+(2008-a)^2=[(2010-a)-(2008-a)]^2+2(2010-a)(2008-a)$

  由条件可得 $(2010-a)^2+(2008-a)^2=2^2+2\times2009=4022$.

3. 【解析】答案是 C.

$$原式=\left[\left(1+\frac{1}{2}\right)\left(1+\frac{1}{3}\right)\left(1+\frac{1}{4}\right)\cdots\left(1+\frac{1}{100}\right)\right]\cdot\left[\left(1-\frac{1}{2}\right)\left(1-\frac{1}{3}\right)\left(1-\frac{1}{4}\right)\cdots\left(1-\frac{1}{100}\right)\right]$$

$$=\left(\frac{3}{2}\times\frac{4}{3}\times\frac{5}{4}\times\cdots\times\frac{101}{100}\right)\times\left(\frac{1}{2}\times\frac{2}{3}\times\frac{3}{4}\times\cdots\times\frac{99}{100}\right)$$

$$=\frac{101}{2}\times\frac{1}{100}=\frac{101}{200}.$$

4. 【解析】答案是 A.

  令 $x=3k$, $y=4k$, $z=7k$, 则有 $6k-4k+7k=18$, 解得 $k=2$,

  所以 $x=6$, $y=8$, $z=14$, 则 $x+2y-z=8$.

5. 【解析】答案是 C.

由于 $x^3 + px^2 + qx + 6 = (x+1)\left(x - \dfrac{3}{2}\right)(x+a)$，则常数项等号左右相等，即

$6 = 1 \times \left(-\dfrac{3}{2}\right) \times a$，解得 $a = -4$，所以 $f(x)$ 的另一个一次因式是 $x - 4$.

6. 【解析】答案是 A.

由于 $27p + 3q + 1 = 2014$，则有 $27p + 3q = 2013$，

所以 $-27p - 3q + 1 = -(27p + 3q) + 1 = -2013 + 1 = -2012$.

7. 【解析】答案是 E.

由于 $x^2 + xy = 12$，$xy + y^2 = 15$，则两式相加可得，$x^2 + 2xy + y^2 = 27$，

即 $(x+y)^2 = 27$，两式相减可得，$x^2 - y^2 = -3$，即 $(x+y)(x-y) = -3$，

所以 $(x+y)^2 - (x+y)(x-y) = 30$.

8. 【解析】答案是 C.

由于 $(2m+1)^2 + (n-3)^2 = 0$，所以 $m = -\dfrac{1}{2}$，$n = 3$，则有 $m^{-n} = \left(-\dfrac{1}{2}\right)^{-3} = -8$.

9. 【解析】答案是 A.

$a^2 + b^2 + c^2 - ab - bc - ca = \dfrac{1}{2}\left[(a-b)^2 + (b-c)^2 + (a-c)^2\right] = \dfrac{1}{2}\left[(-1)^2 + (-1)^2 + (-2)^2\right] = 3$.

10. 【解析】答案是 A.

先对结论进行化简，$x^3 + \dfrac{1}{x^3} = \left(x + \dfrac{1}{x}\right)\left(x^2 - 1 + \dfrac{1}{x^2}\right)$.

条件（1），$x^2 + \dfrac{1}{x^2} = \left(x + \dfrac{1}{x}\right)^2 - 2 = 9 - 2 = 7$，所以 $x^3 + \dfrac{1}{x^3} = 18$，充分.

条件（2），$x^2 + \dfrac{1}{x^2} = \left(x + \dfrac{1}{x}\right)^2 - 2 = 9 - 2 = 7$，所以 $x^3 + \dfrac{1}{x^3} = -18$，不充分，选 A.

进阶习题详解

1. 【解析】答案是 D.

联立 $5x - 2y - 3z = 0$ 和 $2x - y - z = 0$，得 $x = y = z$，原式 $= \dfrac{2x^2 + 3x^2 + 6x^2}{x^2 + 5x^2 + 7x^2} = \dfrac{11}{13}$.

2. 【解析】答案是 E.

$x = \dfrac{\sqrt{3} + \sqrt{2}}{\sqrt{3} - \sqrt{2}} = \dfrac{(\sqrt{3} + \sqrt{2})^2}{(\sqrt{3} + \sqrt{2})(\sqrt{3} - \sqrt{2})} = 5 + 2\sqrt{6}$，

$y = \dfrac{\sqrt{3} - \sqrt{2}}{\sqrt{3} + \sqrt{2}} = \dfrac{(\sqrt{3} - \sqrt{2})^2}{(\sqrt{3} + \sqrt{2})(\sqrt{3} - \sqrt{2})} = 5 - 2\sqrt{6}$，

原式 $= \dfrac{x^3 - xy^2}{x^4 y + 2x^3 y^2 + x^2 y^3} = \dfrac{x(x^2 - y^2)}{x^2 y(x^2 + 2xy + y^2)} = \dfrac{(x-y)}{xy(x+y)} = \dfrac{2}{5}\sqrt{6}$，故选 E.

3. 【解析】答案是 B.

设 $\dfrac{b+c}{a}=\dfrac{a+c}{b}=\dfrac{a+b}{c}=k$，由等比定理可知：$k=\dfrac{2(a+b+c)}{a+b+c}=2$.

所以 $\dfrac{abc}{(a+b)(a+c)(b+c)}=\dfrac{1}{\left(\dfrac{a+b}{c}\right)\left(\dfrac{a+c}{b}\right)\left(\dfrac{b+c}{a}\right)}=\dfrac{1}{2\times2\times2}=\dfrac{1}{8}$.

4.【解析】答案是 E.

根据题意 $f(x)$ 被 $x(x^2-1)$ 除后的余式为 px^2+qx+r，可设 $f(x)=x(x^2-1)q(x)+px^2+qx+r$；又 $f(x)$ 被 x^2-1 除后的余式为 $3x+4$，由余式定理，令 $x=1$ 时，$f(1)=p+q+r=7$；令 $x=-1$ 时，$f(-1)=p-q+r=1$；

又 $f(x)$ 有因式 x，则 $f(0)=r=0$，综合三个关系式，得 $p=4$，$q=3$，$r=0$，那么 $p^2-q^2+r^2=7$.

5.【解析】答案是 C.

由于 $[(a+b)-x]^2=(a+b)^2-2(a+b)x+x^2$，其中不含有 x 的一次项，

所以 $a+b=0$，即 $a=-b$.

6.【解析】答案是 C.

$(x^2+px+7)(x^2-3x+q)=x^4+(p-3)x^3+(q-3p+7)x^2+(pq-21)x+7q$，不含 x^2 与 x^3 的项，则有 $\begin{cases}p-3=0\\q-3p+7=0\end{cases}$，解得，$p=3$，$q=2$.

7.【解析】答案是 A.

由于 $(1-b)x^2+(a+2)x-11y+8$ 的值与 x 无关，所以 $\begin{cases}1-b=0\\a+2=0\end{cases}$.

解得，$a=-2$，$b=1$.

8.【解析】答案是 A.

根据 $f(2)=f(-1)=f(4)=3$，可设 $f(x)=a(x-2)(x+1)(x-4)+3$.

则 $f(1)=a\times(-1)\times2\times(-3)+3=-9$，解得为 $a=-2$，所以 $f(0)=-13$.

9.【解析】答案是 B.

先把结论进行化简，令 $f(x)=(x+1)\cdot g(x)+2$，则 $f(-1)=2$.

条件（1），由于 $f(x)=(x^2-x-2)\cdot m(x)+(x+5)$，所以 $f(-1)=4$，不充分；

条件（2），由于 $f(x)=(x^2-2x-3)\cdot n(x)+(x+3)$，所以 $f(-1)=2$，充分，选 B.

10.【解析】答案是 B.

条件（1），令 $\dfrac{x}{a+b}=\dfrac{y}{b+c}=\dfrac{z}{c+a}=t$，则 $x=(a+b)t,y=(b+c)t,z=(c+a)t$，

那么 $x+y+z=2(a+b+c)t$ 不一定为 0，不充分；

条件（2），令 $\dfrac{x}{a-b}=\dfrac{y}{b-c}=\dfrac{z}{c-a}=t$，则 $x=(a-b)t,y=(b-c)t,z=(c-a)t$，则相加

各式有 $x+y+z=0$，充分，选 B.

第三章　方程与函数

第一节　知识要点

一、方程

1. 方程的定义

指含有未知数的等式. 使等式成立的未知数的值称为"解"或"根", 求方程的解的过程称为"解方程".

2. 一元一次方程

(1) 定义: 只含有一个未知数, 且未知数的次数是一次的整式方程叫作一元一次方程, 其一般形式为 $ax + b = 0 (a \neq 0)$.

(2) 一元一次方程的解法: 将所给一元一次方程化简, 得到 $ax = -b$, 进而得出方程的解 $x = -\dfrac{b}{a}$.

3. 二元一次方程组

(1) 定义: 形如 $\begin{cases} a_1 x + b_1 y = c_1 \\ a_2 x + b_2 y = c_2 \end{cases}$ 的方程组, 称为二元一次方程组.

(2) 二元一次方程组的解法: 加减消元法、代入消元法.

4. 一元二次方程

(1) 定义: 只含有一个未知数, 且未知数的最高次数是二次的整式方程叫作一元二次方程, 其一般形式为 $ax^2 + bx + c = 0 (a \neq 0)$.

(2) 一元二次方程的解法

　①直接开方法: 形如 $ax^2 = c (a, c$ 同号$)$ 或 $(mx + n)^2 = r (r \geq 0)$ 的方程, 两边开平方, 即可转化为两个一元一次方程求解.

　②配方法: 把一元二次方程 $ax^2 + bx + c = 0 (a \neq 0)$ 通过配方化成 $(mx + n)^2 = r$ $(r \geq 0)$ 的形式, 再用直接开方法求解.

　③因式分解法: 如果一元二次方程 $ax^2 + bx + c = 0 (a \neq 0)$ 的等号左侧可以分解为两个一次因式相乘的形式, 即 $(mx + n)(px + q) = 0$, 那么原方程可转化为两个一元一次方程求解. 常用的十字相乘法: 若 $\begin{cases} a_1 a_2 = a \\ c_1 c_2 = c \\ a_1 c_2 + a_2 c_1 = b \end{cases}$, 则 $ax^2 + bx + c =$

$(a_1x+c_1)(a_2x+c_2)=0$，所以方程的解为 $x_1=-\dfrac{c_1}{a_1}$，$x_2=-\dfrac{c_2}{a_2}$.

④公式法：一元二次方程 $ax^2+bx+c=0(a\neq0)$ 的求根公式

$$x=\frac{-b\pm\sqrt{b^2-4ac}}{2a}(b^2-4ac\geqslant0)$$

其中 b^2-4ac 称为判别式，记作 $\Delta=b^2-4ac$.

$\Delta>0$：方程有两个不相等的实数根.

$\Delta=0$：方程有两个相等的实数根.

$\Delta<0$：方程无实根.

5. 韦达定理

(1) 如果 x_1，x_2 是一元二次方程 $ax^2+bx+c=0(a\neq0)$ 的两个实数根，

那么 $x_1+x_2=-\dfrac{b}{a}$，$x_1\cdot x_2=\dfrac{c}{a}$.

(2) 如下关于两根的算式均可用 x_1+x_2 与 x_1x_2 表示：

① $x_1^2+x_2^2=(x_1+x_2)^2-2x_1x_2$.

② $|x_1-x_2|=\sqrt{(x_1+x_2)^2-4x_1x_2}$.

③ $x_1^3+x_2^3=(x_1+x_2)(x_1^2-x_1x_2+x_2^2)=(x_1+x_2)[(x_1+x_2)^2-3x_1x_2]$.

④ $\dfrac{1}{x_1}+\dfrac{1}{x_2}=\dfrac{x_1+x_2}{x_1x_2}$.

⑤ $\dfrac{x_2}{x_1}+\dfrac{x_1}{x_2}=\dfrac{x_1^2+x_2^2}{x_1x_2}=\dfrac{(x_1+x_2)^2-2x_1x_2}{x_1x_2}$.

6. 一元二次方程 $ax^2+bx+c=0(a\neq0)$ 正负根的分布

(1) 两个正根 $\Rightarrow\begin{cases}\Delta\geqslant0\\[4pt]x_1+x_2=-\dfrac{b}{a}>0\\[4pt]x_1\cdot x_2=\dfrac{c}{a}>0\end{cases}$.

(2) 两个负根 $\Rightarrow\begin{cases}\Delta\geqslant0\\[4pt]x_1+x_2=-\dfrac{b}{a}<0\\[4pt]x_1\cdot x_2=\dfrac{c}{a}>0\end{cases}$.

(3) 一个正根一个负根 $\Rightarrow x_1\cdot x_2=\dfrac{c}{a}<0$.

二、函数

1. 函数的定义

给定一个数集 A，假设其中的元素为 x，对 A 中的元素 x 施加对应法则 f，记作 $f(x)$，

得到另一数集 B，假设 B 中的元素为 y，则 y 与 x 之间的等量关系可以用 $y=f(x)$ 表示，函数概念含有三个要素：定义域 A、值域 B 和对应法则 f.

通俗地说，假设有两个变量 x，y，如果对于任意一个 x 都有唯一确定的一个 y 和它对应，那么就称 x 是自变量，y 是 x 的函数（或因变量）.

2. 一元二次函数的定义

形如 $y=ax^2+bx+c(a\neq0)$ 的函数，称为一元二次函数，其中，a 称为二次项系数，b 为一次项系数，c 为常数项，x 为自变量，y 为因变量.

3. 一元二次函数的图像性质

一元二次函数的图像为一条抛物线.

对于 $y=ax^2+bx+c=a\left(x+\dfrac{b}{2a}\right)^2+\dfrac{4ac-b^2}{4a}(a\neq0)$ 有：

（1）开口方向：由二次项系数 a 决定，当 $a>0$ 时抛物线开口向上，当 $a<0$ 抛物线开口向下.

（2）对称轴：$x=-\dfrac{b}{2a}$.

（3）y 轴截距：抛物线与 y 轴交点的纵坐标，即 $x=0$ 时 y 的值，故 y 轴截距为 c.

（4）函数的零点：如果函数 $y=f(x)$ 在实数 α 处的值等于 0，即 $f(\alpha)=0$，则 α 叫作这个函数的零点. 函数的图像与 x 轴的交点的横坐标，也叫作这个函数的零点.

函数 $y=f(x)$ 的零点就是方程 $f(x)=0$ 的实数根，也就是函数 $y=f(x)$ 的图像与 x 轴交点的横坐标，所以方程 $f(x)=0$ 有实数根即函数 $y=f(x)$ 的图像与 x 轴有交点.

$\Delta=b^2-4ac$	$\Delta>0$	$\Delta=0$	$\Delta<0$
$f(x)=ax^2+bx+c(a>0)$			
方程 $f(x)=0$ 的根	$x=\dfrac{-b\pm\sqrt{b^2-4ac}}{2a}$	$x=-\dfrac{b}{2a}$	无实根

4. 一元二次函数的最值

（1）当 $a>0$ 时，一元二次函数有最小值 $y_{\min}=\dfrac{4ac-b^2}{4a}$，$x$ 离对称轴越近，对应的函数值越小.

（2）当 $a<0$ 时，一元二次函数有最大值 $y_{\max} = \dfrac{4ac-b^2}{4a}$，$x$ 离对称轴越近，对应的函数值越大.

5. 一元二次方程与一元二次函数的综合应用

若一元二次方程 $ax^2+bx+c=0$（$a>0$）的两根分布在特定区间内，则把一元二次方程转化为一元二次函数，结合一元二次函数的图像抛物线来解决问题.

令 $f(x)=ax^2+bx+c(a>0)$.

（1）一个根大于 m，一个根小于 $m \Rightarrow f(m)<0$.

（2）一个根在 $(m,\ n)$ 内，一个根在 $(p,\ q)$ 内 $\Rightarrow \begin{cases} f(m)\cdot f(n)<0 \\ f(p)\cdot f(q)<0 \end{cases}$.

（3）两个根都大于 $m \Rightarrow \begin{cases} \Delta \geqslant 0 \\ -\dfrac{b}{2a}>m. \\ f(m)>0 \end{cases}$

（4）两个根都小于 $m \Rightarrow \begin{cases} \Delta \geqslant 0 \\ -\dfrac{b}{2a}<m. \\ f(m)>0 \end{cases}$

（5）两个根都在 $(m,\ n)$ 内 $\Rightarrow \begin{cases} \Delta \geqslant 0 \\ m< -\dfrac{b}{2a}<n. \\ f(m)>0 \\ f(n)>0 \end{cases}$

第二节　基础例题

题型 1　方程根的判别式

【例1】已知 $k>0$，方程 $3kx^2+12x+k=-1$ 有两个相等的实根，那么 $k=$

(A) 3　　　　(B) 5　　　　(C) 6　　　　(D) 10　　　　(E) 11

【解析】答案是 A.

由于方程 $3kx^2+12x+k+1=0$ 有两个相等的实根，所以 $\Delta=12^2-4\times 3k\times(k+1)=0$，即 $k=3$ 或 -4.

由题可知 $k>0$，所以 $k=3$.

【例2】关于 x 的方程 $mx^2-2(3m-1)x+9m-1=0$ 有两个实数根，那么 m 的取值的范围是

(A) $m \leqslant \dfrac{1}{5}$　　　　　　(B) $0 < m < \dfrac{1}{5}$ 或 $m < 0$　　　　(C) $m \leqslant \dfrac{1}{5}$ 且 $m \neq 0$

(D) $m \geqslant \dfrac{1}{5}$　　　　　　(E) $0 < m < \dfrac{1}{5}$

【解析】答案是 C.

因为方程有两个实数根，所以 $m \neq 0$.

由于 $\Delta = 4\,(3m-1)^2 - 4m(9m-1) \geqslant 0$，即 $m \leqslant \dfrac{1}{5}$.

所以 $m \leqslant \dfrac{1}{5}$ 且 $m \neq 0$.

【例3】关于 x 的方程 $ax^2 + (2a-1)x + (a-3) = 0$ 有两个不相等的实根.

(1) $a < 3$. (2) $a \geqslant 1$.

【解析】答案是 B.

先把结论进行化简，由于 $\begin{cases} a \neq 0 \\ \Delta = (2a-1)^2 - 4a(a-3) > 0 \end{cases}$ 即 $\begin{cases} a \neq 0 \\ a > -\dfrac{1}{8} \end{cases}$.

所以 a 的取值范围是 $a > -\dfrac{1}{8}$ 且 $a \neq 0$.

显然条件 (1) 不充分，条件 (2) 充分，选 B.

题型2　韦达定理的应用

【例4】若方程 $x^2 - 2x + c = 0$ 两根之差的平方等于 16，则 c 的值是

(A) 3　　　　(B) -3　　　　(C) 6　　　　(D) 0　　　　(E) -6

【解析】答案是 B.

设方程的两个根为 x_1，x_2，那么 $(x_1 + x_2)^2 - 4x_1 \cdot x_2 = 16$，即 $4 - 4c = 16$，所以 $c = -3$.

【例5】已知 x_1，x_2 是方程 $x^2 - ax - 1 = 0$ 的两个实数根，则 $x_1^2 + x_2^2 =$

(A) $a^2 + 2$　　(B) $a^2 + 1$　　(C) $a^2 - 1$　　(D) $a^2 - 2$　　(E) $a + 2$

【解析】答案是 A.

由于 $\begin{cases} x_1 + x_2 = a \\ x_1 x_2 = -1 \end{cases}$，则有 $x_1^2 + x_2^2 = (x_1 + x_2)^2 - 2x_1 x_2 = a^2 + 2$.

【例6】$\alpha^2 \beta + \beta^2 \alpha = 1$.

(1) α，β 为方程 $x^2 + x - 1 = 0$ 的两个实根.

(2) α，β 为方程 $x^2 - x - 1 = 0$ 的两个实根.

【解析】答案是 A.

由条件 (1) 可知，$\begin{cases} \alpha + \beta = -1 \\ \alpha \cdot \beta = -1 \end{cases}$ 所以 $\alpha^2 \beta + \beta^2 \alpha = \alpha \cdot \beta(\alpha + \beta) = 1$，充分.

由条件 (2) 可知，$\begin{cases} \alpha + \beta = 1 \\ \alpha \cdot \beta = -1 \end{cases}$ 所以 $\alpha^2 \beta + \beta^2 \alpha = \alpha \cdot \beta(\alpha + \beta) = -1$，不充分，选 A.

【例7】已知方程 $x^3 - 2x^2 - 2x + 1 = 0$ 有三个根 x_1，x_2，x_3，其中 $x_1 = -1$，则 $|x_2 - x_3| =$

(A) 2　　　　(B) 1　　　　(C) $\sqrt{5}$　　　　(D) 3　　　　(E) 4

【解析】答案是 C.

由于原方程 $x^3 - 2x^2 - 2x + 1 = 0$ 可化为 $(x^3 + 1) + (-2x^2 - 2x) = 0$.

所以 $(x+1)(x^2 - x + 1) - 2x(x+1) = 0$，即 $(x+1)(x^2 - 3x + 1) = 0$.

因为 $x_1 = -1$，所以 x_2，x_3 即为方程 $x^2 - 3x + 1 = 0$ 的两个根.

则 $|x_2 - x_3| = \sqrt{(x_2 + x_3)^2 - 4x_2 x_3} = \sqrt{9 - 4} = \sqrt{5}$.

题型3　一元二次方程根的特殊分布

【例8】已知方程 $x^2 + (5-a)x + (a-2) = 0$，则 $2 < a < 3$.

(1) 方程有两个不同的正根.　　(2) 方程有两个不同的负根.

【解析】答案是 B.

设方程的两个根为 x_1，x_2.

条件 (1)，$\begin{cases} \Delta = (5-a)^2 - 4(a-2) > 0 \\ x_1 + x_2 = a - 5 > 0 \\ x_1 \cdot x_2 = a - 2 > 0 \end{cases}$，所以 $\begin{cases} a > 11 \text{ 或 } a < 3 \\ a > 5 \\ a > 2 \end{cases}$，即 $a > 11$，不充分.

条件 (2)，$\begin{cases} \Delta = (5-a)^2 - 4(a-2) > 0 \\ x_1 + x_2 = a - 5 < 0 \\ x_1 \cdot x_2 = a - 2 > 0 \end{cases}$ 所以 $\begin{cases} a > 11 \text{ 或 } a < 3 \\ a < 5 \\ a > 2 \end{cases}$，即 $2 < a < 3$，充分，选 B.

题型4　二次函数求最值

【例9】某火箭竖直向上发射时，它的高度 $h(\text{m})$ 与时间 $t(\text{s})$ 之间的关系可以用式子 $h = -5t^2 + 150t + 10$ 来表示，当火箭达到它的最高点时，需要经过

(A) 5s　　　　(B) 10s　　　　(C) 15s　　　　(D) 20s　　　　(E) 25s

【解析】答案是 C.

当 h 取最大值时，$t = -\dfrac{150}{(-10)} = 15$.

【例10】已知实数 x，y 满足 $x + y = 2$，则 $x^2 + y^2 - 4x$ 的最小值为

(A) -4　　　　(B) -2　　　　(C) -1　　　　(D) 0　　　　(E) 2

【解析】答案是 A.

由题可知，$y = 2 - x$，那么 $x^2 + y^2 - 4x = x^2 + (2-x)^2 - 4x = 2x^2 - 8x + 4$，得到关于 x 的一元二次函数，最小值为 $\dfrac{4ac - b^2}{4a} = \dfrac{32 - 64}{8} = -4$.

题型5　二次函数的图像性质

【例11】二次函数 $y = ax^2 + bx + c(a > 0)$ 的对称轴是 $x = 1$，且图像经过点 $P(3, 0)$，

则 $a-b+c$ 的值是

(A) -2　　(B) -1　　(C) 0　　(D) 1　　(E) 2

【解析】答案是 C.

由已知可得，$\begin{cases} -\dfrac{b}{2a}=1 \\ 9a+3b+c=0 \end{cases}$ 即 $\begin{cases} b=-2a \\ c=-3a \end{cases}$.

所以 $a-b+c=a+2a-3a=0$.

【例12】关于二次函数 $y=ax^2+bx+c$（$a\neq0$）的图像有下列命题：

①当 $c=0$ 时，函数的图像经过原点.

②当 $c>0$ 时，且函数图像开口向下时，方程 $ax^2+bx+c=0$ 必有两个不相等的实根.

③函数图像最高点的纵坐标是 $\dfrac{4ac-b^2}{4a}$.

④当 $b=0$ 时，函数图像关于 y 轴对称.

其中正确的个数是

(A) 0 个　　(B) 1 个　　(C) 2 个　　(D) 3 个　　(E) 4 个

【解析】答案是 D.

由二次函数的图像可知，命题①，命题②，命题④显然正确，

只有当 $a<0$ 时，函数图像最高点的纵坐标才是 $\dfrac{4ac-b^2}{4a}$，若 $a>0$，则函数图像没有最

高点，所以命题③错误.

【例13】已知二次函数 $f(x)=ax^2+bx+c$. 则能确定 a，b，c 的值.

(1) $f(2)=f(3)$.

(2) $f(4)=6$.

【解析】答案是 E.

条件（1），$4a+2b+c=9a+3b+c$，即 $5a+b=0$，无法确定 a，b 的值，不充分.

条件（2），$16a+4b+c=6$，无法确定 a，b，c 的值，不充分.

联合条件（1）和条件（2），三个变量两个方程，无法确定 a，b，c 的值，不充分，

选 E.

题型 6　二次函数图像与二次方程的关系

【例14】若二次函数 $y=2x^2+8x+m$ 的图像与 x 轴只有一个公共点，则 m 的值为

(A) 3　　(B) 4　　(C) 7　　(D) 8　　(E) 10

【解析】答案是 D.

由于一元二次方程 $2x^2+8x+m=0$ 满足 $\Delta=64-8m=0$，则 $m=8$.

【例15】已知抛物线 $y=-2x^2+4x+c$ 在 x 轴上截得的线段长是 $\sqrt{5}$，则 $c=$

(A) $\dfrac{1}{2}$　　(B) $\dfrac{1}{4}$　　(C) $\dfrac{1}{6}$　　(D) $\dfrac{1}{8}$　　(E) $\dfrac{1}{12}$

【解析】答案是 A.

设抛物线 $y = -2x^2 + 4x + c$ 的图像与 x 轴的交点坐标为 $(x_1, 0)$，$(x_2, 0)$，

那么 $|x_1 - x_2| = \sqrt{5}$. 由于 x_1，x_2 是一元二次方程 $-2x^2 + 4x + c = 0$ 的两个根，

则 $x_1 + x_2 = 2$，$x_1 \cdot x_2 = -\dfrac{c}{2}$. 即 $|x_1 - x_2| = \sqrt{(x_1 + x_2)^2 - 4x_1 \cdot x_2} = \sqrt{5}$，所以 $c = \dfrac{1}{2}$.

第三节　进阶例题

考点1　根的存在性判断

(一) 二次方程根的判断

【例1】方程 $x^2 + 2(a+b)x + c^2 = 0$ 有实根.

(1) a，b，c 是一个三角形的三边长.

(2) 实数 a，c，b 成等差数列.

【解析】答案是 D.

先把结论进行化简，由于 $\Delta = 4(a+b)^2 - 4c^2 \geqslant 0$，即 $(a+b)^2 \geqslant c^2$.

条件 (1)，由于 $a + b > c > 0$，所以 $(a+b)^2 > c^2$，充分.

条件 (2)，由于 $a + b = 2c$，所以 $(a+b)^2 = 4c^2 \geqslant c^2$，充分，选 D.

【例2】已知二次函数 $f(x) = ax^2 + bx + c$. 则方程 $f(x) = 0$ 有两个不同实根.

(1) $a + c = 0$.

(2) $a + b + c = 0$.

【解析】答案是 A.

条件 (1)，由于 $a = -c$，则 $\Delta = b^2 - 4ac = b^2 + 4a^2$.

由于 $b^2 \geqslant 0$，$a^2 > 0$，所以 $\Delta > 0$，即方程 $f(x) = 0$ 有两个不同实根，充分.

条件 (2)，由于 $b = -(a+c)$，则 $\Delta = b^2 - 4ac = (a+c)^2 - 4ac = (a-c)^2 \geqslant 0$，

即方程 $f(x) = 0$ 有实根，不充分，选 A.

(二) 二次函数与直线交点的个数

【例3】抛物线 $y = x^2 + (a+2)x + 2a$ 与 x 轴相切.

(1) $a > 0$.

(2) $a^2 + a - 6 = 0$.

【解析】答案是 C.

抛物线与 x 轴相切，即 $\Delta = 0$，$(a+2)^2 - 8a = 0$，解得 $a = 2$，

显然条件 (1)、条件 (2) 单独不充分，联立后得 $a = 2$，充分，故选 C.

【例4】直线 $y = ax + b$ 与抛物线 $y = x^2$ 有两个交点.

（1）$a^2 > 4b$.

（2）$b > 0$.

【解析】答案是 B.

题干等价于方程 $x^2 - ax - b = 0$ 有两个不相等实数根，即 $a^2 + 4b > 0$.

条件（1），显然不充分.

条件（2），$b > 0$，则 $4b > 0$，从而有 $a^2 + 4b > 0$，充分，选 B.

考点2 韦达定理的应用

【例5】方程 $x^2 - (1 + \sqrt{3})x + \sqrt{3} = 0$ 的两根分别为等腰三角形的腰 a 和底 $b(a < b)$，则该等腰三角形的面积是

(A) $\dfrac{\sqrt{11}}{4}$ (B) $\dfrac{\sqrt{11}}{8}$ (C) $\dfrac{\sqrt{3}}{4}$ (D) $\dfrac{\sqrt{3}}{5}$ (E) $\dfrac{\sqrt{3}}{8}$

【解析】答案是 C.

由于 $(x - 1)(x - \sqrt{3}) = 0$ 且 $a < b$，则 $a = 1$，$b = \sqrt{3}$.

所以等腰三角形的高是 $\sqrt{1 - \left(\dfrac{\sqrt{3}}{2}\right)^2} = \dfrac{1}{2}$，则三角形的面积是 $\dfrac{1}{2} \times \sqrt{3} \times \dfrac{1}{2} = \dfrac{\sqrt{3}}{4}$.

【例6】方程 $2x^2 - (m + 1)x + m + 3 = 0$ 的两个实根之差的绝对值为 1.

（1）$m = 9$.

（2）$m = -3$.

【解析】答案是 D.

设方程的两根为 x_1，x_2（$x_1 \neq x_2$）.

方法一：由题意，$|x_1 - x_2| = \sqrt{(x_1 + x_2)^2 - 4x_1 x_2} = 1$，即 $\sqrt{\left(\dfrac{m+1}{2}\right)^2 - 4 \times \dfrac{m+3}{2}} = 1$，

解得 $m = 9$ 或 $m = -3$，至此，理应对判别式进行核对. 对于本题，两个解均符合题意，充分，选 D.

方法二：代入法

方法一计算量较大，实际上，将条件（1）、条件（2）分别代入验证，也很方便.

条件（1），方程为 $2x^2 - 10x + 12 = 0$，两根 $x_1 = 2$，$x_2 = 3$，充分.

条件（2），方程为 $2x^2 + 2x = 0$，两根 $x_1 = 0$，$x_2 = -1$，充分，选 D.

【例7】已知方程 $3x^2 + 5x + 1 = 0$ 的不相等的两个根为 α 和 β，则 $\sqrt{\dfrac{\beta}{\alpha}} + \sqrt{\dfrac{\alpha}{\beta}} = $

(A) $-\dfrac{5\sqrt{3}}{3}$ (B) $\dfrac{5\sqrt{3}}{3}$ (C) $\dfrac{\sqrt{3}}{5}$ (D) $-\dfrac{\sqrt{3}}{5}$ (E) $\pm\dfrac{\sqrt{3}}{5}$

【解析】答案是 B.

由韦达定理，$\alpha + \beta = -\dfrac{5}{3}$，$\alpha\beta = \dfrac{1}{3}$.

$$\sqrt{\frac{\beta}{\alpha}} + \sqrt{\frac{\alpha}{\beta}} = \sqrt{\left(\sqrt{\frac{\beta}{\alpha}} + \sqrt{\frac{\alpha}{\beta}}\right)^2} = \sqrt{\frac{\beta}{\alpha} + \frac{\alpha}{\beta} + 2} = \sqrt{\frac{\alpha^2 + \beta^2}{\alpha\beta} + 2} = \sqrt{\frac{(\alpha+\beta)^2 - 2\alpha\beta}{\alpha\beta} + 2}$$

$$= \sqrt{\frac{\left(\frac{-5}{3}\right)^2 - 2 \times \frac{1}{3}}{\frac{1}{3}} + 2} = \frac{5}{3}\sqrt{3}.$$

【例8】已知方程 $x^2 - 3x + 1 = 0$ 的两个不相等的根为 α 和 β，则 $2\alpha^2 + 4\beta^2 - 6\beta =$

(A) 4　　　　(B) 12　　　　(C) 15　　　　(D) 17　　　　(E) 18

【解析】答案是 B.

$2\alpha^2 + 4\beta^2 - 6\beta = 2\alpha^2 + 2\beta^2 + (2\beta^2 - 6\beta) = 2(\alpha^2 + \beta^2) + 2(\beta^2 - 3\beta)$.

由韦达定理，$\alpha + \beta = 3$，$\alpha\beta = 1$. 又因为 β 是方程的根，所以 $\beta^2 - 3\beta = -1$.

则 $2\alpha^2 + 4\beta^2 - 6\beta = 2(\alpha^2 + \beta^2) + 2(\beta^2 - 3\beta) = 2[(\alpha+\beta)^2 - 2\alpha\beta] + 2 \times (-1)$
$\qquad\qquad = 2 \times (3^2 - 2 \times 1) - 2 = 12.$

【例9】若关于 x 的一元二次方程 $x^2 + kx + 4k^2 - 3 = 0$ 的两个不相等的实数根分别是 x_1，x_2，且满足 $x_1 + x_2 = x_1 x_2$. 则 $k =$

(A) -1 或 $\frac{3}{4}$　(B) -1　　(C) $\frac{3}{4}$　　(D) $-\frac{3}{4}$　　(E) 0

【解析】答案是 C.

由韦达定理，$x_1 + x_2 = -k$，$x_1 x_2 = 4k^2 - 3$.

由题意，$x_1 + x_2 = x_1 x_2$，即 $-k = 4k^2 - 3$，解得 $k = -1$ 或 $k = \frac{3}{4}$. 如此，很多人误选 A.

但注意，上述计算仅在此方程有两个不相等的实数根的情况下有意义，所以，应验证判别式，$\Delta = k^2 - 4(4k^2 - 3) > 0$，解得 $-\frac{2}{5}\sqrt{5} < k < \frac{2}{5}\sqrt{5}$. 所以答案为 C. 当然，对于本题来讲，更好的验证方法是将 -1 和 $\frac{3}{4}$ 分别代回原方程，计算量更小一些.

考点3　二次方程根的分布

【例10】若方程 $2x^2 + 3x + 5m = 0$ 的一个根大于 1，另一个小于 1，则 m 的取值范围是

(A) $m < -1$　　(B) $m < 1$　　　(C) $0 < m < 1$　　(D) $m \leqslant -1$　　(E) $m > 1$

【解析】答案是 A.

由图可知，只需 $f(1) < 0$ 即可，那么 $f(1) = 2 \times 1^2 + 3 \times 1 + 5m = 5m + 5 < 0$，得 $m < -1$.

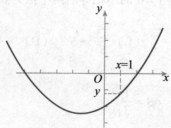

【例11】 若关于 x 的二次方程 $mx^2 - (m-1)x + m - 5 = 0$ 有两个实根 α，β，且满足 $-1 < \alpha < 0$ 和 $0 < \beta < 1$，则 m 的取值范围是

(A) $3 < m < 4$　　　　(B) $4 < m < 5$　　　　(C) $5 < m < 6$

(D) $m > 6$ 或 $m < 5$　　(E) $m > 5$ 或 $m < 4$

【解析】答案是 B.

设 $f(x) = mx^2 - (m-1)x + m - 5$.

由于方程 $mx^2 - (m-1)x + m - 5 = 0$ 的两个根 α，β：满足 $-1 < \alpha < 0$ 和 $0 < \beta < 1$.

则通过二次函数的图像可知，无论抛物线开口向上还是向下，

均有 $\begin{cases} f(-1) \cdot f(0) < 0 \\ f(0) \cdot f(1) < 0 \end{cases}$，解得 $\begin{cases} 2 < m < 5 \\ 4 < m < 5 \end{cases}$，所以 m 的取值范围是 $4 < m < 5$.

【例12】 已知 $f(x) = x^2 + ax + b$. 则 $0 \leqslant f(1) \leqslant 1$.

(1) $f(x)$ 在区间 $[0, 1]$ 上有两个零点.

(2) $f(x)$ 在区间 $[1, 2]$ 上有两个零点.

【解析】答案是 D.

条件 (1) 中，$f(x)$ 在区间 $[0, 1]$ 上有两个零点，则可得，

$$\begin{cases} f(0) \geqslant 0, f(1) \geqslant 0 \\ \Delta > 0 \\ 0 < -\dfrac{a}{2} < 1 \end{cases} \Rightarrow \begin{cases} b \geqslant 0 \\ 1 + a + b \geqslant 0 \\ 4b < a^2 \\ -2 < a < 0 \end{cases},$$

则 $f(1) = 1 + a + b < 1 + a + \dfrac{a^2}{4} = \dfrac{1}{4}(a+2)^2$. 又因为 $0 < a + 2 < 2$，所以 $0 \leqslant f(1) < \dfrac{1}{4} \times 4 = 1$，充分.

同理可得条件 (2) 也充分，所以应选 D.

考点4　二次函数的图像性质

【例13】 已知二次函数 $f(x) = ax^2 + bx + c$ 的图像如图所示，记 $p = |a - b + c| + |2a + b|$，$q = |a + b + c| + |2a - b|$，则

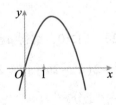

(A) $p > q$　　　(B) $p < q$　　　(C) $p \geqslant q$　　　(D) $p \leqslant q$　　　(E) $p = q$

【解析】答案是 B.

由题意可知 $a < 0$，$b > 0$，$c = 0$，对称轴 $x = -\dfrac{b}{2a} > 1$，即 $2a + b > 0$，那么 $|2a + b| = 2a + b$.

$f(-1)=a-b+c<0$，那么$|a-b+c|=-(a-b+c)=b-a$.

$f(1)=a+b+c>0$，那么$|a+b+c|=a+b+c=a+b$，$|2a-b|=-(2a-b)=b-2a$.

所以$p=|a-b+c|+|2a+b|=b-a+2a+b=2b+a$，

$\quad q=|a+b+c|+|2a-b|=a+b+b-2a=2b-a$，

注意到$a<0$，$b>0$，所以$p<q$.

考点5　二次函数求最值

【例14】函数$f(x)=\min\{2x^2-1,\ -3x^2+4\}$的最大值是

(A) -2　　　(B) -1　　　(C) 0　　　(D) 1　　　(E) 2

【解析】答案是 D.

函数$f(x)$是取$p(x)=2x^2-1$和$q(x)=-3x^2+4$表示的图像中较粗的部分，如下图所示，由函数图像可得，在两抛物线的交点处取得$f(x)$的最大值，此时，$2x^2-1=-3x^2+4$，解得$x^2=1$，则$f(x)_{\max}=1$.

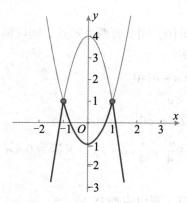

【例15】$\alpha^2+\beta^2$的最小值是$\dfrac{1}{2}$.

(1) α与β是方程$x^2-2ax+(a^2+2a+1)=0$的两个实根.

(2) $\alpha\beta=\dfrac{1}{4}$.

【解析】答案是 D.

条件 (1)，$\Delta=(2a)^2-4(a^2+2a+1)\geqslant0$，解得$a\leqslant-\dfrac{1}{2}$.

$\alpha^2+\beta^2=(\alpha+\beta)^2-2\alpha\beta=(2a)^2-2(a^2+2a+1)=2a^2-4a-2=2[(a-1)^2-2]$.

当$a=-\dfrac{1}{2}$时，可取得最小值$\dfrac{1}{2}$，充分.

条件 (2)，因$(\alpha-\beta)^2\geqslant0\Rightarrow\alpha^2+\beta^2\geqslant2\alpha\beta=\dfrac{1}{2}$且当$\alpha=\beta=\dfrac{1}{2}$时等式成立，充分，

选 D.

第四节 习题

基础习题

1. 若一个非等边三角形，其三边长均满足方程 $x^2 - 6x + 8 = 0$，则此三角形的周长为

    (A) 8　　　　(B) 10 或 8　　(C) 10　　　　(D) 6　　　　　(E) 9

2. 如果 -1 是方程 $2x^2 + bx - 4 = 0$ 的一个根，则方程的另一个根是

    (A) -2　　　(B) 2　　　　(C) -3 或 2　(D) 1　　　　(E) 3

3. 若方程 $(x + a)(x - 3) = 0$ 和方程 $x^2 - 2x - 3 = 0$ 的解相同，则 $a =$

    (A) 1　　　　(B) -1　　　(C) 3　　　　(D) -3　　　(E) 2

4. 二次函数 $y = x^2 - 2x - 3$ 与 x 轴交于 A、B 两点，则线段 AB 的长度为

    (A) 2　　　　(B) $\dfrac{5}{2}$　　　(C) 3　　　　(D) 4　　　　(E) 6

5. 若二次函数 $y = ax^2 + bx + c\,(a > 0)$ 与 x 轴交于两点 $(-1, 0)$，$(5, 0)$，当 $x = 1$ 时，函数值是 y_1，当 $x = 3$ 时，函数值是 y_2，则 y_1 与 y_2 的大小关系是

    (A) $y_1 > y_2$　(B) $y_1 = y_2$　(C) $y_1 < y_2$　(D) $y_1 \geqslant y_2$　(E) $y_1 \leqslant y_2$

6. 二次函数 $y = ax^2 + bx + c\,(a < 0)$ 经过原点和点 $(-2, 0)$，则 $2a - 3b$ 是

    (A) 正数　　　(B) 负数　　　(C) 0　　　　(D) 非负数　　(E) 不能确定

7. 若关于 x 的二次函数 $y = 2mx^2 + (8m + 1)x + 8m$ 的图像与 x 轴有交点，则 m 的取值范围是

    (A) $m < -\dfrac{1}{16}$　　　　　　(B) $m \geqslant -\dfrac{1}{16}$ 且 $m \neq 0$　　　　(C) $m = -\dfrac{1}{16}$

    (D) $m > \dfrac{1}{16}$　　　　　　　(E) $m \geqslant \dfrac{1}{16}$

8. 一元二次方程 $x^2 + bx + c = 0$ 的两根之差的绝对值为 4.

    (1) $b = 4$，$c = 0$　　　　　　　(2) $b^2 - 4c = 16$.

9. 方程 $|x + 1| + |x| = 2$ 无根.

    (1) $x \in (-\infty, -1)$.　　　　　(2) $x \in (-1, 0)$.

10. 设 a，b 为实数. 则 $a = 1$，$b = 4$.

    (1) 曲线 $y = ax^2 + bx + 1$ 与 x 轴的两个交点的距离为 $2\sqrt{3}$.

    (2) 曲线 $y = ax^2 + bx + 1$ 关于直线 $x + 2 = 0$ 对称.

进阶习题

1. 某学生在解方程 $\dfrac{ax + 1}{3} - \dfrac{x + 1}{2} = 1$ 时，误将式中的 $x + 1$ 看成 $x - 1$，得出的解为 $x = 1$，则

a 的值和原方程的解应是

(A) $a=1$，$x=-7$ (B) $a=2$，$x=-5$ (C) $a=2$，$x=7$

(D) $a=5$，$x=2$ (E) $a=5$，$x=\dfrac{1}{7}$

2. 已知一元二次方程 $x^2+mx-m^2=0$ 有两个不相等的实根，则 m 的取值范围是

(A) $m\neq0$ (B) $m>0$ (C) $m<0$ (D) $m\neq1$ (E) $m\geq0$

3. 当 k 不小于 $-\dfrac{1}{4}$ 时，一元二次方程 $(k-2)x^2-(2k-1)x+k=0$ 有

(A) 两个不等的实数根   (B) 两个相等的实数根   (C) 有两个实数根
(D) 没有实数根   (E) 不能确定

4. 已知 x_1，x_2 是方程 $4x^2-(3m-5)x-6m^2=0$ 的两个实根，且 $\left|\dfrac{x_1}{x_2}\right|=\dfrac{3}{2}$，则 $m=$

(A) 1   (B) 5   (C) 7   (D) 1 或 5   (E) 1 或 7

5. 若 x_1，x_2 是方程 $x^2-(k-2)x+(k^2+3k+5)=0$ 的两个实根，则 $x_1^2+x_2^2$ 的取值范围是

(A) $(-\infty,19]$ (B) $\left[\dfrac{50}{9},18\right]$ (C) $\left[\dfrac{25}{9},16\right]$

(D) $\left[\dfrac{25}{9},18\right]$ (E) $\left[\dfrac{25}{9},\dfrac{50}{9}\right]$

6. 若三次方程 $ax^3+bx^2+cx+d=0$ 的三个不同实根 x_1，x_2，x_3 满足 $x_1+x_2+x_3=0$，$x_1x_2x_3=0$，则下列关系式中恒成立的是

(A) $ac=0$ (B) $ac<0$ (C) $ac>0$ (D) $a+c<0$ (E) $a+c>0$

7. 方程 $3x^2+bx+c=0(c\neq0)$ 的两个根为 α，β，如果 $\alpha+\beta$，$\alpha\beta$ 为根的一元二次方程是 $3x^2-bx+c=0$，则 b 和 c 分别为

(A) 2，6   (B) 3，4   (C) -2，-6 (D) -3，-6 (E) 3，6

8. 已知点 $P(x_1,2014)$、点 $Q(x_2,2014)$ 在二次函数 $f(x)=ax^2+bx+2013(a\neq0)$ 的图像上，则 $f(x_1+x_2)=$

(A) 2012   (B) 2013   (C) 2014   (D) 2011   (E) 0

9. 已知二次函数 $y=2x^2-4mx+m^2$ 的图像与 x 轴有两个交点 A 和 B，图像的顶点为 C，三角形 ABC 的面积为 $4\sqrt{2}$，则 $m=$

(A) ±2 (B) 1   (C) $\pm\sqrt{2}$ (D) $\pm2\sqrt{2}$ (E) 0

10. 某水果批发商销售每箱进价为 40 元的苹果，物价部门规定每箱售价不得高于 55 元，市场调查发现，若每箱以 50 元的价格销售，平均每天销售 90 箱，价格每提高 1 元，平均每天少销售 3 箱，则批发商每天可获得的最大利润是

(A) 1050 元   (B) 1100 元   (C) 1125 元   (D) 1200 元   (E) 1250 元

11. $(\alpha+\beta)^{2009}=1$.

(1) $\begin{cases}x+3y=7\\\beta x+\alpha y=1\end{cases}$ 与 $\begin{cases}3x-y=1\\\alpha x+\beta y=2\end{cases}$ 有相同的解.

(2) α 与 β 是方程 $x^2+x-2=0$ 的两个根.

12. 已知 $f(x) = \min\{x^2, g(x)\}$，则能确定 $f(x)$ 的最大值.

    (1) $g(x) = -x + 1$.   (2) $g(x) = -|x| + 1$.

13. 已知 x_1，x_2 是关于 x 的方程 $x^2 + kx - 4 = 0$ 的两个实数根，则 $x_1^2 - 2x_2 = 8$.

    (1) $k = 2$.   (2) $k = -3$.

14. 方程 $2ax^2 - 2x - 3a + 5 = 0$ 的一个根大于 1，另一个根小于 1.

    (1) $a > 3$.   (2) $a < 0$.

15. 关于 x 的方程 $x^2 + 3x - m = 0$ 有两个实数根，则有且只有一个根在区间 $(-1, 1)$ 之内.

    (1) $-2 < m < 4$.   (2) $-1 < m < 3$.

基础习题详解

1. 【解析】答案是 C.

由于 $(x-2)(x-4) = 0$，解得 $x_1 = 2$，$x_2 = 4$，由于三角形是非等边三角形，所以三边长只能是 4，4，2，则三角形周长是 10.

2. 【解析】答案是 B.

设方程的另一个根是 x_2，则 $(-1) \cdot x_2 = \dfrac{-4}{2}$，解得 $x_2 = 2$.

3. 【解析】答案是 A.

由于方程 $(x+a)(x-3) = 0$ 和方程 $(x-3)(x+1) = 0$ 的解相同，所以 $a = 1$.

4. 【解析】答案是 D.

设 $A(x_1, 0)$，$B(x_2, 0)$，则有 $|AB| = |x_1 - x_2| = \sqrt{(x_1 + x_2)^2 - 4x_1 x_2}$.

由于 $x_1 + x_2 = 2$，$x_1 x_2 = -3$，所以 $|AB| = 4$.

5. 【解析】答案是 B.

由于二次函数的对称轴是 $x = \dfrac{-1 + 5}{2} = 2$，且 1 到对称轴的距离是 1，3 到对称轴的距离也是 1，所以函数值 $y_1 = y_2$.

6. 【解析】答案是 A.

由于二次函数 $y = ax^2 + bx + c$ 过原点，则有 $c = 0$，由于二次函数过点 $(-2, 0)$，则有 $b = 2a$，所以 $2a - 3b = -4a$ 且 $a < 0$，则 $2a - 3b > 0$.

7. 【解析】答案是 B.

由于 $y = 2mx^2 + (8m+1)x + 8m$ 是关于 x 的二次函数，所以 $m \neq 0$，由于二次函数的图像与 x 轴有交点，则有 $\Delta = (8m+1)^2 - 64m^2 \geqslant 0$，解得 $m \geqslant -\dfrac{1}{16}$，所以 m 的取值范围是 $m \geqslant -\dfrac{1}{16}$ 且 $m \neq 0$.

8. 【解析】答案是 D.

条件（1），由于一元二次方程是 $x^2 + 4x = 0$，解得，$x_1 = 0$，$x_2 = -4$.

所以 $|x_1 - x_2| = 4$，充分.

条件（2），由于 $c = \dfrac{b^2 - 16}{4}$，则有一元二次方程 $x^2 + bx + \dfrac{b^2 - 16}{4} = 0$.

所以 $x_1 + x_2 = -b$，$x_1 x_2 = \dfrac{b^2 - 16}{4}$，则有 $|x_1 - x_2| = \sqrt{(x_1 + x_2)^2 - 4x_1 x_2} = 4$，充分，选 D.

9. 【解析】答案是 B.

条件（1），若 $x < -1$，则 $-(x+1) - x = 2$，解得，$x = -\dfrac{3}{2}$，方程有根，不充分.

条件（2），若 $-1 < x < 0$，则 $(x+1) - x = 2$，即 $1 = 2$ 显然不成立，方程无根，充分，选 B.

10. 【解析】答案是 C.

条件（1），设 $y = ax^2 + bx + 1$ 与 x 轴的两个交点是 $(x_1, 0)$，$(x_2, 0)$.

由于 $|x_1 - x_2| = \sqrt{(x_1 + x_2)^2 - 4x \cdot x_2} = \sqrt{\left(-\dfrac{b}{a}\right)^2 - \dfrac{4}{a}} = 2\sqrt{3}$，所以 $\dfrac{b^2}{a^2} - \dfrac{4}{a} = 12$，不充分.

条件（2），由于直线有无数条对称轴，所以曲线 $y = ax^2 + bx + 1$ 是抛物线.

则 $-\dfrac{b}{2a} = -2$，即 $b = 4a$，不充分.

联合条件（1）和条件（2），则有 $a = 1$，$b = 4$，充分，选 C.

进阶习题详解

1. 【解析】答案是 C.

由于 $x = 1$ 是方程 $\dfrac{ax+1}{3} - \dfrac{x-1}{2} = 1$ 的根，则有 $a = 2$.

所以原方程即为 $\dfrac{2x+1}{3} - \dfrac{x+1}{2} = 1$，则方程的解是 $x = 7$.

2. 【解析】答案是 A.

由于 $\Delta = m^2 - 4(-m^2) = 5m^2 > 0$，则 $m \neq 0$.

3. 【解析】答案是 C.

由于 $\Delta = (2k-1)^2 - 4(k-2) \cdot k = 4k + 1$，且 $k \geqslant -\dfrac{1}{4}$，所以 $\Delta \geqslant 0$，即方程有两个实数根.

4. 【解析】答案是 D.

已知 $\left(\dfrac{x_1}{x_2}\right)^2 = \dfrac{9}{4}$，那么 $x_1^2 = \dfrac{9}{4}x_2^2$，且 $x_1 \cdot x_2 = -\dfrac{3m^2}{2}$，则 $x_1^2 \cdot x_2^2 = \dfrac{9}{4}m^4$.

所以，$x_2^2 = m^2$，$x_1^2 = \dfrac{9}{4}m^2$，且 $x_1 + x_2 = \dfrac{3m-5}{4}$，则 $(x_1 + x_2)^2 = \dfrac{(3m-5)^2}{16}$.

即 $x_1^2 + 2x_1 x_2 + x_2^2 = \dfrac{9}{4}m^2 - 3m^2 + m^2 = \dfrac{(3m-5)^2}{16}$，解得，$m = 1$ 或 $m = 5$.

5. 【解析】答案是 B.

由于 $\begin{cases} x_1 + x_2 = k - 2 \\ x_1 \cdot x_2 = k^2 + 3k + 5 \end{cases}$，则有 $x_1^2 + x_2^2 = (x_1 + x_2)^2 - 2x_1 \cdot x_2 = -k^2 - 10k - 6$.

由于 $\Delta = (k-2)^2 - 4(k^2 + 3k + 5) \geq 0$，解得 $-4 \leq k \leq -\dfrac{4}{3}$.

根据二次函数的图像可知，当 $k = -4$ 时，$-k^2 - 10k - 6$ 有最大值 18.

当 $k = -\dfrac{4}{3}$ 时，$-k^2 - 10k - 6$ 有最小值 $\dfrac{50}{9}$，所以 $x_1^2 + x_2^2$ 的取值范围是 $\left[\dfrac{50}{9},\ 18\right]$.

6. 【解析】答案是 B.

特值代入法，令 $x_1 = 0$，$x_2 = 1$，$x_3 = -1$，则方程为 $x(x-1)(x+1) = 0$，即 $x^3 - x = 0$，此时 $a = 1$，$b = 0$，$c = -1$，$d = 0$，所以 $ac = -1 < 0$.

7. 【解析】答案是 D.

由于方程 $3x^2 + bx + c = 0$ $(c \neq 0)$ 的两个根为 α，β，则有 $\begin{cases} \alpha + \beta = -\dfrac{b}{3} \\ \alpha\beta = \dfrac{c}{3} \end{cases}$.

由于方程 $3x^2 - bx + c = 0$ 的两个根为 $\alpha + \beta$，$\alpha\beta$，则有 $\begin{cases} (\alpha + \beta) + \alpha\beta = \dfrac{b}{3} \\ (\alpha + \beta) \cdot \alpha\beta = \dfrac{c}{3} \end{cases}$.

所以 $\begin{cases} \left(-\dfrac{b}{3}\right) + \dfrac{c}{3} = \dfrac{b}{3} \\ \left(-\dfrac{b}{3}\right) \cdot \dfrac{c}{3} = \dfrac{c}{3} \end{cases}$，解得 $\begin{cases} c = -6 \\ b = -3 \end{cases}$.

8. 【解析】答案是 B.

由于点 P 与点 Q 的纵坐标相同，那么点 P 与点 Q 关于二次函数的对称轴对称.

则 $\dfrac{x_1 + x_2}{2} = -\dfrac{b}{2a}$，即 $x_1 + x_2 = -\dfrac{b}{a}$，所以 $f(x_1 + x_2) = a \cdot \dfrac{b^2}{a^2} - \dfrac{b^2}{a} + 2013 = 2013$.

9. 【解析】答案是 A.

首先，判别式 $\Delta = (4m)^2 - 4 \times 2m^2 = 8m^2$. 所以 $m \neq 0$ 时，曲线与 x 轴一定会有两个不同的交点.

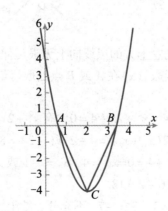

设 A，B 两点横坐标为 x_1，x_2，由韦达定理 $|AB| = |x_1 - x_2| = \sqrt{(x_1 + x_2)^2 - 4x_1 x_2} = \sqrt{2}\,|m|$.

点 C 纵坐标的绝对值为 $\left| \dfrac{4 \times 2m^2 - (4m)^2}{8} \right| = m^2$.

所以，$S = \dfrac{1}{2} \times m^2 \times \sqrt{2}\,|m| = 4\sqrt{2}$，解得 $m = \pm 2$.

10. 【解析】答案是 C.

设每箱苹果的售价是 x 元，批发商的利润是 y 元

则有 $y = (x - 40)[90 - 3(x - 50)] = -3x^2 + 360x - 9600$.

当 $x = 60$ 时，y 有最大值，由于 $x \leqslant 55$，所以 $x \neq 60$.

由二次函数的图像可知，当 $x = 55$ 时，y 有最大值 1125 元.

11. 【解析】答案是 A.

条件（1），由于两个方程组有相同的解，则变量 x，y 一定同时满足所有方程，

即 $\begin{cases} x + 3y = 7 \\ 3x - y = 1 \end{cases}$，解得 $\begin{cases} x = 1 \\ y = 2 \end{cases}$. 将方程组的解代入 $\begin{cases} \beta x + \alpha y = 1 \\ \alpha x + \beta y = 2 \end{cases}$，得到 $\begin{cases} \beta + 2\alpha = 1 \\ \alpha + 2\beta = 2 \end{cases}$.

所以 $\alpha + \beta = 1$，即 $(\alpha + \beta)^{2009} = 1$，充分.

条件（2），由韦达定理可知，$\alpha + \beta = -1$，所以 $(\alpha + \beta)^{2009} = -1$，不充分，选 A.

12. 【解析】答案是 B.

此类题目一般需要借助函数图像解答. $f(x) = \min\{x^2,\ g(x)\}$ 的意义为当 x 取相同值时，$f(x)$ 的值取括号内两函数中较小的那个值，体现在函数图像上就是当横坐标相等时，取位于下方的点的纵坐标.

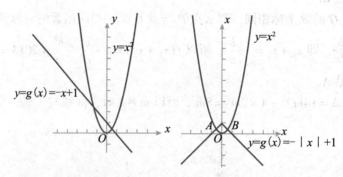

条件（1），如左图，注意到左上方的黑线向上无限延伸，可知 $f(x)$ 无最大值.

条件（2），如右图，显然函数 $f(x)$ 在 A 或 B 点处取得最大值. 所以选 B.

13. 【解析】答案是 A.

条件（1），$k = 2$，$x^2 + kx - 4 = x^2 + 2x - 4 = 0$，有 $x_1^2 + 2x_1 - 4 = 0 \Rightarrow x_1^2 = 4 - 2x_1$.

$x_1^2 - 2x_2 = 4 - 2x_1 - 2x_2 = 4 - 2(x_1 + x_2) = 4 - 2 \times (-2) = 8$. 充分.

条件（2），$k = -3$，$x^2 - 3x - 4 = 0 \Rightarrow x_1 = 4$，$x_2 = -1$ 或 $x_1 = -1$，$x_2 = 4$.

①当 $x_1 = 4$ 时，$x_1^2 - 2x_2 = 16 + 2 = 18$.

②当 $x_1 = -1$ 时，$x_1^2 - 2x_2 = 1 - 8 = -7$. 不充分. 综上，选 A.

14. 【解析】答案是 D.

先把结论进行化简，令 $f(x) = 2ax^2 - 2x - 3a + 5$.

若 $a > 0$，由一元二次函数的图像可知 $f(1) < 0$，解得 $a > 3$.

若 $a < 0$，由一元二次函数的图像可知 $f(1) > 0$，解得 $a < 0$，所以 a 的取值范围为 $a > 3$ 或 $a < 0$.

由集合法可知，条件（1）充分，条件（2）充分，选 D.

15. 【解析】答案是 D.

由题意，对称轴在 $x = -\dfrac{3}{2}$ 处，所以只需关注特值点，且只需 $f(-1) < 0$，$f(1) > 0$ 即可．代入计算得，$-2 < m < 4$. 所以条件（1）、条件（2）单独均充分，选 D.

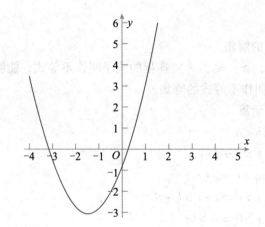

第四章　不等式

第一节　知识要点

一、二次不等式

1. 不等式与不等式的解集

用不等号（$<$，$>$，$\geqslant$，$\leqslant$，$\neq$）连接的式子叫作不等式. 能够使不等式成立的所有未知数的值构成的集合叫作不等式的解集.

2. 不等式的性质与运算

（1）对称性 $a>b\Leftrightarrow b<a$.

（2）传递性 $a>b$，$b>c\Rightarrow a>c$.

（3）可加性 $a>b\Leftrightarrow a+c>b+c$.

$\qquad a>b$，$c>d\Rightarrow a+c>b+d$.

（4）可乘性 $a>b$，$c>0\Rightarrow ac>bc$.

$\qquad a>b$，$c<0\Rightarrow ac<bc$.

$\qquad a>b>0$，$c>d>0\Rightarrow ac>bd$.

（5）乘方法则 $a>b>0\Rightarrow a^n>b^n(n\in \mathbf{N}^*)$.

（6）开方法则 $a>b>0\Rightarrow \sqrt[n]{a}>\sqrt[n]{b}(n\in \mathbf{N}^*)$.

（7）解不等式的同解变形

不等式的两边同乘以（除以）一个正数，不等号方向不变.

不等式的两边同乘以（除以）一个负数，不等号方向改变.

3. 一元二次不等式

（1）解一元二次不等式 $ax^2+bx+c>0$ 或 $ax^2+bx+c<0$ 的步骤

①化正：即 $a>0$.

②求根：解一元二次方程 $ax^2+bx+c=0(\Delta>0)$ 的两个根 x_1，$x_2(x_1<x_2)$.

③写解集：大于取两边，小于取中间，即 $ax^2+bx+c>0$ 的解集是 $x<x_1$ 或 $x>x_2$，$ax^2+bx+c<0$ 的解集是 $x_1<x<x_2$.

（2）一元二次方程、一元二次函数和一元二次不等式三者之间的关系

$\Delta = b^2 - 4ac$	$\Delta > 0$	$\Delta = 0$	$\Delta < 0$
一元二次方程 $ax^2 + bx + c = 0(a > 0)$ 的根	有两个不相等的实根 $x_{1,2} = \dfrac{-b \pm \sqrt{b^2 - 4ac}}{2a}$	有两个相等的实根 $x_1 = x_2 = -\dfrac{b}{2a}$	无实根
$ax^2 + bx + c > 0(a > 0)$	$x < x_1$ 或 $x > x_2$	$x \neq -\dfrac{b}{2a}$	$x \in \mathbf{R}$
$ax^2 + bx + c < 0(a > 0)$	$x_1 < x < x_2$	$x \in \varnothing$	$x \in \varnothing$
一元二次函数 $y = ax^2 + bx + c(a > 0)$ 的图像			

二、均值不等式

1. 常见的平均数及大小关系

如果 $a > 0$，$b > 0$，那么 $\dfrac{2}{\dfrac{1}{a} + \dfrac{1}{b}} \leqslant \sqrt{ab} \leqslant \dfrac{a + b}{2} \leqslant \sqrt{\dfrac{a^2 + b^2}{2}}$，当且仅当 $a = b$ 时，等号成立.

2. 均值不等式

（1）如果 x_1，x_2，$\cdots$，$x_n \in \mathbf{R}^+$，那么 $\dfrac{x_1 + x_2 + \cdots + x_n}{n} \geqslant \sqrt[n]{x_1 x_2 \cdots x_n}$，当且仅当 $x_1 = x_2 = \cdots = x_n$ 时，等号成立.

（2）如果 $a > 0$，$b > 0$，那么 $a + b \geqslant 2\sqrt{ab}$，当且仅当 $a = b$ 时，等号成立.

（3）如果 $a > 0$，$b > 0$，$c > 0$，那么 $a + b + c \geqslant 3\sqrt[3]{abc}$，当且仅当 $a = b = c$ 时，等号成立.

（4）如果 a，$b \in \mathbf{R}$，那么 $a^2 + b^2 \geqslant 2ab$，当且仅当 $a = b$ 时，等号成立.

3. 均值不等式的应用

（1）积定和最小：若 $a > 0$，$b > 0$，且 ab 为定值，那么 $a + b \geqslant 2\sqrt{ab}$，当且仅当 $a = b$ 时，等号成立，$a + b$ 取得最小值.

（2）和定积最大：若 $a > 0$，$b > 0$，且 $a + b$ 为定值，那么 $ab \leqslant \left(\dfrac{a + b}{2}\right)^2$，当且仅当 $a = b$ 时，等号成立，ab 取得最大值.

三、特殊方程、函数、不等式

1. 高次不等式

（1）定义：含有一个未知数，且合并同类项后最高次项次数高于二次的不等式，叫作高次不等式.

（2）解法：穿针引线法，具体如下：

①化形：通过移项把不等式化为标准形式，即所有代数式在不等号左边，使不等号右边为0.

②化正：使每个式子中 x 最高次项前的系数为正.

③求根：使不等号换为等号，解出方程的所有根，并依次标在数轴上（注意实心、空心的区别）.

④穿针引线：按照"从右往左、自上而下、奇穿偶不穿"的方法穿线.

⑤写解集：线在数轴上方区域，为不等式 $f(x)>0$ 的解集；线在数轴下方区域，为不等式 $f(x)<0$ 的解集；实心为 $f(x)=0$ 的解集.

2. 分式方程、不等式

（1）分式方程、不等式指分母里含有未知数或含有未知数整式的方程、不等式.可通过等价变形将其转化为整式方程、不等式，注意限制分母不为0.

（2）分式方程的增根：在分式方程化为整式方程的过程中，分式方程解要使原方程分母不为零.若整式方程的根使分母为0（根使整式方程成立，而在分式方程中分母为0），那么这个根叫作分式方程的增根.

（3）分式不等式的求解：等价变形后，使用二次不等式或高次不等式方法求解.

① $\dfrac{f(x)}{g(x)}>0 \Leftrightarrow f(x) \cdot g(x)>0$

② $\dfrac{f(x)}{g(x)}<0 \Leftrightarrow f(x) \cdot g(x)<0$

③ $\dfrac{f(x)}{g(x)} \geqslant 0 \Leftrightarrow \begin{cases} f(x) \cdot g(x) \geqslant 0 \\ g(x) \neq 0 \end{cases}$

④ $\dfrac{f(x)}{g(x)} \leqslant 0 \Leftrightarrow \begin{cases} f(x) \cdot g(x) \leqslant 0 \\ g(x) \neq 0 \end{cases}$

3. 无理方程、不等式

（1）无理方程、不等式

若不等式的不等号两边都是代数式，且至少有一个是代数无理式，则称这样的不等式为无理不等式，或根式不等式，无理不等式常常转化为有理不等式（组）来求解.

（2）无理方程、不等式的解法

①根据"根式有意义"确定未知数的取值范围.

②通过"平方"去掉不等式中的根号，转化为不含根式的不等式（组）.

③求解不等式（组）.

4. 指数函数

（1）定义：形如 $y=a^x$（$a>0$，$a\neq1$）的函数，称为指数函数.

（2）图像：如下图所示.

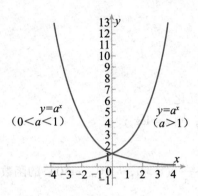

（3）指数不等式：$a^{f(x)}>a^{g(x)}$.

　　①若 $a>1$，则 $f(x)>g(x)$.

　　②若 $0<a<1$，则 $f(x)<g(x)$.

5. 对数函数

（1）定义：形如 $y=\log_a x$（$a>0$，$a\neq1$）的函数，称为对数函数，其中 $x>0$.

（2）图像：如下图所示.

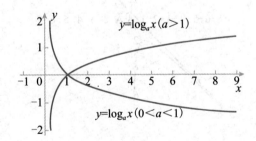

（3）对数不等式：$\log_a f(x)>\log_a g(x)$.

　　①若 $a>1$，则 $\begin{cases} f(x)>0 \\ g(x)>0 \\ f(x)>g(x) \end{cases}$.

　　②若 $0<a<1$，则 $\begin{cases} f(x)>0 \\ g(x)>0 \\ f(x)<g(x) \end{cases}$.

（4）对数的运算法则

　　①$\log_a 1=0$.

　　②$\log_a a=1$.

③$\log_a b + \log_a c = \log_a bc.$

④$\log_a b - \log_a c = \log_a \dfrac{b}{c}.$

⑤$\log_a b = \dfrac{1}{\log_b a}.$

⑥$\log_{a^m} b^n = \dfrac{n}{m}\log_a b.$

⑦$\log_a b^n = n \log_a b.$

（5）指数式与对数式的互化

若 $y = a^x$（$a > 0$ 且 $a \neq 1$），则 $x = \log_a y.$

6. 对勾函数

（1）定义：形如 $y = ax + \dfrac{b}{x}$（$a > 0$，$b > 0$，$x \neq 0$）的函数，称为对勾函数.

（2）图像：如下图所示，其中 $A\left(\sqrt{\dfrac{b}{a}},\ 0 \right).$

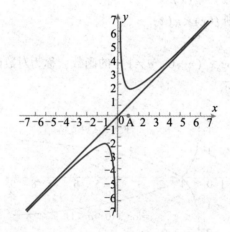

（3）性质：

①当且仅当 $x = \sqrt{\dfrac{b}{a}}$ 时，函数在第一象限有最小值 $2\sqrt{ab}.$

②当且仅当 $x = -\sqrt{\dfrac{b}{a}}$ 时，函数在第三象限有最大值 $-2\sqrt{ab}.$

以下题为例对此知识点加以说明：

已知 $f(x) = 2x + \dfrac{8}{x}$ 且 $x > 0$，那么 $f(x)$ 的最小值是

(A) -8 (B) 1 (C) 4 (D) 8 (E) 16

【解析】答案是 D.

由对勾函数的图像可知，当 $x = 2$ 时，函数 $f(x)$ 在第一象限有最小值 8.

第二节　基础例题

题型 1　不等式的基本性质

【例1】若 $\dfrac{1}{a} < \dfrac{1}{b} < 0$，则下列不等式①$a+b<ab$，②$|a|>|b|$，③$a<b$，④$\dfrac{b}{a}+\dfrac{a}{b}>2$ 中，正确的不等式有

(A) 0 个　　　　(B) 1 个　　　　(C) 2 个　　　　(D) 3 个　　　　(E) 4 个

【解析】答案是 C.

由于 $\dfrac{1}{a} < \dfrac{1}{b} < 0$，所以 $b<a<0$，显然②，③错误.

因为 $a+b<0$，$ab>0$，所以①正确.

因为 $\dfrac{b}{a}>0$，$\dfrac{a}{b}>0$，且 $a\neq b$，所以 $\dfrac{b}{a}+\dfrac{a}{b}>2\sqrt{\dfrac{b}{a}\cdot\dfrac{a}{b}}=2$，即④正确，综上，正确不等式有 2 个.

【例2】设 x，y 是实数，则 $x\leqslant 6$，$y\leqslant 4$.

(1) $x\leqslant y+2$.　　　　　　　　(2) $2y\leqslant x+2$.

【解析】答案是 C.

条件 (1)，$x\leqslant y+2$，令 $x=8$，$y=6$，不能推出结论，不充分.

条件 (2)，$2y\leqslant x+2$，令 $x=8$，$y=5$，不能推出结论，不充分.

联合条件 (1) 和 (2)，得 $2y-2\leqslant x\leqslant y+2$，解得 $y\leqslant 4$，代入条件 (1)，得 $x\leqslant 6$，联合充分，选 C.

题型 2　一元二次不等式及恒成立问题

【例3】一元二次不等式 $-3x^2+4ax-a^2>0$（$a<0$）的解集是

(A) $a<x<\dfrac{a}{3}$　　　　　　(B) $\dfrac{a}{3}<x<a$　　　　　　(C) $x>a$

(D) $x<\dfrac{a}{3}$　　　　　　(E) $x>\dfrac{a}{3}$

【解析】答案是 A.

由于 $3x^2-4ax+a^2<0$ 等价于 $(x-a)(3x-a)<0$，且 $a<0$，那么 $a<\dfrac{a}{3}$，所以不等式的解集是 $a<x<\dfrac{a}{3}$.

【例4】已知不等式 $ax^2+4ax+3\geqslant 0$ 的解集为 **R**，那么 a 的取值范围是

(A) $0<a<\dfrac{3}{4}$　　　　　　(B) $0<a\leqslant\dfrac{3}{4}$　　　　　　(C) $-\dfrac{3}{4}<a<0$

(D) $0 \leqslant a \leqslant \dfrac{3}{4}$ (E) $0 \leqslant a < \dfrac{3}{4}$

【解析】答案是 D.

(1) 若 $a = 0$, 则有 $3 \geqslant 0$, 显然成立.

(2) 若 $a \neq 0$, 则有 $\begin{cases} a > 0 \\ \Delta = 16a^2 - 12a \leqslant 0 \end{cases}$, 解得 $0 < a \leqslant \dfrac{3}{4}$.

综上, a 的取值范围是 $0 \leqslant a \leqslant \dfrac{3}{4}$.

题型 3 一元二次不等式的解集问题

【例 5】若一元二次不等式 $ax^2 + bx + 2 > 0$ 的解集是 $\left(-\dfrac{1}{2}, \dfrac{1}{3}\right)$, 则 $a + b$ 的值是

(A) 10　　　(B) -10　　　(C) 14　　　(D) -14　　　(E) 16

【解析】答案是 D.

由于方程 $ax^2 + bx + 2 = 0$ 的两个根是 $x_1 = -\dfrac{1}{2}$, $x_2 = \dfrac{1}{3}$, 且 $a < 0$.

则有 $\begin{cases} \left(-\dfrac{1}{2}\right) + \dfrac{1}{3} = -\dfrac{b}{a} \\ \left(-\dfrac{1}{2}\right) \times \dfrac{1}{3} = \dfrac{2}{a} \end{cases}$, 即 $\begin{cases} a = -12 \\ b = -2 \end{cases}$, 所以 $a + b = -14$.

题型 4 均值不等式的应用

【例 6】函数 $f(x) = 3x + \dfrac{12}{x^2}\ (x > 0)$ 的最小值是

(A) 4　　　(B) 6　　　(C) 9　　　(D) 10　　　(E) 12

【解析】答案是 C.

由于 $f(x) = \dfrac{3}{2}x + \dfrac{3}{2}x + \dfrac{12}{x^2}$, 且 $x > 0$, 所以 $f(x) \geqslant 3\sqrt[3]{\dfrac{3}{2}x \cdot \dfrac{3}{2}x \cdot \dfrac{12}{x^2}} = 3 \times 3 = 9$, 其中

当且仅当 $\dfrac{3}{2}x = \dfrac{3}{2}x = \dfrac{12}{x^2}$ 时, 即 $x = 2$ 时, 等号成立, 即 $f(x)$ 的最小值是 9.

【例 7】已知 x, $y > 0$, 且 $\dfrac{1}{x} + \dfrac{1}{y} = 1$, 则 $x + 3y$ 的最小值是

(A) $4 + 2\sqrt{3}$　　(B) $2\sqrt{3}$　　(C) $3 + 2\sqrt{2}$　　(D) 16　　(E) 2

【解析】答案是 A.

$x + 3y = (x + 3y) \times 1 = (x + 3y) \times \left(\dfrac{1}{x} + \dfrac{1}{y}\right) = 1 + 3 + \dfrac{3y}{x} + \dfrac{x}{y} \geqslant 4 + 2\sqrt{\dfrac{3y}{x} \times \dfrac{x}{y}} = 4 + 2\sqrt{3}$,

当且仅当 $\dfrac{3y}{x} = \dfrac{x}{y}$ 时, 等号成立, 取得最小值 $4 + 2\sqrt{3}$.

【例8】 $a + \dfrac{1}{b(a-b)}$ 的最小值是3.

(1) $a > b > 0$. 　　　　　　(2) $a > 0$, $b > 0$.

【解析】答案是 A.

先把结论进行化简，即 $a + \dfrac{1}{b(a-b)} = (a-b) + \dfrac{1}{b(a-b)} + b$.

条件 (1)，$a - b > 0$ 且 $b > 0$，所以 $a + \dfrac{1}{b(a-b)} \geqslant 3\sqrt[3]{(a-b) \times \dfrac{1}{b(a-b)} \times b} = 3$，当

且仅当 $a - b = \dfrac{1}{b(a-b)} = b$，即 $a = 2$，$b = 1$ 时等号成立，取得最小值3，充分.

条件 (2)，举反例，令 $a = 1$，$b = 2$，此时 $a + \dfrac{1}{b(a-b)} = 1 - \dfrac{1}{2} = \dfrac{1}{2}$，显然不充分，

选 A.

【例9】 直角边之和为12的直角三角形面积的最大值等于

(A) 16　　　　(B) 18　　　　(C) 20　　　　(D) 22　　　　(E) 24

【解析】答案是 B.

设直角三角形的两条直角边是 a，b. 由于 $a + b = 12$ 且 $a > 0$，$b > 0$，则直角三角形的

面积 $S = \dfrac{1}{2}ab \leqslant \dfrac{1}{2} \times \left(\dfrac{a+b}{2}\right)^2 = 18$，当且仅当 $a = b$ 时，等号成立，取得最小值18.

题型5　高次不等式

【例10】 $(2x^2 + x + 3)(-x^2 + 2x + 3) < 0$.

(1) $x \in [-3, -2]$. 　　　　(2) $x \in (4, 5)$.

【解析】答案是 D.

先把结论进行化简，一元二次方程 $2x^2 + x + 3 = 0$，其 $\Delta = 1 - 24 < 0$，则 $2x^2 + x + 3 > 0$

恒成立. 那么原不等式即为 $-x^2 + 2x + 3 < 0$，解得 $x > 3$ 或 $x < -1$.

由集合法可知，条件 (1)、条件 (2) 单独均充分，选 D.

题型6　分式不等式

【例11】 分式不等式 $\dfrac{3x+1}{x-3} < 1$ 的解集是

(A) $-3 < x < 3$ 　　　　(B) $-2 < x < 3$ 　　　　(C) $-13 < x < 3$

(D) $-3 < x < 14$ 　　　　(E) $x > 3$

【解析】答案是 B.

原不等式化为 $\dfrac{3x+1}{x-3} - 1 < 0$，通分变形得 $\dfrac{2x+4}{x-3} < 0$，等价于 $(x+2)(x-3) < 0$，

则原不等式的解集为 $-2 < x < 3$.

【例12】若 $\dfrac{2x^2+2kx+k}{4x^2+6x+3}<1$ 对于一切实数 x 都成立，则 k 的取值范围中整数解的个数为

(A) 0　　　　(B) 1　　　　(C) 2　　　　(D) 3　　　　(E) 4

【解析】答案是 B.

由 $4x^2+6x+3=0$ 的判别式 $\Delta=6^2-4\times4\times3<0$，得出 $4x^2+6x+3>0$ 恒成立，那么 $2x^2+2kx+k<4x^2+6x+3$，即 $2x^2+(6-2k)x+3-k>0$ 对于一切实数 x 都成立. 根据不等式恒成立的条件，可得 $\Delta<0$，即 $\Delta=(6-2k)^2-4\cdot2(3-k)<0$，解得 $1<k<3$，只有 $k=2$ 这 1 个整数.

第三节　进阶例题

考点1　不等式的恒成立问题

【例1】不等式 $|x^2+2x+a|\leq1$ 的解集为空集.

(1) $a<0$.　　　　　　　　(2) $a>2$.

【解析】答案是 B.

先化简结论，$|x^2+2x+a|>1$ 恒成立，则 $x^2+2x+a>1$ 或 $x^2+2x+a<-1$ 恒成立.

①若 $x^2+2x+a>1$ 恒成立，则有 $\Delta=4-4(a-1)<0$，解得 $a>2$.

②若 $x^2+2x+a<-1$ 恒成立，显然不可能.

所以结论可等价为 $a>2$，条件 (1) 不充分，条件 (2) 充分，选 B.

【例2】若 $y^2-2\left(\sqrt{x}+\dfrac{1}{\sqrt{x}}\right)y+3<0$ 对一切正实数 x 恒成立，则 y 的取值范围是

(A) $1<y<3$　　　　　　(B) $2<y<4$　　　　　　(C) $1<y<4$

(D) $3<y<5$　　　　　　(E) $2<y<5$

【解析】答案是 A.

设 $\sqrt{x}+\dfrac{1}{\sqrt{x}}=t$，由均值不等式可知，$t\geq2$.

原不等式即为 $y^2-2ty+3<0$，整理可得，$2y\times t>y^2+3$.

因为 $y^2+3>0$，所以 $2y\times t>0$，即 $2y>0$.

那么 $t>\dfrac{y^2+3}{2y}$ 恒成立，即 $2>\dfrac{y^2+3}{2y}$，解得 $1<y<3$.

考点2　二次不等式的解集问题

【例3】若不等式 $ax^2+(ab+1)x+b>0$ 的解集为 $\{x|1<x<2\}$，则 $a+b=$

(A) -3　　　　　　　　(B) -3 或 $-\dfrac{3}{2}$　　　　　　　　(C) $-\dfrac{3}{2}$

(D) -1 (E) 2

【解析】答案是 B.

若 $a = 0$, 则 $x > -b$, 舍去.

若 $a \neq 0$, 则 $(ax+1)(x+b) > 0$, 即方程 $(ax+1)(x+b) = 0$ 的两根为 $x_1 = 1$, $x_2 = 2$,

所以 $\begin{cases} -\dfrac{1}{a} = 1 \\ -b = 2 \end{cases}$ 或 $\begin{cases} -\dfrac{1}{a} = 2 \\ -b = 1 \end{cases}$, 即 $\begin{cases} a = -1 \\ b = -2 \end{cases}$ 或 $\begin{cases} a = -\dfrac{1}{2} \\ b = -1 \end{cases}$.

则 $a + b = -3$ 或 $-\dfrac{3}{2}$.

考点3　均值不等式的应用

【例4】已知实数 $x > 0$, 且函数 $g(x) = \dfrac{f(x^2) + f(x)}{x}$, 则 $g(x)$ 的最小值为 6.

(1) $f(x) = 1 - 2x$.   (2) $f(x) = 2x + 1$.

【解析】答案是 B.

条件 (1), $g(x) = \dfrac{f(x^2) + f(x)}{x} = \dfrac{2 - 2x^2 - 2x}{x}$, 因为 $x > 0$, 所以 $g(x) = \dfrac{2}{x} - 2x - 2$, 显然没有最小值, 不充分.

条件 (2), $g(x) = \dfrac{f(x^2) + f(x)}{x} = \dfrac{2x^2 + 2x + 2}{x}$, 因为 $x > 0$, $g(x) = 2\left(x + \dfrac{1}{x}\right) + 2 \geqslant$

$2 \times 2 + 2 = 6$, 当且仅当 $x = \dfrac{1}{x}$, 即 $x = 1$ 时等号成立, $g(x)$ 取得最小值 6, 充分, 选 B.

【例5】设点 $A(0, 2)$ 和点 $B(1, 0)$, 在线段 AB 上取一点 $M(x, y)(0 < x < 1)$, 则以 x, y 为两边长的矩形面积的最大值为

(A) $\dfrac{5}{8}$ (B) $\dfrac{1}{2}$ (C) $\dfrac{3}{8}$ (D) $\dfrac{1}{4}$ (E) $\dfrac{1}{8}$

【解析】答案是 B.

过 A, B 两点的直线方程为 $x + \dfrac{y}{2} = 1$, 即 $2x + y = 2$, 且 $x > 0$, $y > 0$.

由均值不等式可知, $xy = \dfrac{1}{2} \times 2x \times y \leqslant \dfrac{1}{2} \times \left(\dfrac{2x + y}{2}\right)^2 = \dfrac{1}{2}$, 当且仅当 $2x = y$ 时, 等号成立, 矩形面积取得最大值 $\dfrac{1}{2}$.

【例6】设 x, y 是实数, 则能确定 $x^3 + y^3$ 的最小值.

(1) $xy = 1$.   (2) $x + y = 2$.

【解析】答案是 B.

条件 (1), $xy = 1$, 则 $y = \dfrac{1}{x}$, $x^3 + y^3 = x^3 + \dfrac{1}{x^3}$, 当 $x \to -\infty$ 时, $x^3 + y^3$ 也趋向无穷小,

则无法取得最小值, 不充分.

条件（2），$x+y=2$，$x^3+y^3=x^3+(2-x)^3=6x^2-12x+8$，开口向上的二次函数，在实数范围内一定有最小值，充分，选 B.

【例 7】设 a，b 为非负实数，则 $a+b\leqslant\dfrac{5}{4}$.

（1）$ab\leqslant\dfrac{1}{16}$. （2）$a^2+b^2\leqslant1$.

【解析】答案是 C.

条件（1），令 $a=0$，$b=2$，则 $a+b>\dfrac{5}{4}$，不充分.

条件（2），令 $a=\dfrac{\sqrt{2}}{2}$，$b=\dfrac{\sqrt{2}}{2}$，那么 $a+b=\sqrt{2}>\dfrac{5}{4}$，不充分.

联合条件（1）和条件（2），由于 $(a+b)^2=a^2+b^2+2ab\leqslant1+2\times\dfrac{1}{16}=\dfrac{9}{8}<\left(\dfrac{5}{4}\right)^2$，且 a，b 为非负实数，所以 $a+b<\dfrac{5}{4}$，充分，选 C.

【例 8】某户要建一个长方形的羊栏，则羊栏的面积大于 500m^2.
（1）羊栏的周长为 120m. （2）羊栏对角线的长不超过 50m.

【解析】答案是 C.
设长方形羊栏的长为 a，宽为 b.
条件（1），令 $a=59$，$b=1$，则 $ab=59<500$，不充分.
条件（2），令 $a=4$，$b=3$，则 $ab=12<500$，不充分.

联合条件（1）和条件（2），$\begin{cases}a+b=60\\\sqrt{a^2+b^2}\leqslant50\end{cases}$，即 $\begin{cases}a+b=60\\a^2+b^2\leqslant2500\end{cases}$.

由于 $(a+b)^2=a^2+b^2+2ab$，所以 $3600-2ab\leqslant2500$，解得 $ab\geqslant550$，充分，选 C.

考点 4 方程、不等式的求解

【例 9】$(x^2-2x-8)(2-x)(2x-2x^2-6)>0$.
（1）$x\in(-3,-2)$. （2）$x\in[2,3]$.
【解析】答案是 E.

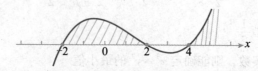

化正可得，$(x^2-2x-8)(x-2)(2x^2-2x+6)>0$，其中 $2x^2-2x+6>0$ 恒成立，原不等式可化简为 $(x-4)(x+2)(x-2)>0$，一元高次不等式求解使用穿针引线法，可知解集为 $x\in(-2,2)\cup(4,+\infty)$. 故条件（1）和条件（2）单独均不充分，且无法联合，选 E.

【例10】关于 x 的方程 $\dfrac{1}{x-2}+3=\dfrac{1-x}{2-x}$ 与 $\dfrac{x+1}{x-|a|}=2-\dfrac{3}{|a|-x}$ 有相同的增根.

(1) $a=2$.　　　　　　(2) $a=-2$.

【解析】答案是 D.

先把结论进行化简，方程 $\dfrac{1}{x-2}+3=\dfrac{1-x}{2-x}$ 的增根是 $x=2$.

条件（1），由于 $a=2$，则方程 $\dfrac{x+1}{x-2}=2-\dfrac{3}{2-x}$ 的增根是 $x=2$，充分.

条件（2），由于 $a=-2$，则方程 $\dfrac{x+1}{x-2}=2-\dfrac{3}{2-x}$ 的增根是 $x=2$，充分，选 D.

【例11】设 $0<x<1$，则不等式 $\dfrac{3x^2-2}{x^2-1}>1$ 的解集是

(A) $0<x<\dfrac{1}{\sqrt{2}}$　　　　(B) $\dfrac{1}{\sqrt{2}}<x<1$　　　　(C) $0<x<\sqrt{\dfrac{2}{3}}$

(D) $\sqrt{\dfrac{2}{3}}<x<1$　　　　(E) $x>1$

【解析】答案是 A.

因为 $0<x<1$，所以 $x^2-1<0$. 不等式可化为 $3x^2-2<x^2-1$，解得

$-\dfrac{1}{\sqrt{2}}<x<\dfrac{1}{\sqrt{2}}$，则 x 的取值范围为 $0<x<\dfrac{1}{\sqrt{2}}$.

【例12】$\sqrt{1-x^2}<x+1$.

(1) $x\in[-1,0]$.　　　　(2) $x\in\left(0,\dfrac{1}{2}\right]$.

【解析】答案是 B.

由无理不等式得，$\sqrt{f(x)}<g(x)$，即 $\begin{cases}f(x)\geqslant 0\\g(x)\geqslant 0\\f(x)<g^2(x)\end{cases}$，则结论可转化为 $\begin{cases}1-x^2\geqslant 0\\x+1\geqslant 0\\1-x^2<(x+1)^2\end{cases}$，

解得 $0<x\leqslant 1$. 条件（1）不充分，条件（2）充分，选 B.

【例13】$\left(\dfrac{3}{2}\right)^{x+1}<\left(\dfrac{3}{2}\right)^{4-2x}$.

(1) $x>1$.　　　　(2) $x<1$.

【解析】答案是 B.

利用指数函数的增减性，原不等式等价于，$x+1<4-2x$，解得 $x<1$，显然条件（1）不充分，条件（2）充分，选 B.

【例14】关于 x 的方程 $\lg(x^2+11x+8)-\lg(x+1)=1$ 的解为

(A) 1　　(B) -2　　(C) 3　　(D) 1 或 -2　　(E) 1 或 3

【解析】答案是 A.

由对数函数的定义可得，$\begin{cases} x^2 + 11x + 8 > 0 \\ x + 1 > 0 \end{cases}$，解得 $x > \dfrac{-11 + \sqrt{89}}{2}$. 由于 $\lg \dfrac{x^2 + 11x + 8}{x + 1} =$

$\lg 10$，则 $\dfrac{x^2 + 11x + 8}{x + 1} = 10$，解得 $x = 1$ 或 -2（舍去）.

第四节　习题

基础习题

1. 若 $a < b < 0$，则下列不等式成立的是

   (A) $\dfrac{1}{a} < \dfrac{1}{b}$　　(B) $ab < 1$　　(C) $\dfrac{a}{b} < 1$　　(D) $\dfrac{a}{b} > 1$　　(E) $b - a < 0$

2. 不等式 $(1 + x)(1 - |x|) > 0$ 的解集是

   (A) $x < 1$ 且 $x \neq -1$　　　　(B) $x < 1$ 且 $x \neq -2$　　　　(C) $x < 1$ 且 $x \neq -3$

   (D) $x < 1$　　　　　　　　(E) $x > 1$

3. 若对任何实数 x，不等式 $|x + 1| - |x - 2| > k$ 恒成立，则实数 k 的取值范围为

   (A) $k < 3$　　(B) $k < -3$　　(C) $k \leqslant 3$　　(D) $k \leqslant -3$　　(E) $-3 \leqslant k < 3$

4. 如果 $a > b$，$c < 0$，那么下列不等式成立的是

   (A) $a + c > b$　　　　　　(B) $a + c > b - c$　　　　　　(C) $ac - 1 > bc - 1$

   (D) $a(c - 1) < b(c - 1)$　　　　(E) $a + c < b + c$

5. 设 $x > 0$，$y > 0$，且 $x + y = 1$，则 $\dfrac{1}{x} + \dfrac{1}{y}$ 的最小值为

   (A) 2　　　　(B) 4　　　　(C) 6　　　　(D) 8　　　　(E) 12

6. $f(x) = \dfrac{7kx^2 - 2x + 1}{kx^2 - 4kx + 3}$ 的定义域为 **R**，则 k 的取值范围是

   (A) $\left(0, \dfrac{3}{4}\right)$　　(B) $\left[0, \dfrac{3}{4}\right)$　(C) $\left[0, \dfrac{3}{4}\right]$　(D) 全体实数　(E) 空集

7. 已知关于 x 的二次不等式 $ax^2 + (a - 1)x + a - 1 < 0$ 的解集为 R，则 a 的取值范围为

   (A) $\left(-\dfrac{1}{3}, 0\right)$　　　　　　(B) $\left(0, \dfrac{1}{3}\right)$　　　　　　(C) $\left(-\infty, -\dfrac{1}{3}\right)$

   (D) $(1, +\infty)$　　　　　　(E) $\left(\dfrac{1}{3}, 1\right)$

8. 若 x，y 是正数，则 $\left(x + \dfrac{1}{2y}\right)^2 + \left(y + \dfrac{1}{2x}\right)^2$ 的最小值是

   (A) 3　　　　(B) $\dfrac{7}{2}$　　　　(C) 4　　　　(D) $\dfrac{9}{2}$　　　　(E) 5

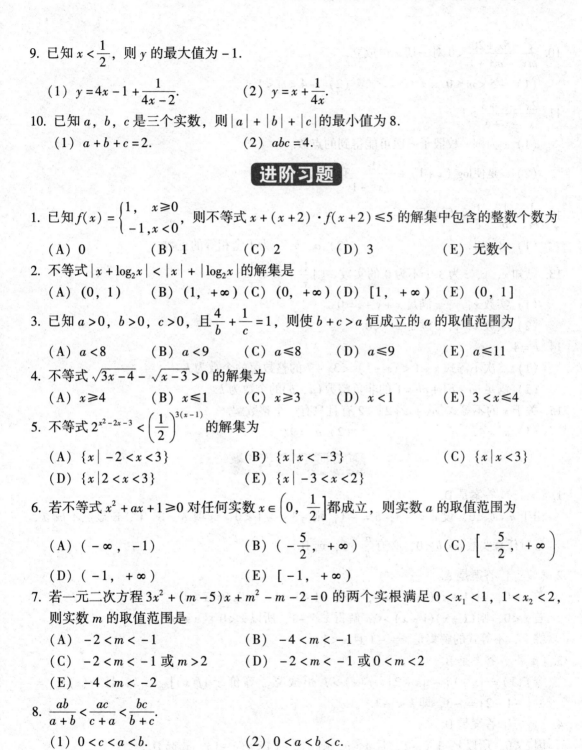

9. 已知 $x < \dfrac{1}{2}$，则 y 的最大值为 -1.

   （1）$y = 4x - 1 + \dfrac{1}{4x-2}$.   （2）$y = x + \dfrac{1}{4x}$.

10. 已知 a，b，c 是三个实数，则 $|a| + |b| + |c|$ 的最小值为 8.

    （1）$a + b + c = 2$.   （2）$abc = 4$.

进阶习题

1. 已知 $f(x) = \begin{cases} 1, & x \geqslant 0 \\ -1, & x < 0 \end{cases}$，则不等式 $x + (x+2) \cdot f(x+2) \leqslant 5$ 的解集中包含的整数个数为

  （A）0   （B）1   （C）2   （D）3   （E）无数个

2. 不等式 $|x + \log_2 x| < |x| + |\log_2 x|$ 的解集是

  （A）$(0, 1)$ （B）$(1, +\infty)$ （C）$(0, +\infty)$ （D）$[1, +\infty)$ （E）$(0, 1]$

3. 已知 $a > 0$，$b > 0$，$c > 0$，且 $\dfrac{4}{b} + \dfrac{1}{c} = 1$，则使 $b + c > a$ 恒成立的 a 的取值范围为

  （A）$a < 8$ （B）$a < 9$ （C）$a \leqslant 8$ （D）$a \leqslant 9$ （E）$a \leqslant 11$

4. 不等式 $\sqrt{3x-4} - \sqrt{x-3} > 0$ 的解集为

  （A）$x \geqslant 4$ （B）$x \leqslant 1$ （C）$x \geqslant 3$ （D）$x < 1$ （E）$3 < x \leqslant 4$

5. 不等式 $2^{x^2 - 2x - 3} < \left(\dfrac{1}{2}\right)^{3(x-1)}$ 的解集为

  （A）$\{x \mid -2 < x < 3\}$ （B）$\{x \mid x < -3\}$ （C）$\{x \mid x < 3\}$

  （D）$\{x \mid 2 < x < 3\}$ （E）$\{x \mid -3 < x < 2\}$

6. 若不等式 $x^2 + ax + 1 \geqslant 0$ 对任何实数 $x \in \left(0, \dfrac{1}{2}\right]$ 都成立，则实数 a 的取值范围为

  （A）$(-\infty, -1)$ （B）$\left(-\dfrac{5}{2}, +\infty\right)$ （C）$\left[-\dfrac{5}{2}, +\infty\right)$

  （D）$(-1, +\infty)$ （E）$[-1, +\infty)$

7. 若一元二次方程 $3x^2 + (m-5)x + m^2 - m - 2 = 0$ 的两个实根满足 $0 < x_1 < 1$，$1 < x_2 < 2$，则实数 m 的取值范围是

  （A）$-2 < m < -1$ （B）$-4 < m < -1$

  （C）$-2 < m < -1$ 或 $m > 2$ （D）$-2 < m < -1$ 或 $0 < m < 2$

  （E）$-4 < m < -2$

8. $\dfrac{ab}{a+b} < \dfrac{ac}{c+a} < \dfrac{bc}{b+c}$.

   （1）$0 < c < a < b$.   （2）$0 < a < b < c$.

9. $a + b + c + d + e$ 的最大值是 133.

   （1）a，b，c，d，e 是大于 1 的自然数，且 $abcde = 2700$.

   （2）a，b，c，d，e 是大于 1 的自然数，且 $abcde = 2000$.

10. $\dfrac{x^2 - 8x + 20}{mx^2 - mx - 1} < 0$ 对一切 x 恒成立.

    (1) $-5 < m \leqslant 0$.   (2) $-4 < m < 1$.

11. $\dfrac{2x^2 - x + 3}{x^2 - x + 4} > 1$.

    (1) x 为掷一枚骰子一次可能得到的点数.

    (2) x 是使 $\log_a(x+1) + \dfrac{1}{\sqrt{x^2 - 1}}$ 有意义的取值.

12. $\dfrac{1}{a} + \dfrac{1}{b} + \dfrac{1}{c} > \sqrt{a} + \sqrt{b} + \sqrt{c}$.

    (1) $abc = 1$.   (2) a，b，c 为不全相等的正数.

13. 已知 x，y，z 为 3 个不为 0 的实数. 则 $\dfrac{1}{x} + \dfrac{1}{y} + \dfrac{1}{z} > 0$.

    (1) 实数 x，y，z 满足 $x + y + z = 0$.

    (2) 实数 x，y，z 满足 $xyz < 0$.

14. $k = 4$.

    (1) 二次不等式 $x - 1 < (x-1)^2 < 3x + 7$ 的整数解的个数为 k.

    (2) 满足 $|a - b| + ab = 1$ 的非负整数 (a, b) 的个数为 k.

15. 关于 x 的不等式 $|ax + a + 2| < 2$ 有且只有一个整数解.

    (1) $a^2 = 4$.   (2) $a^2 = 9$.

基础习题详解

1. 【解析】答案是 D.

    由于 $a < b < 0$，设 $a = -3$，$b = -1$，则 $-3 < -1 < 0$，选项 A，B，C，E 显然不成立，

    且对任意实数 $a < b < 0$，必有 $\dfrac{a}{b} > 1$，选 D.

2. 【解析】答案是 A.

    若 $x \geqslant 0$，则 $(1+x)(1-x) > 0$，解得 $-1 < x < 1$，所以 $0 \leqslant x < 1$.

    若 $x < 0$，则 $(1+x)(1+x) > 0$，解得 $x \neq -1$，所以 $x < 0$ 且 $x \neq -1$.

    综上，不等式的解集是 $x \neq -1$ 且 $x < 1$.

3. 【解析】答案是 B.

    令 $f(x) = |x + 1| - |x - 2|$，$f(x) > k$ 恒成立，等价于 $[f(x)]_{\min} > k$，且 $[f(x)]_{\min} = -|-1 - 2| = -3$，即 $k < -3$.

4. 【解析】答案是 D.

    因 $c < 0$，所以 $c - 1 < -1$，且 $a > b$，则 $a(c - 1) < b(c - 1)$，故选 D.

5. 【解析】答案是 B.

    因为 $x > 0$，$y > 0$ 且 $x + y = 1$，则 $\dfrac{1}{x} + \dfrac{1}{y} = \left(\dfrac{1}{x} + \dfrac{1}{y}\right) \times 1 = \left(\dfrac{1}{x} + \dfrac{1}{y}\right) \times (x + y) = 2 + \dfrac{x}{y} +$

$\dfrac{y}{x} \geqslant 2 + 2\sqrt{\dfrac{x}{y} \times \dfrac{y}{x}} = 4$，当且仅当 $\dfrac{x}{y} = \dfrac{y}{x}$ 时等号成立，$\dfrac{1}{x} + \dfrac{1}{y}$ 取得最小值 4.

6. 【解析】答案是 B.

定义域为 **R** 表示分母的多项式 $kx^2 - 4kx + 3$ 对于任意 x 恒不等于 0，分两种情况：

①$k = 0$ 时，分母恒为 3，满足题意；

②$k \neq 0$ 时，要使分母不为 0，则 $kx^2 - 4kx + 3 = 0$ 无实根，即 $\Delta = (-4k)^2 - 12k < 0$，解

得 $0 < k < \dfrac{3}{4}$. 综上，$0 \leqslant k < \dfrac{3}{4}$.

7. 【解析】答案是 C.

要使原不等式的解集为 **R**，即 $\begin{cases} a < 0 \\ \Delta = (a-1)^2 - 4a(a-1) < 0 \end{cases}$，得 $\begin{cases} a < 0 \\ 3a^2 - 2a - 1 > 0 \end{cases}$，取交

集，得 $a < -\dfrac{1}{3}$.

8. 【解析】答案是 C.

由均值不等式可知，$\left(x + \dfrac{1}{2y}\right)^2 + \left(y + \dfrac{1}{2x}\right)^2 = x^2 + \dfrac{1}{4x^2} + y^2 + \dfrac{1}{4y^2} + \dfrac{x}{y} + \dfrac{y}{x} \geqslant 2\sqrt{x^2 \times \dfrac{1}{4x^2}} + 2$

$\sqrt{y^2 \times \dfrac{1}{4y^2}} + 2\sqrt{\dfrac{x}{y} \times \dfrac{y}{x}} = 4$. 当且仅当 $x^2 = \dfrac{1}{4x^2}$，$y^2 = \dfrac{1}{4y^2}$，$\dfrac{x}{y} = \dfrac{x}{y}$ 同时成立，即 $x = y = \dfrac{\sqrt{2}}{2}$

时，等号成立，取得最小值 4.

9. 【解析】答案是 A.

条件（1），由 $x < \dfrac{1}{2}$ 可知，$4x - 2 < 0$，那么 $-y = 1 - 4x + \dfrac{1}{2 - 4x} = 2 - 4x + \dfrac{1}{2 - 4x} - 1 \geqslant$

$2\sqrt{(2 - 4x) \times \dfrac{1}{2 - 4x}} - 1 = 1$，当且仅当 $2 - 4x = 1$，即 $x = \dfrac{1}{4}$ 时，$-y$ 的最小值为 1，则 y

的最大值为 -1. 充分.

条件（2），当 $0 < x < \dfrac{1}{2}$ 时，$y > 0$，所以 y 的最大值不会是 -1. 不充分. 选 A.

10. 【解析】答案是 E.

两条件单独不充分. 联合条件（1）和条件（2），取特值，令 $a = 4$，$b = c = -1$，

此时 $|a| + |b| + |c| = 6$，因此 $|a| + |b| + |c|$ 的最小值不为 8，不充分，选 E.

进阶习题详解

1. 【解析】答案是 E.

当 $x + 2 \geqslant 0$ 即 $x \geqslant -2$ 时，$f(x + 2) = 1$，即 $x + (x + 2) \cdot f(x + 2) = 2x + 2 \leqslant 5$，得 $x \leqslant \dfrac{3}{2}$，

故 $-2 \leqslant x \leqslant \dfrac{3}{2}$；当 $x + 2 < 0$ 即 $x < -2$ 时，$f(x + 2) = -1$，即 $x + (x + 2) \cdot f(x + 2) =$

$-2 \leqslant 5$，故 $x < -2$；综上，$x \leqslant \dfrac{3}{2}$，包含无数个整数.

2. 【解析】答案是 A.

不等式 $|a+b| < |a| + |b|$ 成立等价于 $ab < 0$，则题干不等式等价于 $x \times \log_2 x < 0$，又 $x > 0$，所以 $\log_2 x < 0$，解得 $0 < x < 1$.

3. 【解析】答案是 B.

因为 b，c 均为正数，且 $\dfrac{4}{b} + \dfrac{1}{c} = 1$，所以 $(b+c)\left(\dfrac{4}{b} + \dfrac{1}{c}\right) = 5 + \dfrac{4c}{b} + \dfrac{b}{c} \geqslant 5 + 2\sqrt{\dfrac{4c}{b} \cdot \dfrac{b}{c}} = 9$，当且仅当 $b = 2c$，$c = 3$，$b = 6$ 时，等号成立，故 a 的取值范围为 $a < 9$，选 B.

4. 【解析】答案是 C.

由题可知，$\begin{cases} 3x - 4 \geqslant 0 \\ x - 3 \geqslant 0 \\ 3x - 4 > x - 3 \end{cases}$，解得 $x \geqslant 3$.

5. 【解析】答案是 E.

原不等式可化为 $2^{x^2 - 2x - 3} < 2^{-3(x-1)}$，且底数 $2 > 1$（递增函数），那么 $x^2 - 2x - 3 < -3(x-1)$，整理得 $x^2 + x - 6 < 0$，解得不等式的解集为 $\{x \mid -3 < x < 2\}$，故选 E.

6. 【解析】答案是 C.

因为 $x \in \left(0, \dfrac{1}{2}\right]$，两边同除以 x 不变号，对不等式进行变形，得 $-a \leqslant x + \dfrac{1}{x}$，根据对勾函数可知，$x + \dfrac{1}{x}$ 在 $x \in \left(0, \dfrac{1}{2}\right]$ 的最小值为 $\dfrac{5}{2}$. 所以 $\left(x + \dfrac{1}{x}\right)_{\min} \geqslant -a$，$-a \leqslant \dfrac{5}{2}$，即 $a \geqslant -\dfrac{5}{2}$.

7. 【解析】答案是 A.

令 $f(x) = 3x^2 + (m-5)x + m^2 - m - 2$，由于两根满足 $0 < x_1 < 1$，$1 < x_2 < 2$，则根据二次函数的图像可得 $\begin{cases} f(0) > 0 \\ f(1) < 0 \\ f(2) > 0 \end{cases}$，即 $\begin{cases} m^2 - m - 2 > 0 \\ m^2 - 4 < 0 \\ m^2 + m > 0 \end{cases}$，解得 $-2 < m < -1$.

8. 【解析】答案是 B.

根据条件，假设 $a > 0$，$b > 0$，$c > 0$，那么 $\dfrac{ab}{a+b} < \dfrac{ac}{c+a} < \dfrac{bc}{b+c}$ 等价于 $\begin{cases} \dfrac{ab}{a+b} < \dfrac{ac}{c+a} \\ \dfrac{ac}{c+a} < \dfrac{bc}{b+c} \end{cases}$，解得 $\begin{cases} b < c \\ a < b \end{cases}$，即 $0 < a < b < c$，条件（2）单独充分，选 B.

9. 【解析】答案是 B.

根据均值不等式几个数积为定值时，和有最小值，偏离越远和越大.

条件（1），由于 $abcde = 2700 = 2 \times 2 \times 3 \times 3 \times 75$，和的最大值为 $2 + 2 + 3 + 3 + 75 = 85$，不充分.

条件（2），$abcde = 2000 = 2 \times 2 \times 2 \times 2 \times 125$，和的最大值为 $2 + 2 + 2 + 2 + 125 = 133$，充分. 选 B.

10. 【解析】答案是 C.

$x^2 - 8x + 20 > 0$ 在 **R** 上恒成立. $\dfrac{x^2 - 8x + 20}{mx^2 - mx - 1} < 0$ 对一切 x 恒成立，等价于 $mx^2 - mx - 1 < 0$ 在 **R** 上恒成立. 分以下两种情况：①当 $m = 0$ 时，$-1 < 0$，恒成立.

②$m \neq 0$ 时，$\begin{cases} m < 0 \\ \Delta = (-m)^2 + 4m < 0 \end{cases}$，解得 $-4 < m < 0$.

故结论等价于 $-4 < m \leqslant 0$. 条件（1）和条件（2）单独均不充分.

联合条件（1）和条件（2）可得，$-4 < m \leqslant 0$，充分，选 C.

11. 【解析】答案是 B.

$\dfrac{2x^2 - x + 3}{x^2 - x + 4} - 1 > 0$ 可转化为 $\dfrac{2x^2 - x + 3 - x^2 + x - 4}{x^2 - x + 4} = \dfrac{x^2 - 1}{x^2 - x + 4} > 0$，其中 $x^2 - x + 4 > 0$ 恒成立，那么只需要 $x^2 - 1 > 0$，解得 $x > 1$ 或 $x < -1$. 条件（1），当 $x = 1$ 时，不充分.

条件（2），需满足 $\begin{cases} x + 1 > 0 \\ x^2 - 1 > 0 \end{cases}$，解得 $x > 1$，充分，选 B.

12. 【解析】答案是 C.

显然两个条件单独不充分，考虑联合：$\dfrac{1}{a} + \dfrac{1}{b} + \dfrac{1}{c} = bc + ac + ab = \dfrac{ab + bc}{2} + \dfrac{ab + ac}{2} + \dfrac{bc + ac}{2} \geqslant \sqrt{abbc} + \sqrt{aabc} + \sqrt{abcc} = \sqrt{a} + \sqrt{b} + \sqrt{c}$，由于它们均不相等，无法取到等号，故充分，选 C.

13. 【解析】答案是 C.

显然两个条件单独都不充分，联合分析 $\begin{cases} x + y + z = 0 \\ xyz < 0 \end{cases}$，可知 x，y，z 两正一负.

令 $x > 0$，$y > 0$，$z < 0$，那么 $\dfrac{1}{x} + \dfrac{1}{y} + \dfrac{1}{z} = \dfrac{xy + yz + xz}{xyz} = \dfrac{xy + (y + x)z}{xyz} = \dfrac{xy - (y + x)^2}{xyz} = \dfrac{-\left(x - \frac{1}{2}y\right)^2 - \frac{3}{4}y^2}{xyz}$，分析得 $\dfrac{1}{x} + \dfrac{1}{y} + \dfrac{1}{z} > 0$，充分，选 C.

14. 【解析】答案是 A.

条件（1），解不等式 $(x - 1)^2 > x - 1$，可得 $x \in (-\infty, 1) \cup (2, +\infty)$，解不等式 $(x - 1)^2 < 3x + 7$，$x \in (-1, 6)$，得 $x \in (-1, 1) \cup (2, 6)$，整数解为 0，3，4，5，即 $k = 4$，充分.

条件（2），当 $a = b$ 时，$|a - b| + ab = 1$，$a = b = 1$.

当 $a>b$ 时，$|a-b|+ab=a(1+b)-b=1$，$a(1+b)=1+b$，得 $a=1$，$b=0$.

当 $a<b$ 时，可解得 $a=0$，$b=1$.

符合要求的 (a,b) 只有 3 个，即 $k=3$，不充分，选 A.

15. 【解析】答案是 D.

由题可得 $-a-4<ax<-a$，分 3 种情况：

当 $a=0$，则 $-4<0<0$，不等式无解，不合题意.

当 $a>0$ 时，则 $-1-\dfrac{4}{a}<x<-1$，由题意，不等式有唯一整数解，则 $-3\leqslant-1-\dfrac{4}{a}<-2$，即 $2\leqslant a<4$，所以整数 a 的值只能为 2 或 3.

当 $a<0$ 时，则 $-1<x<-1-\dfrac{4}{a}$，由题意，不等式有唯一整数解，则 $0<-1-\dfrac{4}{a}\leqslant1$，即 $-4<a\leqslant-2$，所以整数 a 的值只能为 -2 或 -3.

综上，整数 a 的值为 ±2 或 ±3. 条件（1）和条件（2）单独均充分，选 D.

第五章　数列

第一节　知识要点

一、一般数列

1. 定义

按照一定顺序排成一列的数称为数列，数列中的每一个数称为这个数列的项，排在第一位的数称为这个数列的第 1 项，也称为首项，排在第二位的数称为这个数列的第 2 项……排在第 n 位的数称为这个数列的第 n 项.

2. 通项公式

如果数列 $\{a_n\}$ 的第 n 项 a_n 与项数 n 之间的关系可以用一个式子来表示，那么这个式子就称为这个数列的通项公式.

3. 前 n 项和

数列 $\{a_n\}$ 从第 1 项开始到第 n 项为止的 n 项相加，即为这个数列的前 n 项和，记作 $S_n = a_1 + a_2 + \cdots + a_n$.

4. 第 n 项 a_n 与前 n 项和 S_n 之间的关系

$$\begin{cases} a_1 = S_1 \, (n=1), \\ a_n = S_n - S_{n-1} \, (n \geqslant 2). \end{cases}$$

二、等差数列

1. 定义

如果一个数列从第 2 项起，每一项与它前一项的差都等于同一个常数，那么这个数列就称为等差数列，这个常数称为等差数列的公差，通常用字母 d 表示.

即 $a_n - a_{n-1} = d \, (n \geqslant 2, \ n \in \mathbf{N}^*)$.

2. 通项公式

若等差数列 $\{a_n\}$ 的首项是 a_1，公差是 d，则等差数列的通项公式为 $a_n = a_1 + (n-1)d$ $(n \in \mathbf{N}^*)$.

3. 前 n 项和公式

$$S_n = \frac{(a_1 + a_n)n}{2} = na_1 + \frac{n(n-1)}{2}d = \frac{d}{2}n^2 + \left(a_1 - \frac{d}{2}\right)n.$$

4. 等差中项

如果 a，A，b 成等差数列，那么 A 称为 a 与 b 的等差中项，即 $A = \dfrac{a+b}{2}$ 或 $2A = a + b$.

5. 常用性质

（1）任意两项之间的关系：如果 a_n 是等差数列的第 n 项，a_m 是等差数列的第 m 项，且 $m \leqslant n$，公差为 d，则 $a_n = a_m + (n - m)d$.

（2）下标和公式：等差数列 $\{a_n\}$ 中，若 $m + n = p + q$，其中 m，n，p，$q \in \mathbf{Z}^+$，则 $a_n + a_m = a_p + a_q$.

（3）差成等差：等差数列 $\{a_n\}$ 中，若 S_n 是前 n 项和，$k \in \mathbf{N}^*$，则 S_k，$S_{2k} - S_k$，$S_{3k} - S_{2k}$ 成等差数列，公差为 $k^2 d$，如下所示：

$$\underbrace{\underbrace{a_1 + a_2 + a_3 + \cdots + a_k}_{S_k} + \underbrace{a_{k+1} + \cdots + a_{2k}}_{S_{2k} - S_k} + \underbrace{a_{2k+1} + \cdots + a_{3k}}_{S_{3k} - S_{2k}}}_{S_{3k}};$$

6. 两个函数关系

（1）一次函数：数列 $\{a_n\}$ 是一个等差数列，则数列 $\{a_n\}$ 的通项公式是 $a_n = kn + b$，其中一次项系数即为公差，常数项即为首项减去公差，即 $\begin{cases} k = d, \\ b = a_1 - d. \end{cases}$

（2）二次函数：数列 $\{a_n\}$ 是一个等差数列，则数列 $\{a_n\}$ 的前 n 项和公式是 $S_n = An^2 + Bn$，其中二次项系数即为公差的一半，一次项系数即为首项减去公差的一半，

即 $\begin{cases} A = \dfrac{d}{2}, \\ B = a_1 - \dfrac{d}{2}. \end{cases}$

7. 奇数项和与偶数项和的关系

等差数列 $\{a_n\}$，公差为 d，$S_{奇}$ 是所有奇数项的和，$S_{偶}$ 是所有偶数项的和，那么

（1）当项数为偶数 $2n$ 时，$S_{偶} - S_{奇} = nd$，$(n \in \mathbf{N}^*)$.

（2）当项数为奇数 $2n + 1$ 时，$\dfrac{S_{奇}}{S_{偶}} = \dfrac{n+1}{n}$，$(n \in \mathbf{N}^*)$.

三、等比数列

1. 定义

如果一个数列从第 2 项起，每一项与它前一项的比都等于同一个常数，那么这个数列就称为等比数列，这个常数称为等比数列的公比，通常用字母 q 表示.

即 $\dfrac{a_n}{a_{n-1}} = q(n \geqslant 2$，$n \in \mathbf{N}^*)$.

2. 通项公式

若等比数列 $\{a_n\}$ 的首项是 a_1，公比是 q，则等比数列的通项公式为 $a_n = a_1 q^{n-1}(n \in \mathbf{N}^*)$.

3. 前 n 项和公式

$$S_n = \begin{cases} na_1, & q=1, \\ \dfrac{a_1\,(1-q^n)}{1-q} = \dfrac{a_1 - a_n q}{1-q}, & q \neq 1. \end{cases}$$

4. 等比中项

如果 a，G，b 成等比数列，那么 G 称为 a 与 b 的等比中项，即 $G = \pm \sqrt{ab}$ 或 $G^2 = ab$.

5. 常用性质

（1）任意两项之间的关系：如果 a_n 是等比数列的第 n 项，a_m 是等比数列的第 m 项，且 $m \leqslant n$，公比为 q，则 $a_n = a_m q^{n-m}$.

（2）下标和公式：等比数列 $\{a_n\}$ 中，若 $n + m = p + q$，其中 m，n，p，$q \in \mathbf{Z}^+$，则 $a_n \cdot a_m = a_p \cdot a_q$.

（3）差成等比：等比数列 $\{a_n\}$ 中，若 S_n 是前 n 项和，$k \in \mathbf{N}^*$，则 S_k，$S_{2k} - S_k$，$S_{3k} - S_{2k}$ 成等比数列，公比为 q^k，如下所示：

$$\underbrace{\overbrace{\underbrace{a_1 + a_2 + a_3 + \cdots + a_k}_{S_k} + \underbrace{a_{k+1} + \cdots + a_{2k}}_{S_{2k} - S_k} + \underbrace{a_{2k+1} + \cdots + a_{3k}}_{S_{3k} - S_{2k}}}^{S_{3k}}}$$

第二节　基础例题

题型 1　数列的通项公式与前 n 项和

【例 1】数列 $\{ -2n^2 + 9n + 3 \}$ 中最大的项为

(A) 10　　　　(B) 11　　　　(C) 12　　　　(D) 13　　　　(E) 14

【解析】答案是 D.

因为 $a_n = -2n^2 + 9n + 3$ 且 $n \in \mathbf{N}^*$.

由二次函数的图像可知，当 $n = 2$ 时，$a_2 = 13$ 是数列的最大项.

【例 2】已知数列 $\{a_n\}$ 的前 n 项和 $S_n = 2 + 3^{n-1}$，则数列的通项公式为

(A) $a_n = \begin{cases} 3, & n=1 \\ 2 \times 3^{n-2}, & n \geqslant 2 \end{cases}$　　　(B) $a_n = 2 \times 3^{n-2}$　　　(C) $a_n = 4 \times 3^{n-2}$

(D) $a_n = 2 \times 3^{n-1}$　　　　　(E) $a_n = 3 \times 3^{n-1}$

【解析】答案是 A.

若 $n = 1$，则 $a_1 = S_1 = 2 + 3^0 = 3$.

若 $n \geqslant 2$，则 $a_n = S_n - S_{n-1} = (2 + 3^{n-1}) - (2 + 3^{n-2}) = 2 \times 3^{n-2}$.

所以数列的通项公式为 $a_n = \begin{cases} 3, & n=1 \\ 2 \times 3^{n-2}, & n \geqslant 2 \end{cases}$.

题型2　等差数列的基本性质

【例3】 若$\{a_n\}$是等差数列，已知$a_5=10$，$a_{12}=31$，则首项a_1与公差d为

（A）-2，3　　　（B）3，-2　　　（C）-1，3　　　（D）3，-1　　　（E）-2，-3

【解析】 答案是 A.

由于$d=\dfrac{a_{12}-a_5}{12-5}=3$，且$a_5=a_1+4d=10$. 所以$a_1=-2$.

【例4】 已知等差数列$\{a_n\}$中，$a_{10}=10$，前10项和$S_{10}=70$，则此数列的公差d是

（A）$-\dfrac{2}{3}$　　　（B）$-\dfrac{1}{3}$　　　（C）$\dfrac{1}{3}$　　　（D）$\dfrac{2}{3}$　　　（E）$\dfrac{3}{4}$

【解析】 答案是 D.

由于$S_{10}=70$，即$\dfrac{10(a_1+10)}{2}=70$，所以$a_1=4$.

因为$a_{10}=10$，即$a_1+9d=10$，所以$d=\dfrac{2}{3}$.

【例5】 三个数成等差数列，它们的和为18，它们的平方和为116，则该数列为

（A）4，6，8　　　　　　　　　（B）8，6，4

（C）4，6，8或8，6，4　　　　（D）1，2，3

（E）1，2，3或3，2，1

【解析】 答案是 C.

设这三个数为$a-d$，a，$a+d$. 由于$\begin{cases}a-d+a+a+d=18\\(a-d)^2+a^2+(a+d)^2=116\end{cases}$即$\begin{cases}a=6\\d=\pm 2\end{cases}$.

所以这三个数是4，6，8或8，6，4.

【例6】 等差数列$\{a_n\}$中，若$a_7+a_8=21$，那么前14项和为

（A）95　　　（B）112　　　（C）136　　　（D）147　　　（E）158

【解析】 答案是 D.

由于$a_7+a_8=a_1+a_{14}=21$，且$S_{14}=\dfrac{14(a_1+a_{14})}{2}$，所以$S_{14}=147$.

【例7】 等差数列$\{a_n\}$中，若$a_1-a_4-a_8-a_{12}+a_{15}=2$，则$a_3+a_{13}=$

（A）16　　　（B）4　　　（C）-16　　　（D）-4　　　（E）-2

【解析】 答案是 D.

由于$(a_1+a_{15})-(a_4+a_8+a_{12})=(a_1+a_{15})-(a_4+a_{12})-a_8=-a_8=2$.

所以$a_8=-2$，则$a_3+a_{13}=2a_8=-4$.

【例8】 已知$\{a_n\}$是等差数列，且$a_2+a_5+a_8=39$，则$a_1+a_2+\cdots+a_8+a_9$的值是

（A）117　　　（B）114　　　（C）111　　　（D）108　　　（E）110

【解析】 答案是 A.

因为$a_2+a_8=2a_5$，所以$3a_5=39$，即$a_5=13$.

则 $a_1 + a_2 + \cdots + a_8 + a_9 = 8a_5 + a_5 = 9a_5 = 117$.

【例9】 若等差数列 $\{a_n\}$ 前四项和为 21，最后四项的和为 67，所有项的和为 286，则项数 n 是

(A) 22　　　(B) 24　　　(C) 26　　　(D) 28　　　(E) 30

【解析】答案是 C.

由于 $\begin{cases} a_1 + a_2 + a_3 + a_4 = 21 \\ a_n + a_{n-1} + a_{n-2} + a_{n-3} = 67 \end{cases}$，把两个式子相加.

则 $(a_1 + a_n) + (a_2 + a_{n-1}) + (a_3 + a_{n-2}) + (a_4 + a_{n-3}) = 4(a_1 + a_n) = 88$.

所以 $a_1 + a_n = 22$，又因为 $S_n = \dfrac{n(a_1 + a_n)}{2} = 286$，那么 $n = 26$.

【例10】 等差数列 $\{a_n\}$，若 $a_1 + a_2 + \cdots + a_5 = 30$，$a_6 + a_7 + \cdots + a_{10} = 80$，则 $a_{11} + a_{12} + \cdots + a_{15} =$

(A) 100　　　(B) 120　　　(C) 130　　　(D) 140　　　(E) 150

【解析】答案是 C.

由于 $a_1 + a_2 + \cdots + a_5 = S_5 = 30$，$a_6 + a_7 + \cdots + a_{10} = S_{10} - S_5 = 80$.

所以 $a_{11} + a_{12} + \cdots + a_{15} = S_{15} - S_{10} = 80 + 50 = 130$.

【例11】 等差数列 $\{a_n\}$ 的前 n 项的和为 S_n，若 $a_1 = -11$，$a_4 + a_6 = -6$，则当 S_n 取最小值时，$n =$

(A) 6　　　(B) 7　　　(C) 8　　　(D) 9　　　(E) 10

【解析】答案是 A.

设数列 $\{a_n\}$ 公差为 d，由于 $a_1 = -11$，$a_4 + a_6 = -6$，

所以 $a_4 + a_6 = 2a_1 + 8d = -22 + 8d = -6$，解得 $d = 2$，

那么等差数列 $\{a_n\}$ 为首项为负数的递增数列，S_n 有最小值.

前 n 项 $S_n = -11n + \dfrac{n(n-1)}{2} \times 2 = (n-6)^2 - 36$，当 $n = 6$ 时，S_n 取得最小值.

题型3　等比数列的基本性质

【例12】 已知 $\{a_n\}$ 是等比数列，且 $a_n > 0$，$a_2 a_4 + 2a_3 a_5 + a_2 a_8 = 25$，则 $a_3 + a_5 =$

(A) 5　　　(B) -5　　　(C) 5 或 -5　　　(D) 1　　　(E) -1

【解析】答案是 A.

由等比数列下标和公式可得，$a_2 \cdot a_4 = a_3 \cdot a_3$，$a_4 \cdot a_6 = a_5 \cdot a_5$，那么 $a_3^2 + 2a_3 \cdot a_5 + a_5^2 = 25$，即 $(a_3 + a_5)^2 = 25$. 又因为 $a_n > 0$，所以 $a_3 + a_5 = 5$.

【例13】 等比数列 $\{a_n\}$ 中，如果 $a_5 \cdot a_6 = 27$，则 $a_1 \cdot a_2 \cdot a_3 \cdot \cdots \cdot a_{10} =$

(A) 3^{10}　　　(B) 3^9　　　(C) 3^5　　　(D) 3^{15}　　　(E) 3^{27}

【解析】答案是 D.

由等比数列下标和公式可得，$a_1 \cdot a_{10} = a_2 \cdot a_9 = a_3 \cdot a_8 = a_4 \cdot a_7 = a_5 \cdot a_6$.

所以 $a_1 \cdot a_2 \cdot a_3 \cdot \cdots \cdot a_{10} = (a_5 \cdot a_6)^5 = 27^5 = 3^{15}$.

【例 14】等比数列 $\{a_n\}$ 的前 10 项和 $S_{10} = 10$，前 20 项和 $S_{20} = 30$，则其前 30 项和 $S_{30} =$

(A) 40   (B) 50   (C) 70   (D) 80   (E) 60

【解析】答案是 C.

由等比数列的片段和成等比数列可得，$\dfrac{S_{10}}{S_{20} - S_{10}} = \dfrac{S_{20} - S_{10}}{S_{30} - S_{20}}$，即 $\dfrac{10}{30 - 10} = \dfrac{30 - 10}{S_{30} - 30}$，解得

$S_{30} = 70$.

【例 15】等比数列 $\{a_n\}$ 的前 n 项和为 $S_n = 5^n - 1$，则 $a_1^2 + a_2^2 + \cdots + a_n^2 =$

(A) $\dfrac{2}{3}(25^n - 1)$ (B) $\dfrac{1}{3}(25^n - 1)$ (C) $\dfrac{2}{3}(5^n - 1)$

(D) $\dfrac{1}{3}(5^n - 1)$ (E) $\dfrac{2}{3}(25^n + 1)$

【解析】答案是 A.

$S_n = \dfrac{a_1(1 - q^n)}{1 - q} = \dfrac{a_1}{q - 1}(q^n - 1) = 5^n - 1$，由等式两侧对应相等可知，$\begin{cases} q = 5 \\ \dfrac{a_1}{q - 1} = 1 \end{cases}$，

即 $\begin{cases} q = 5 \\ a_1 = 4 \end{cases}$. 由于 a_1^2，a_2^2，$\cdots$，a_n^2 仍为等比数列，且首项为 $a_1^2 = 16$，公比为 $q^2 = 25$.

所以 $a_1^2 + a_2^2 + \cdots + a_n^2 = \dfrac{2}{3}(25^n - 1)$.

【例 16】甲、乙、丙三人的年龄相同.

(1) 甲、乙、丙的年龄成等差数列.

(2) 甲、乙、丙的年龄成等比数列.

【解析】答案是 C.

条件 (1)，若甲、乙、丙三人的年龄分别是 1，2，3，不充分.

条件 (2)，若甲、乙、丙三人的年龄分别是 1，2，4，不充分.

联合条件 (1) 和条件 (2)，若一个数列既是等差数列，又是等比数列，那么这个数列是非零常数列，即甲、乙、丙三人的年龄相同，充分，选 C.

第三节　进阶例题

考点 1　等差、等比数列的确定和判定

【例 1】设 $\{a_n\}$ 是等差数列，则能确定数列 $\{a_n\}$.

(1) $a_1 + a_6 = 0$.   (2) $a_1 a_6 = -1$.

【解析】答案是 E.

条件（1）、条件（2）单独显然都不充分，联合条件（1）和条件（2），

则 $\begin{cases} a_1 + a_6 = 0 \\ a_1 a_6 = -1 \end{cases}$，解得 $\begin{cases} a_1 = 1 \\ a_6 = -1 \end{cases}$ 或 $\begin{cases} a_1 = -1 \\ a_6 = 1 \end{cases}$，不能确定数列 $\{a_n\}$，不充分，选 E.

【例 2】已知数列 $\{a_n\}$ 的前 n 项和为 S_n，则 $S_6 = 126$.

（1）数列 $\{a_n\}$ 的通项为 $a_n = 10(3n + 4)(n \in \mathbf{N}^*)$.

（2）数列 $\{a_n\}$ 的通项为 $a_n = 2^n (n \in \mathbf{N}^*)$.

【解析】答案是 B.

条件（1），由于 $a_n = 30n + 40$，则数列 $\{a_n\}$ 是等差数列，且 $\begin{cases} d = 30 \\ a_1 - d = 40 \end{cases}$.

解得 $a_1 = 70$，$d = 30$. 所以 $S_6 = 6 \times 70 + \left(\dfrac{6 \times 5}{2} \right) \times 30 = 870$，不充分.

条件（2），由于 $a_n = 2^n$，则数列 $\{a_n\}$ 是等比数列，且 $\begin{cases} a_1 = 2 \\ q = 2 \end{cases}$.

所以 $S_6 = \dfrac{2(1 - 2^6)}{1 - 2} = 126$，充分，选 B.

考点 2 等差、等比数列的基本性质

【例 3】设 $\{a_n\}$ 为等差数列. 则能确定 $a_1 + a_2 + \cdots + a_9$ 的值.

（1）已知 a_1 的值.

（2）已知 a_5 的值.

【解析】答案是 B.

条件（1），只知 a_1 的值，无法确定前 9 项和 $a_1 + a_2 + \cdots + a_9$ 的值，不充分.

条件（2），已知 a_5 的值，$a_1 + a_2 + \cdots + a_9 = \dfrac{9(a_1 + a_9)}{2} = 9a_5$，能确定前 9 项和的值，充分. 选 B.

【例 4】等差数列 $\{a_n\}$ 的前 n 项和为 S_n，已知 $S_3 = 3$，$S_6 = 24$，则此等差数列的公差为

(A) 3   (B) 2   (C) 1   (D) $\dfrac{1}{2}$ (E) $\dfrac{1}{3}$

【解析】答案是 B.

设公差为 d，由等差数列片段和公式可知，S_3，$S_6 - S_3$，$S_9 - S_6$ 成等差数列，公差为 $9d$，那么 $(S_6 - S_3) - S_3 = 18 = 9d$，所以公差 $d = 2$.

【例 5】如果一个等差数列的前 12 项和为 354，前 12 项中偶数项的和与奇数项的和之比为 $32 : 27$，则公差 d 为

(A) 3   (B) 4   (C) 5   (D) 6   (E) 7

【解析】答案是 C.

设 $S_偶 = 32k$，$S_奇 = 27k$，那么 $\begin{cases} S_偶 + S_奇 = 354 \\ S_偶 - S_奇 = 6d \end{cases}$，即 $\begin{cases} 32k + 27k = 354 \\ 32k - 27k = 6d \end{cases}$，解得 $\begin{cases} k = 6 \\ d = 5 \end{cases}$.

所以公差 $d = 5$.

【例6】 在等比数列 $\{a_n\}$ 中，若 a_1，a_{10} 是方程 $3x^2 - 2x - 6 = 0$ 的两根，则 $a_4 \cdot a_7 =$

(A) 0　　　　(B) -1　　　　(C) 1　　　　(D) -2　　　　(E) 2

【解析】 答案是 D.

由于 $a_1 \cdot a_{10} = \dfrac{-6}{3} = -2$，且 $a_4 \cdot a_7 = a_1 \cdot a_{10}$，则 $a_4 \cdot a_7 = -2$.

【例7】 等比数列 $\{a_n\}$ 满足 $a_2 + a_4 = 20$. 则 $a_3 + a_5 = 40$.

(1) 公比 $q = 2$.

(2) $a_1 + a_3 = 10$.

【解析】 答案是 D.

条件 (1)，$a_3 + a_5 = (a_2 + a_4) \cdot q = 20 \times 2 = 40$，充分.

条件 (2)，$q = \dfrac{a_2 + a_4}{a_1 + a_3} = 2$，同条件 (1)，充分，选 D.

【例8】 $\dfrac{a_2 + a_6}{a_3 + a_7} = \dfrac{3}{5}$.

(1) $\{a_n\}$ 是公差不为 0 的等差数列，且第 3、4、7 项构成等比数列.

(2) $\{a_n\}$ 是公差不为 0 的等差数列，且第 2、3、6 项构成等比数列.

【解析】 答案是 A.

首先，由于条件都为等差数列，所以题干等价于验证 $\dfrac{a_2 + a_6}{a_3 + a_7} = \dfrac{a_4}{a_5} = \dfrac{3}{5}$.

条件 (1)，$a_4^2 = a_3 a_7$，可得 $(a_1 + 3d)^2 = (a_1 + 2d)(a_1 + 6d)$，即 $2a_1 d + 3d^2 = 0$. 由于公差不为 0，所以 $2a_1 + 3d = 0$，即 $2a_1 = -3d$，$d = -\dfrac{2}{3} a_1$，则 $\dfrac{a_4}{a_5} = \dfrac{3}{5}$，充分. 同理，可验证条件 (2) 不充分，选 A.

考点3　等差、等比数列的前 n 项和

【例9】 等差数列 $\{a_n\}$ 中，前 n 项和为 S_n，已知 $a_1 = 13$，$S_3 = S_{11}$，则 S_n 的最大值为

(A) 42　　　　(B) 49　　　　(C) 59　　　　(D) 133　　　　(E) 28

【解析】 答案是 B.

已知前 n 项和 $S_n = \dfrac{d}{2} n^2 + \left(a_1 - \dfrac{d}{2} \right) n$ 是关于 n 的二次函数，由二次函数的对称性和 $S_3 = S_{11}$ 可知，对称轴 $n = \dfrac{3 + 11}{2} = 7$，所以 S_n 的最大值在 $n = 7$ 处取得.

由 $S_3 = S_{11}$ 可知，$3a_2 = 11a_6$，那么 $3(a_1 + d) = 11(a_1 + 5d)$，解得 $d = -2$，所以 $S_7 = 7a_4 = 7(a_1 + 3d) = 49$.

【例10】 已知 $\{a_n\}$ 是公差大于零的等差数列，S_n 是 $\{a_n\}$ 的前 n 项和，则 $S_n \geq S_{10}$，$n = 1$，2….

（1）$a_{10} = 0$. （2）$a_{11}a_{10} < 0$.

【解析】答案是 D.

条件（1），由于 $a_{10} = 0$，$d > 0$，那么 a_1，a_2，a_3，…，a_9 均小于 0，a_{11}，a_{12}，a_{13}…均大于 0，所以 $S_9 = S_{10}$，S_n 的最小值为 S_{10}，即 $S_n \geq S_{10}$，充分.

条件（2），由于 $a_{11}a_{10} < 0$ 且 $d > 0$，则 $a_{10} < 0$，$a_{11} > 0$，所以 S_n 的最小值为 S_{10}，即 $S_n \geq S_{10}$，充分，选 D.

【例11】某人在保险柜中存放了 M 元现金，第一天取出它的 $\dfrac{2}{3}$，以后每天取出前一天所取的 $\dfrac{1}{3}$，共取了 7 次，则保险柜中剩余的现金为

(A) $\dfrac{M}{3^7}$ 元 （B) $\dfrac{M}{3^6}$ 元 （C) $\dfrac{2M}{3^6}$ 元

(D) $\left[1 - \left(\dfrac{2}{3}\right)^7\right]M$ 元 （E) $\left[1 - 7\left(\dfrac{2}{3}\right)^7\right]M$ 元

【解析】答案是 A.

由题意可知，每天取出的现金是以 $\dfrac{2}{3}M$ 为首项，公比为 $\dfrac{1}{3}$ 的等比数列.

所以剩余现金 $= M - \dfrac{\dfrac{2M}{3}\left[1 - \left(\dfrac{1}{3}\right)^7\right]}{1 - \dfrac{1}{3}} = \dfrac{M}{3^7}$.

【例12】有一小球从 10 米高处落下，反弹起一定高度后再落下，再反弹……，若每次反弹高度均为前一次的一半，则经过足够长时间后，小球运行的总路程为

(A) 10 米 （B) 20 米 （C) 30 米 （D) 40 米 （E) 50 米

【解析】答案是 C.

不难写出公式 $S = \dfrac{a_1}{1 - q}$. 其中，a_1 等于多少是本题的关键. 其实第一次小球落地前路程为 10 米；第二次从弹起到再次落地路程仍为 10 米（一起一落各为 5 米）；第三次则为 5 米……所以，可以从第二次开始算认为 $a_1 = 10$，但应加上第一次 10 米. 小球运行的总路程为 $S = 10 + \dfrac{10}{1 - \dfrac{1}{2}} = 30$ 米.

考点4　求数列的通项公式

【例13】数列 $\{a_n\}$ 满足 $a_1 = 1$，$a_{n+1} - a_n = \dfrac{n}{3}$（$n \geq 1$），则 $a_{100} =$

(A) 1650 （B) 1651 （C) $\dfrac{5050}{3}$ （D) 3300 （E) 3301

【解析】答案是 B.

由于 $a_2 - a_1 = \dfrac{1}{3}$，$a_3 - a_2 = \dfrac{2}{3}$，$a_4 - a_3 = \dfrac{3}{3}$，$\cdots$，$a_{100} - a_{99} = \dfrac{99}{3}$，则把所有式子相加可得：$a_{100} - a_1 = \dfrac{1 + 2 + 3 + \cdots + 99}{3}$，所以 $a_{100} = 1 + \dfrac{99(1 + 99)}{6} = 1651$.

【例 14】$x_n = 1 - \dfrac{1}{2^n}(n = 1, 2 \cdots)$.

(1) $x_1 = \dfrac{1}{2}$，$x_{n+1} = \dfrac{1}{2}(1 - x_n)(n = 1, 2 \cdots)$.

(2) $x_1 = \dfrac{1}{2}$，$x_{n+1} = \dfrac{1}{2}(1 + x_n)(n = 1, 2 \cdots)$.

【解析】答案是 B.

条件 (1)，设 $x_{n+1} + a = -\dfrac{1}{2}(x_n + a)$，展开得，$x_{n+1} = -\dfrac{1}{2}x_n - \dfrac{3}{2}a$，那么 $-\dfrac{3}{2}a = \dfrac{1}{2}$，$a = -\dfrac{1}{3}$. 所以数列 $\left\{ x_n - \dfrac{1}{3} \right\}$ 是公比为 $-\dfrac{1}{2}$、首项为 $\dfrac{1}{6}$ 的等比数列，故 $x_n - \dfrac{1}{3} = \dfrac{1}{6} \times \left(-\dfrac{1}{2} \right)^{n-1}$，可得 $x_n = \dfrac{1}{6} \times \left(-\dfrac{1}{2} \right)^{n-1} + \dfrac{1}{3}$，不充分.

条件 (2)，设 $x_{n+1} + a = \dfrac{1}{2}(x_n + a)$，展开得，$x_{n+1} = \dfrac{1}{2}x_n - \dfrac{a}{2}$，那么 $-\dfrac{a}{2} = \dfrac{1}{2}$，$a = -1$. 所以数列 $\{x_n - 1\}$ 是公比为 $\dfrac{1}{2}$、首项为 $-\dfrac{1}{2}$ 的等比数列，故 $x_n - 1 = -\dfrac{1}{2} \times \left(\dfrac{1}{2} \right)^{n-1} = -\left(\dfrac{1}{2} \right)^n$，可得 $x_n = 1 - \dfrac{1}{2^n}$，充分，选 B.

【例 15】若数列 $\{a_n\}$ 中，$a_n \neq 0 \ (n \geqslant 1)$，$a_1 = \dfrac{1}{2}$，前 n 项和 S_n 满足 $a_n = \dfrac{2S_n^2}{2S_n - 1}$ $(n \geqslant 2)$，则 $\left\{ \dfrac{1}{S_n} \right\}$ 是

(A) 首项为 2、公比为 $\dfrac{1}{2}$ 的等比数列

(B) 首项为 2、公比为 2 的等比数列

(C) 既非等差数列，也非等比数列

(D) 首项为 2、公差为 $\dfrac{1}{2}$ 的等差数列

(E) 首项为 2、公差为 2 的等差数列

【解析】答案是 E.

若 $n \geqslant 2$，$a_n = S_n - S_{n-1}$，所以 $S_n - S_{n-1} = \dfrac{2S_n^2}{2S_n - 1}$，即 $S_n + 2S_n \cdot S_{n-1} - S_{n-1} = 0$.

则 $\dfrac{1}{S_n} - \dfrac{1}{S_{n-1}} = 2$，由于 $a_1 = \dfrac{1}{2}$，所以 $\dfrac{1}{S_1} = \dfrac{1}{a_1} = 2$. 即 $\left\{ \dfrac{1}{S_n} \right\}$ 是首项为 2、公差为 2 的等差

数列.

【例16】 数列 $\{a_n\}$ 中，$a_1 = 3$，$a_2 = 7$，当 $n \geq 1$ 时，a_{n+2} 等于 $a_n a_{n+1}$ 的个位数，则 $a_{2006} =$

(A) 9　　　　(B) 7　　　　(C) 3　　　　(D) 1　　　　(E) 2

【解析】 答案是 B.

找规律，$a_1 = 3$，$a_2 = 7$，$a_3 = 1$，$a_4 = 7$，$a_5 = 7$，$a_6 = 9$，$a_7 = 3$，$a_8 = 7 \cdots$，数列 $\{a_n\}$ 是周期为 6 的周期数列，2006 除以 6 余 2，所以 $a_{2006} = a_2 = 7$.

第四节　习题

基础习题

1. 等差数列 $\{a_n\}$ 中，$a_{15} = 33$，$a_{45} = 153$，$a_n = 217$，则 $n =$

(A) 60　　　　(B) 61　　　　(C) 62　　　　(D) 63　　　　(E) 64

2. 已知等差数列 $\{a_n\}$ 中，$a_2 + a_8 = 8$，则该数列的前 9 项和 $S_9 =$

(A) 18　　　　(B) 27　　　　(C) 36　　　　(D) 45　　　　(E) 46

3. 设等差数列 $\{a_n\}$ 前 n 项和为 S_n，若 $S_4 = 1$，$S_8 = 4$，$S = a_{17} + a_{18} + a_{19} + a_{20}$，则 $S =$

(A) 8　　　　(B) 9　　　　(C) 10　　　　(D) 11　　　　(E) 12

4. 若一个直角三角形的三条边成等差数列，则它的最短边与最长边的比为

(A) $4:5$　　　　(B) $5:13$　　　　(C) $3:5$　　　　(D) $12:13$　　　　(E) $3:4$

5. 等差数列 $\{a_n\}$ 的前 n 项和为 S_n，等差数列 $\{b_n\}$ 的前 n 项和为 T_n，已知 $\dfrac{S_n}{T_n} = \dfrac{2n}{3n+1}$，则 $\dfrac{a_7}{b_7} =$

(A) $-\dfrac{13}{20}$　　　　(B) $\dfrac{13}{20}$　　　　(C) $\dfrac{13}{10}$　　　　(D) $\dfrac{1}{3}$　　　　(E) $\dfrac{3}{4}$

6. 若等比数列的前三项依次为 $\sqrt{2}$，$\sqrt[3]{2}$，$\sqrt[6]{2} \cdots$，则第四项为

(A) 1　　　　(B) $\sqrt[6]{2}$　　　　(C) $\sqrt[9]{2}$　　　　(D) $\sqrt[8]{2}$　　　　(E) $\sqrt[7]{2}$

7. $\sqrt{2} + 1$ 与 $\sqrt{2} - 1$ 的等比中项是

(A) 1　　　　(B) -1　　　　(C) ± 1　　　　(D) $\dfrac{1}{2}$　　　　(E) 2

8. 若正项等比数列 $\{a_n\}$ 的公比 $q \neq 1$，且 a_3，a_5，a_6 成等差数列，则 $\dfrac{a_3 + a_5}{a_4 + a_6} =$

(A) $\dfrac{1+\sqrt{5}}{2}$　　　　(B) $\dfrac{\sqrt{5}-1}{2}$　　　　(C) $-\dfrac{1}{2}$　　　　(D) $\dfrac{1 \pm \sqrt{5}}{2}$　　　　(E) $\dfrac{1}{2}$

9. 已知 $\{a_n\}$ 为递增等比数列，则能确定 a_{11} 的值.

(1) $a_1 a_9 = 64$.　　　　　　　　(2) $a_3 + a_7 = 20$.

10. 等差数列 $\{a_n\}$，其中 $a_{10} = 210$，$a_{31} = -280$. 则前 n 项之和 S_n 取得最大值.

  （1）$n = 19$.   （2）$n = 18$.

进阶习题

1. 三个负数 a，b，c 成等差数列，又 a，d，c 成等比数列，且 $a \neq c$，则 b 与 d 的大小关系为

 （A）$b > d$ （B）$b = d$ （C）$b < d$ （D）$b \geq d$ （E）$b \leq d$

2. 若三个不同的实数 a，b，c 成等差数列，且 a，c，b 成等比数列，则 $a : b : c =$

 （A）$4 : 1 : 2$ （B）$4 : 1 : (-2)$ （C）$1 : 1 : 1$

 （D）$4 : 1 : (-2)$ 或 $1 : 1 : 1$ （E）$4 : 1 : 2$ 或 $1 : 1 : 1$

3. 三个数顺序成等比数列，其和为 114. 按上述顺序分别又是某等差数列的第 1、4、25 项，则这三个数中最小的数为

 （A）21   （B）38   （C）24 或 39   （D）2 或 38   （E）2

4. 在数列 $\{a_n\}$ 中，若 $a_n = \dfrac{2n - 3}{3^n}$，则数列的前 n 项和 S_n 为

 （A）$S_n = -\dfrac{n}{3^n}$ （B）$S_n = 1 - \dfrac{n}{3^n}$ （C）$S_n = -\dfrac{n}{3^{n-1}}$

 （D）$S_n = -\dfrac{n}{3^{n+1}}$ （E）$S_n = -\dfrac{n+1}{3^{n+1}}$

5. 已知数列 $\{a_n\}$ 的前 n 项和 $S_n = 2n^2 - 3n$，而 a_1，a_3，a_5，a_7，$\cdots$ 组成一个新的数列 $\{c_n\}$，则其通项公式为

 （A）$c_n = 4n - 3$ （B）$c_n = 8n - 1$ （C）$c_n = 4n - 5$

 （D）$c_n = 8n - 9$ （E）$c_n = 5n + 3$

6. 若等差数列 $\{a_n\}$ 满足 $5a_7 - a_3 - 12 = 0$，则 $\sum\limits_{k=1}^{15} a_k =$

 （A）15   （B）24   （C）30   （D）45   （E）60

7. 设 $\{a_n\}$ 是等差数列，S_n 是其前 n 项和，已知 $S_7 = 7$，$S_{15} = 75$，T_n 为数列 $\left\{\dfrac{S_n}{n}\right\}$ 的前 n 项和，则 $T_8 =$

 （A）1   （B）2   （C）3   （D）$-n$ （E）-2

8. 设等比数列 $\{a_n\}$ 的公比 $q < 1$，前 n 项和为 S_n，已知 $a_3 = 2$，$S_4 = 5S_2$，则 $q =$

 （A）-1 （B）1 或 2   （C）-1 或 -2

 （D）1 或 -2 （E）-1 或 2

9. 设数列 $\{a_n\}$ 满足 $a_1 = 2$，$a_{n+1} = \dfrac{a_n}{a_n + 3}$，则 $a_5 =$

 （A）$\dfrac{1}{161}$ （B）$\dfrac{2}{161}$ （C）$\dfrac{3}{161}$ （D）$\dfrac{4}{161}$ （E）$\dfrac{5}{161}$

10. 已知 $\{a_n\}$ 为等比数列，则下面四个命题中正确的命题个数是

①数列$\{a_n^2\}$也是等比数列 ②数列$\{|a_n|\}$也是等比数列

③数列$\left\{\dfrac{1}{a_n}\right\}$也是等比数列 ④数列$\{a_{2n}\}$也是等比数列

(A) 1   (B) 2   (C) 3   (D) 4   (E) 0

11. 数列$\{a_n\}$的前 n 项和为 S_n，$a_1=1$，$a_{n+1}=2S_n$，则下列正确的是

    (A) $a_3=2$ (B) $a_4=4$ (C) $a_5=18$ (D) $a_5=54$ (E) $a_6=81$

12. 在数列$\{a_n\}$中，$a_1=2$，且 $a_{n+1}-3a_n=2$，则 $a_{18}=$

    (A) $3^{18}-3$ (B) $3^{18}-1$ (C) $2^{18}+2$ (D) $3^{17}-2$ (E) $3^{17}-1$

13. $|a_1|+|a_2|+\cdots+|a_{15}|=153$.

    (1) 数列$\{a_n\}$的通项为 $a_n=2n-7$.

    (2) 数列$\{a_n\}$的通项为 $a_n=2n-9$.

14. 已知数列$\{c_n\}$，其中 $c_n=2^n+3^n$. 则$\{c_{n+1}-pc_n\}$为等比数列.

    (1) $p=2$.   (2) $p=3$.

15. $a_1^2+a_2^2+a_3^2+\cdots+a_n^2=\dfrac{4^n-1}{3}$.

    (1) 数列$\{a_n\}$的通项公式为 $a_n=2^n$.

    (2) 在数列$\{a_n\}$中，对任意正整数 n，有 $a_1+a_2+a_3+\cdots+a_n=2^n-1$.

基础习题详解

1. 【解析】答案是 B.

由于 $d=\dfrac{a_{45}-a_{15}}{45-15}=\dfrac{153-33}{30}=4$，且 $a_{15}=a_1+14d$，则 $a_1=-23$，

所以 $a_n=4n-27$，令 $217=4n-27$，则 $n=61$.

2. 【解析】答案是 C.

由等比数列的下标和公式可得，$a_2+a_8=a_1+a_9=8$，则 $S_9=\dfrac{9(a_1+a_9)}{2}=\dfrac{9\times8}{2}=36$.

3. 【解析】答案是 B.

由于 S_4，S_8-S_4，$S_{12}-S_8$，$S_{16}-S_{12}$，$S_{20}-S_{16}$ 成等差数列，且 $S_4=1$，$S_8=4$，

即等差数列是 1，3，5，7，9，所以 $S=a_{17}+a_{18}+a_{19}+a_{20}=S_{20}-S_{16}=9$.

4. 【解析】答案是 C.

设直角三角形的三边长是 $a-d$，a，$a+d$.

由于 $(a-d)^2+a^2=(a+d)^2$，则 $a=4d$，所以直角三角形的三边长是 $3d$，$4d$，$5d$，则最短边与最长边的比是 $3:5$.

5. 【解析】答案是 B.

由于 $\dfrac{a_n}{b_n}=\dfrac{S_{2n-1}}{T_{2n-1}}=\dfrac{2(2n-1)}{3(2n-1)+1}=\dfrac{2n-1}{3n-1}$，所以 $\dfrac{a_7}{b_7}=\dfrac{13}{20}$.

6. 【解析】答案是 A.

由于 $q = \dfrac{\sqrt[3]{2}}{\sqrt{2}} = 2^{-\frac{1}{6}}$，则 $a_4 = \sqrt[6]{2} \times \left(2^{-\frac{1}{6}}\right) = 2^0 = 1$。

7. 【解析】答案是 C.

设等比中项是 x，由于 $x^2 = \left(\sqrt{2}+1\right)\left(\sqrt{2}-1\right) = 1$，解得 $x = \pm 1$.

8. 【解析】答案是 B.

由于 $2a_5 = a_3 + a_6$，则 $2a_3 \cdot q^2 = a_3 + a_3 \cdot q^3$，即 $2q^2 = 1 + q^3$.

所以 $q^2 - 1 = q^3 - q^2$，即 $(q+1)(q-1) = q^2(q-1)$ 且 $q>0$，解得 $q = \dfrac{1+\sqrt{5}}{2}$.

则 $\dfrac{a_3 + a_5}{a_4 + a_6} = \dfrac{a_3 + a_5}{a_3 \cdot q + a_5 \cdot q} = \dfrac{1}{q} = \dfrac{\sqrt{5}-1}{2}$.

9. 【解析】答案是 C.

条件（1），条件（2）单独显然不充分，联合条件（1）和条件（2），

则 $\begin{cases} a_3 a_7 = 64 \\ a_3 + a_7 = 20 \end{cases}$，且等比数列 $\{a_n\}$ 是递增数列，所以 $\begin{cases} a_3 = 4 \\ a_7 = 16 \end{cases}$.

由于 $q^4 = \dfrac{a_7}{a_3} = 4$，所以 $a_{11} = a_7 \cdot q^4 = 16 \times 4 = 64$，充分，选 C.

10. 【解析】答案是 D.

先把结论进行化简，由于 $a_{31} - a_{10} = 21d$，且 $a_{10} = 210$，$a_{31} = -280$，则 $d = -\dfrac{70}{3}$.

由于 $a_{10} = a_1 + 9d$，则 $a_1 = 420$，显然 $a_1 > 0$，$d < 0$，所以等差数列 $\{a_n\}$ 是递减数列.

令 $a_n = a_1 + (n-1)d = 0$，则 $n = 19$，即等差数列的第 19 项是 0.

显然等差数列的前 18 项和或前 19 项和最大.

条件（1）、条件（2）单独均充分，选 D.

进阶习题详解

1. 【解析】答案是 C.

由于 $a<0$，$b<0$，$c<0$ 且 $a \neq c$，则 $(-a) + (-c) > 2\sqrt{(-a)(-c)}$.

由于 $a + c = 2b$，$d^2 = a \cdot c$，则 $-2b > 2\sqrt{d^2}$，即 $-b > |d|$，所以 $b < d < -b$.

2. 【解析】答案为 B.

由于 $2b = a + c$，$c^2 = ab$，则 $(2b - a)^2 = ab$.

所以 $a^2 - 5ab + 4b^2 = 0$，解得 $a = 4b$ 或 $a = b$（舍去），则 $c = -2b$.

即 $a : b : c = 4 : 1 : (-2)$.

3. 【解析】答案是 D.

设首项为 a，公比为 q，则 $\begin{cases} a + aq + aq^2 = 114 \\ \dfrac{aq - a}{aq^2 - aq} = \dfrac{4-1}{25-4} = \dfrac{3}{21} \end{cases}$，整理得，$\begin{cases} a(1 + q + q^2) = 114 \\ \dfrac{q-1}{q^2 - q} = \dfrac{1}{7} \end{cases}$，解得

$q=7$ 或 $q=1$，那么 $a=38$，$q=1$ 或 $a=2$，$q=7$，所以 $a=38$，$aq=38$，$aq^2=38$ 或 $a=2$，$aq=14$，$aq^2=98$.

4. 【解析】答案是 A.

由于 $S_n=-\dfrac{1}{3}+\dfrac{1}{3^2}+\dfrac{3}{3^3}+\dfrac{5}{3^4}+\cdots+\dfrac{2n-3}{3^n}$，则 $\dfrac{1}{3}S_n=-\dfrac{1}{3^2}+\dfrac{1}{3^3}+\dfrac{3}{3^4}+\cdots+\dfrac{2n-3}{3^{n+1}}$.

把两个式子错位相减，可得 $\dfrac{2}{3}S_n=-\dfrac{1}{3}+2\left(\dfrac{1}{3^2}+\dfrac{1}{3^3}+\dfrac{1}{3^4}+\cdots+\dfrac{1}{3^n}\right)-\dfrac{2n-3}{3^{n+1}}$.

即 $\dfrac{2}{3}S_n=-\dfrac{1}{3}+2\left\{\dfrac{\dfrac{1}{9}\left[1-\left(\dfrac{1}{3}\right)^{n-1}\right]}{1-\dfrac{1}{3}}\right\}-\dfrac{2n-3}{3^{n+1}}$，所以 $S_n=-\dfrac{n}{3^n}$.

5. 【解析】答案是 D.

由于 S_n 是常数项为 0 的二次函数，所以数列 $\{a_n\}$ 是等差数列.

设等差数列 $\{a_n\}$ 的首项为 a_1，公差为 d，则 $\begin{cases}2=\dfrac{d}{2}\\-3=a_1-\dfrac{d}{2}\end{cases}$. 解得 $\begin{cases}a_1=-1\\d=4\end{cases}$.

则新的数列 $\{c_n\}$ 是以 -1 为首项，公差为 8 的等差数列.

所以其通项公式 $c_n=-1+(n-1)\times8=8n-9$.

6. 【解析】答案是 D.

由于 $\displaystyle\sum_{k=1}^{15}a_k=S_{15}=\dfrac{15(a_1+a_{15})}{2}=\dfrac{15\times2a_8}{2}=15a_8$.

所以 $5(a_8-d)-(a_8-5d)-12=0$，解得 $a_8=3$，则 $S_{15}=45$.

7. 【解析】答案是 E.

设等差数列 $\{a_n\}$ 的公差为 d，$S_7=7a_1+21d=7$，$S_{15}=15a_1+105d=75$，解得 $a_1=-2$，$d=1$，则通项公式为 $a_n=n-3$，前 n 项和 $S_n=\dfrac{1}{2}n^2-\dfrac{5}{2}n$，$\dfrac{S_n}{n}=\dfrac{n}{2}-\dfrac{5}{2}$，其前 n 项和为 $T_n=-2n+\dfrac{n(n-1)}{4}$，$T_8=-2$.

8. 【解析】答案是 C.

$S_4=S_2+a_3+a_4=5S_2$，即 $a_3+a_4=4(a_1+a_2)=q^2(a_1+a_2)$，若 $a_1+a_2\neq0$，又 $q<1$，所以 $q=-2$，若 $a_1+a_2=a_3+a_4=0$，则 $q=-1$，所以选 C.

9. 【解析】答案是 B.

由题干递推公式可得，$a_1=2$，$a_2=\dfrac{2}{2+3}=\dfrac{2}{5}$，$a_3=\dfrac{2}{2+3\times5}=\dfrac{2}{17}$，$a_4=\dfrac{2}{2+3\times17}=\dfrac{2}{53}$，$a_5=\dfrac{2}{2+3\times53}=\dfrac{2}{161}$.

10. 【解析】答案是 D.

设数列 $\{a_n\}$ 的公比为 q，则

① $\dfrac{a_n^2}{a_{n-1}^2} = \dfrac{(a_{n-1}q)^2}{a_{n-1}^2} = q^2$，数列 $\{a_n^2\}$ 是等比数列；

② $\dfrac{|a_n|}{|a_{n-1}|} = \dfrac{|a_{n-1}q|}{|a_n|} = |q|$，数列 $\{|a_n|\}$ 是等比数列；

③ $\dfrac{1}{a_n} \div \dfrac{1}{a_{n-1}} = \dfrac{a_{n-1}}{a_{n-1}q} = \dfrac{1}{q}$，数列 $\left\{\dfrac{1}{a_n}\right\}$ 是等比数列；

④ $\dfrac{a_{2n+2}}{a_{2n}} = q^2$，数列 $\{a_{2n}\}$ 是等比数列，4 个命题全部正确，选 D.

11. 【解析】答案是 D.

由题可知 $a_{n+1} = 2S_n$，$a_{n+2} = 2S_{n+1}$，两式相减得到 $a_{n+2} = 3a_{n+1}$，但 $a_1 = 1$，$a_2 = 2$，则 $a_n = \begin{cases} 1, & n = 1 \\ 2 \times 3^{n-2}, & n \geq 2 \end{cases}$．经验证只有 D 选项是正确的.

12. 【解析】答案是 B.

由题可知，$a_{n+1} - 3a_n = 2$，可转换为 $a_{n+1} + 1 = 3(a_n + 1)$，则 $\{a_n + 1\}$ 是一个首项为 3，公比为 3 的等比数列，即 $a_n = 3^n - 1$，则 $a_{18} = 3^{18} - 1$.

13. 【解析】答案是 A.

条件（1），由于 $a_n = 2n - 7$，所以数列 $\{a_n\}$ 是等差数列.

设等差数列 $\{a_n\}$ 的首项为 a_1，公差为 d，那么 $\begin{cases} 2 = d \\ -7 = a_1 - d \end{cases}$，解得 $\begin{cases} a_1 = -5 \\ d = 2 \end{cases}$.

所以等差数列 $\{a_n\}$ 即为 -5，-3，-1，1，3，5，7，$\cdots$，23.

则 $|a_1| + |a_2| + \cdots + |a_{15}| = 9 + \dfrac{12 \times (1 + 23)}{2} = 153$，充分.

条件（2），由于 $a_n = 2n - 9$，所以数列 $\{a_n\}$ 是等差数列.

设等差数列 $\{a_n\}$ 的首项为 a_1，公差为 d，那么 $\begin{cases} 2 = d \\ -9 = a_1 - d \end{cases}$，解得 $\begin{cases} a_1 = -7 \\ d = 2 \end{cases}$.

所以等差数列 $\{a_n\}$ 即为 -7，-5，-3，-1，1，3，5，7，$\cdots$，21.

则 $|a_1| + |a_2| + \cdots + |a_{15}| = 16 + \dfrac{11 \times (1 + 21)}{2} = 137$，不充分，选 A.

14. 【解析】答案是 D.

条件（1），由于 $c_{n+1} - pc_n = 2^{n+1} + 3^{n+1} - 2^{n+1} - 2 \cdot 3^n = 3^n$，是等比数列，充分.

条件（2），由于 $c_{n+1} - pc_n = 2^{n+1} + 3^{n+1} - 3 \cdot 2^n - 3^{n+1} = -2^n$，是等比数列，充分，选 D.

15. 【解析】答案是 B.

条件（1），由于 $a_1 = 2$，所以 $a_1^2 = 4 \neq 1$，不充分.

条件（2），由于 $S_n = 2^n - 1$，当 $n \geq 2$ 时，$a_n = S_n - S_{n-1} = 2^{n-1}$，$a_1 = 1$ 也符合该式，所以 $\{a_n\}$ 是等比数列，首项 $a_1 = 1$，公比 $q = 2$. 那么 $\{a_n^2\}$ 也为等比数列，首项 $a_1^2 = 1$，公比 $q^2 = 4$，$a_1^2 + a_2^2 + a_3^2 + \cdots + a_n^2 = \dfrac{1 \times (1 - 4^n)}{1 - 4} = \dfrac{4^n - 1}{3}$，充分，选 B.

第六章　应用题

第一节　比例、百分比、利润率、变化率问题

一、知识要点

1. 比

两个数相除，又称为这两个数的比. 即 $a:b=\dfrac{a}{b}$，其中 a 叫作比的前项，b 叫作比的

后项，相除所得商叫作比值，记作 $a:b=\dfrac{a}{b}=k$，在实际应用中，常将比值表示成百分数，

称为百分比，如 $3:4=75\%$.

2. 比例

相等的比称为比例，记作 $a:b=c:d$ 或 $\dfrac{a}{b}=\dfrac{c}{d}$. 其中 a 和 d 称为比例外项，b 和 c 称为

比例内项.

比例的基本性质

（1）$a:b=c:d\Leftrightarrow ad=bc$.

（2）等比定理：$\dfrac{a}{b}=\dfrac{c}{d}=\dfrac{e}{f}=\dfrac{a+c+e}{b+d+f}(b+d+f\neq0)$.

3. 利润率问题

利润 = 售价 − 进价

利润率 $=\dfrac{利润}{进价}\times100\%=\dfrac{售价-进价}{进价}\times100\%$

售价 = 进价(1 + 利润率) = 进价 + 利润

4. 增长率问题

（1）定义：增长率指一定时期内某一数据指标的增长量与基期数据的比值. 增加和减少的基准量均为变化前的数值，而不是变化后的数值.

（2）常见结论：

a 比 b 增长了 10%，基准量为 b，$\dfrac{a-b}{b}\times100\%=10\%$，即 $a=b\times(1+10\%)=1.1b$.

a 比 b 降低了 10%，基准量为 b，$\dfrac{b-a}{b}\times100\%=10\%$，即 $a=b\times(1-10\%)=0.9b$.

a 增长了 $p\%$，基本量为 a，增长后的量为 $a(1+p\%)$，共增长 n 次，得到 $a(1+p\%)^n$.

a 降低了 $p\%$，基本量为 a，降低后的量为 $a(1-p\%)$，共降低 n 次，得到 $a(1-p\%)^n$.

（3）平均增长率：指一定时期内，平均每次增长的速度. 已知初始值为 a，经过 n 次增长后得到 b，设平均增长率为 $p\%$，那么 $a(1+p\%)^n = b$.

5. 单总量关系

部分量 = 总量 × 部分量占总量比例

$$总量 = \frac{部分量}{对应占总量的比例}$$

二、基础例题

题型 1　简单比例问题

【例 1】一公司向银行借款 34 万元，欲按 $\frac{1}{2} : \frac{1}{3} : \frac{1}{9}$ 的比例分配给下属甲、乙、丙三车间进行技术改造，则甲车间应得

（A）17 万元　　（B）8 万元　　（C）12 万元　　（D）18 万元　　（E）20 万元

【解析】答案是 D.

甲、乙、丙三车间借款金额之比为 $\frac{1}{2} : \frac{1}{3} : \frac{1}{9} = 9 : 6 : 2$，甲车间占总借款额的 $\frac{9}{9+6+2} = \frac{9}{17}$，因此甲车间应得 $34 \times \frac{9}{17} = 18$ 万元.

【例 2】某工厂一、二、三车间共有工人 1791 人，已知二车间的工人是一车间的 2 倍，三车间的工人比二车间多 66 人，则三车间的工人人数是

（A）756　　（B）723　　（C）689　　（D）655　　（E）555

【解析】答案是 A.

设一车间有 x 人，则二车间有 $2x$ 人，三车间有 $2x+66$ 人，

由于 $x+2x+2x+66 = 1791$，解得 $x = 345$.

所以一车间有 345 人，二车间有 690 人，三车间有 756 人.

【例 3】将一笔奖金发给甲、乙、丙、丁四人，其中 $\frac{1}{5}$ 发给甲，$\frac{1}{3}$ 发给乙，发给丙的奖金数正好是甲乙奖金之差的 3 倍，已知发给丁的奖金为 200 元，则这笔奖金为

（A）1500 元　　（B）2000 元　　（C）2500 元　　（D）3000 元　　（E）3500 元

【解析】答案是 D.

可设这批奖金共 15 份，则依题意发给甲 3 份，发给乙 5 份，发给丙 $(5-3) \times 3 = 6$ 份，发给丁 $15-3-5-6 = 1$ 份，为 200 元，则奖金总额为 $200 \times 15 = 3000$ 元.

题型 2　连比找中介问题

【例 4】甲与乙的比是 $7:3$，丙与乙的比是 $2:5$，丙与丁的比是 $2:3$，则甲与丁的比是

(A) 14:3　　(B) 35:9　　(C) 28:9　　(D) 35:12　　(E) 24:29

【解析】答案是 B.

由于甲与乙的比是 7:3，丙与乙的比是 2:5，不妨设乙为 15 份，则甲为 35 份，丙为 6 份，又因为丙与丁的比是 2:3，所以丁为 9 份，故甲与丁的比是 35:9.

题型 3　比例变化问题

【例 5】甲、乙两仓库储存的粮食重量之比为 4:3，现从甲库中调出 10 万吨粮食，则甲、乙两仓库存粮吨数之比为 7:6，那么甲仓库原有粮食为（单位：万吨）

(A) 70　　(B) 78　　(C) 80　　(D) 85　　(E) 90

【解析】答案是 C.

由于乙库中粮食存量没变，于是想到将第一个比例式 4:3 化为 8:6，设甲、乙两库存粮量为 8 份和 6 份，不难看出甲库减少了 1 份，对应 10 万吨，可得甲原有粮食 80 万吨.

【例 6】仓库中有甲、乙两种产品若干件，其中甲占总库存量的 45%，若再存入 160 件乙产品后，甲产品占新库存量的 25%，那么甲产品原有件数为

(A) 80　　(B) 90　　(C) 100　　(D) 110　　(E) 120

【解析】答案是 B.

原来甲、乙两种产品比例为 45%:55% = 9:11，可设原有甲产品 9 份，乙产品 11 份.

再存入 160 件乙产品后二者比例变为 25%:75% = 1:3 = 9:27，

不难看出，乙产品多了 16 份，对应 160 件，所以每份对应 10 件，可知甲产品原有 9 份，即 90 件.

题型 4　单总量关系问题

【例 7】某食堂三天用完一桶油，第一天用了 6 千克，第二天用了余下的 $\frac{3}{7}$，第三天用的恰好是这桶油的一半，则第三天用油

(A) 24 千克　　(B) 28 千克　　(C) 42 千克　　(D) 48 千克　　(E) 54 千克

【解析】答案是 A.

设一桶油是 x 千克，则第二天用了 $\frac{3}{7}(x-6)$ 千克，第三天用了 $\frac{1}{2}x$ 千克.

由于 $6 + \frac{3}{7}(x-6) + \frac{1}{2}x = x$，解得 $x = 48$，所以第三天用了 24 千克.

题型 5　利润率、增长率、变化率问题

【例 8】一商店把某商品按标价的 9 折出售，仍可获利 20%，若该商品的进价为每件 21 元，则该商品每件的标价为

(A) 26　　(B) 28　　(C) 30　　(D) 32　　(E) 34

【解析】答案是 B.

设商品的标价为 x 元，则 $0.9x = 21 \times (1 + 20\%)$，解得 $x = 28$.

【例9】某商品的定价为 200 元，受金融危机的影响，连续两次降价 20% 后的售价为

（A）114 元　　（B）120 元　　（C）128 元　　（D）144 元　　（E）160 元

【解析】答案是 C.

连续两次降价后的售价为 $200 \times (1 - 20\%)^2 = 128$ 元.

【例10】某地连续举办三场国际商业足球比赛，第二场观众比第一场少了 80%，第三场观众比第二场少了 50%，若第三场观众仅有 2500 人，则第一场观众人数为

（A）15000　　（B）2000　　（C）22500　　（D）25000　　（E）27500

【解析】答案是 D.

设第一场观众人数为 x，则 $x \times (1 - 80\%) \times (1 - 50\%) = 2500$，解得 $x = 25000$.

【例11】甲企业今年人均成本是去年的 60%.

（1）甲企业今年总成本比去年减少 25%，员工人数增加 25%.

（2）甲企业今年总成本比去年减少 28%，员工人数增加 20%.

【解析】答案是 D.

设甲企业去年的总成本为 100，员工人数为 100，那么去年的人均成本为 1.

条件（1），甲企业今年的总成本为 $100 \times (1 - 25\%) = 75$，员工人数为 $100 \times (1 + 25\%) = 125$，那么今年的人均成本为 $\frac{75}{125} = 0.6$，是去年的 60%，充分.

条件（2），甲企业今年的总成本为 $100 \times (1 - 28\%) = 72$，员工人数为 $100 \times (1 + 20\%) = 120$，那么今年的人均成本为 $\frac{72}{120} = 0.6$，是去年的 60%，充分，选 D.

【例12】A 公司 2003 年 6 月份的产值是 1 月份产值的 a 倍.

（1）在 2003 年上半年，A 公司月产值的平均增长率为 $\sqrt[5]{a}$.

（2）在 2003 年上半年，A 公司月产值的平均增长率为 $\sqrt[6]{a} - 1$.

【解析】答案是 E.

设平均增长率为 x，6 月份到 1 月份经过了 5 次增长，$(1 + x)^5 = a$，解得 $x = \sqrt[5]{a} - 1$，两个条件均不充分，且无法联合，选 E.

三、进阶例题

【例1】某人在市场上买肉，小贩称得肉重为 4 斤，但此人不放心，拿出一个自备的 100 克重的砝码，将肉和砝码放在一起让小贩用原称复称，结果重量为 4.25 斤，由此可知顾客应要求小贩补肉

（A）3 两　　（B）6 两　　（C）4 两　　（D）7 两　　（E）8 两

【解析】答案是 E.

设顾客买到肉的实际重量是 x 克，由于 $\frac{4 \times 500}{x} = \frac{4.25 \times 500}{x + 100}$，解得 $x = 1600$，

所以小贩应补给肉 $2000-1600=400$ 克 $=8$ 两.

【例2】某物流公司将一批货物的 60% 送到了甲商场，100 件送到了乙商场，其余的都送到了丙商场，若送到甲、丙两商场的货物数量之比为 $7:3$，则该批货物共有

(A) 700 件 (B) 800 件 (C) 900 件 (D) 1000 件 (E) 1100 件

【解析】答案是 A.

设该批货物共有 x 件，由题可知，$\dfrac{60\%x}{x-60\%x-100}=\dfrac{7}{3}$，解得 $x=700$ 件.

【例3】某家庭在一年的总支出中，子女教育支出与生活资料支出的比为 $3:8$，文化娱乐支出与子女教育支出的比为 $1:2$，已知文化娱乐支出占家庭总支出的 10.5%，则生活资料支出占家庭总支出的

(A) 40% (B) 42% (C) 48% (D) 56% (E) 64%

【解析】答案是 D.

各项支出占家庭总支出的百分比的比值等于各项支出之比.

统一各项支出比例得子女教育:生活资料:文化娱乐 $=6:16:3$，

设生活资料支出占比为 x，则 $\dfrac{生活资料}{文化娱乐}=\dfrac{16}{3}=\dfrac{x}{10.5\%}$，$x=\dfrac{16}{3}\times10.5\%=56\%$.

【例4】某国参加北京奥运会的男、女运动员的比例原为 $19:12$，由于先增加若干名女运动员，使男、女运动员比例变为 $20:13$，后又增加了若干名男运动员，于是男、女运动员比例最终变为 $30:19$. 如果后增加的男运动员比先增加的女运动员多 3 人. 则最后运动员的总人数为

(A) 686 (B) 637 (C) 700 (D) 661 (E) 600

【解析】答案是 B.

方法一：设原来男运动员人数为 $19k$，女运动员人数为 $12k(k\in\mathbf{N}^*)$，先增加 x 名女运动员，则后增加的男运动员是 $x+3$ 人. 根据题意，$\dfrac{19k}{12k+x}=\dfrac{20}{13}$，$\dfrac{19k+x+3}{12k+x}=\dfrac{30}{19}$，解得 $k=20$，$x=7$，运动员总数为 637.

方法二：由题可知，男:女 $=19:12=380:240$，

增加女运动员后，男:女′ $=20:13=380:247$，即女生增加 7 份.

再增加男运动员后，男′:女′ $=30:19=390:247$，即男生增加 10 份.

增加的男运动员比增加的女运动员多 3 人，即 3 份对应 3 人，1 份对应 1 人.

所以最后运动员共 $390+247=637$ 人.

【例5】商店出售两套礼盒，均以 210 元售出，按进价计算，其中一套盈利 25%，另一套亏损 25%，结果商店

(A) 不赔不赚 (B) 赚了 24 元 (C) 赚了 28 元

(D) 亏了 28 元 (E) 亏了 24 元

【解析】答案是 D.

设盈利的礼盒的成本为 x，亏损的礼盒的成本为 y.

由利润率公式可知，$x \times (1 + 25\%) = 210$，$y \times (1 - 25\%) = 210$，解得 $x = 168$，$y = 280$，所以利润 $= 210 \times 2 - (168 + 280) = -28$，亏损了 28 元.

【例 6】第一季度甲公司的产值比乙公司的产值低 20%，第二季度甲公司的产值比第一季度增长了 20%，乙公司的产值比第一季度增长了 10%，则第二季度甲、乙公司的产值比为

（A）96∶115　　（B）92∶115　　（C）48∶55　　（D）24∶25　　（E）10∶11

【解析】答案是 C.

设第一季度乙公司的产值是 a，那么第一季度甲公司的产值是 $a(1 - 20\%) = 0.8a$.

第二季度甲公司的产值是 $0.8a(1 + 20\%) = 0.96a$，

第二季度乙公司的产值是 $a(1 + 10\%) = 1.1a$.

所以第二季度甲、乙公司的产值比为 $\dfrac{0.96a}{1.1a} = \dfrac{48}{55}$.

【例 7】2007 年，某市的全年研究与试验发展（R&D）经费支出 300 亿元，比 2006 年增长 20%，该市的 GDP 为 10000 亿元，比 2006 年增长 10%，2006 年，该市的 R&D 经费支出占当年 GDP 的

（A）1.75%　　（B）2%　　（C）2.5%　　（D）2.75%　　（E）3%

【解析】答案是 D.

设 2006 年该市的 R&D 经费支出是 a 亿元，该市的 GDP 是 b 亿元.

由 $\begin{cases} 300 = a(1 + 20\%) \\ 10000 = b(1 + 10\%) \end{cases}$，解得 $\begin{cases} a = \dfrac{300}{1.2} \\ b = \dfrac{10000}{1.1} \end{cases}$，所以 2006 年该市的 R&D 经费支出占当年

GDP 的 $\dfrac{a}{b} = 2.75\%$.

【例 8】某新兴产业在 2005 年末至 2009 年末产值的年平均增长率为 q，在 2009 年末至 2013 年末产值的平均增长率比前四年下降 40%，2013 年产值为 2005 年产值的 14.46（$\approx 1.95^4$）倍，则 $q =$

（A）30%　　（B）35%　　（C）40%　　（D）45%　　（E）50%

【解析】答案是 E.

设 2005 年的产值是 x，则 2009 年的产值是 $x(1 + q)^4$，

2013 年的产值是 $x(1 + q)^4(1 + 0.6q)^4$.

由于 $x(1 + q)^4(1 + 0.6q)^4 = 14.46x$，即 $(1 + q)^4(1 + 0.6q)^4 = 1.95^4$，

则 $(1 + q)(1 + 0.6q) = 1.95$，解得 $q = \dfrac{1}{2} = 50\%$.

第二节 路程问题

一、知识要点

1. 基本公式

$S = vt$，S 代表路程，v 代表速度，t 代表时间. 设甲从 A 点出发，乙从 B 点出发，甲、乙相遇于 C 点.

当时间一定时，$\dfrac{S_1}{S_2} = \dfrac{v_1}{v_2}$；当路程一定时，$\dfrac{v_1}{v_2} = \dfrac{t_2}{t_1}$.

2. 相遇问题

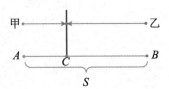

$$S = S_甲 + S_乙 = v_甲\, t + v_乙\, t = (v_甲 + v_乙)t.$$

3. 追及问题

$$S = S_甲 - S_乙 = v_甲\, t - v_乙\, t = (v_甲 - v_乙)t.$$

4. 绕圈问题

（1）反向绕圈

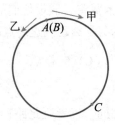

等量关系：$S_甲 + S_乙 = S$.

即每相遇一次，甲与乙路程之和为一圈，若相遇 n 次，有 $S_甲 + S_乙 = nS$.

$$\frac{V_甲}{V_乙} = \frac{S_甲}{S_乙} = \frac{n \cdot S - S_乙}{S_乙}.$$

（2）同向绕圈

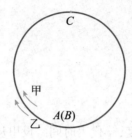

等量关系：$S_甲 - S_乙 = S$.

甲乙每相遇一次，甲比乙多跑一圈，若相遇 n 次，则 $S_甲 - S_乙 = nS$.

$$\frac{V_甲}{V_乙} = \frac{S_甲}{S_乙} = \frac{S_乙 + n \cdot S}{S_乙}.$$

5. 顺水逆水问题

$v_顺 = v_船 + v_水$；

$v_逆 = v_船 - v_水$.

二、基础例题

题型 1　基本路程问题

【例 1】某人下午 3 点钟出门赴约，若他每分钟走 60 米会迟到 5 分钟，若他每分钟走 75 米会提前 4 分钟到达．则所定的约会时间是下午

(A) 3 点 50 分　　　　　　(B) 3 点 40 分　　　　　　(C) 3 点 35 分

(D) 3 点 30 分　　　　　　(E) 4 点

【解析】答案是 B.

设从下午 3 点到约会开始有 x 分钟，根据路程不变列出方程，$60(x+5) = 75(x-4)$，解得 $x = 40$，那么约会开始时间是 3 点 40 分.

【例 2】甲、乙、丙三人进行百米赛跑（假设他们的速度不变），甲到达终点时，乙距终点还差 10 米，丙距终点还差 16 米．那么乙到达终点时，丙距终点还有

(A) $\frac{22}{3}$ 米　　(B) $\frac{20}{3}$ 米　　(C) 5 米　　(D) $\frac{10}{3}$ 米　　(E) 3 米

【解析】答案是 B.

甲到达终点时，三者所用时间相同，三者所跑路程比就是速度比 $V_甲 : V_乙 : V_丙 = 100 : (100-10) : (100-16) = 100 : 90 : 84$.

乙到达终点时，乙丙二人所跑路程比就是二者速度比 $V_乙 : V_丙 = 90 : 84 = 100 : S_丙$，解得 $S_丙 = \frac{280}{3}$，因此丙距终点还有 $100 - \frac{280}{3} = \frac{20}{3}$ 米.

【例 3】兄弟两人骑自行车同时从甲地到乙地，弟弟在前一半路程每小时行 5 千米，

后一半路程每小时行 7 千米，哥哥按时间分段行驶，前 $\frac{1}{3}$ 时间每小时行 4 千米，中间 $\frac{1}{3}$ 时间每小时行 6 千米，后 $\frac{1}{3}$ 时间每小时行 8 千米，结果哥哥比弟弟早到 20 分钟，则甲、乙两地间的路程是

(A) 30 千米　　(B) 40 千米　　(C) 50 千米　　(D) 60 千米　　(E) 70 千米

【解析】答案是 E.

设甲、乙两地的路程是 S 千米.

则弟弟行完全程所需的时间是 $\dfrac{\frac{S}{2}}{5}+\dfrac{\frac{S}{2}}{7}=\dfrac{6}{35}S$.

设哥哥行完每一段所用的时间是 t，则哥哥全程的平均速度是 $\dfrac{4t+6t+8t}{3t}=6$.

所以哥哥全程所需的时间是 $\dfrac{S}{6}$.

则 $\dfrac{6}{35}S-\dfrac{S}{6}=\dfrac{1}{3}$，解得 $S=70$.

题型 2　直线相遇、追及问题

【例 4】甲、乙两车分别从 A、B 两地同时相向开出，甲车的速度是 50 千米/小时，乙车的速度是 40 千米/小时，当甲车驶到 AB 两地路程的 $\frac{1}{3}$ 时，再前行 50 千米与乙车相遇．则 A、B 两地间的距离是（单位：千米）

(A) 225　　　(B) 220　　　(C) 215　　　(D) 210　　　(E) 200

【解析】答案是 A.

可设 A、B 两地距离为 S，由时间相同时，行程之比等于速度之比.

则 $S_甲:S_乙=\left(\dfrac{S}{3}+50\right):\left(\dfrac{2S}{3}-50\right)=50:40$，解得 $S=225$.

【例 5】甲、乙两人沿同一路线骑车（匀速）从 A 区到 B 区，甲需用 30 分钟，乙需用 40 分钟，如果乙比甲早出发 5 分钟去 B 区，则甲追上乙所需的时间为

(A) 25 分钟　　(B) 20 分钟　　(C) 15 分钟　　(D) 10 分钟　　(E) 5 分钟

【解析】答案是 C.

已知甲、乙二人行驶同样路程所用时间比为 $3:4$，故他们的速度比为 $4:3$.

乙比甲早出发 5 分钟，则甲乙二人起始距离为 $3\times5=15$，二者速度差为 $4-3=1$，故甲追上乙需 15 分钟.

题型 3　圆形相遇、追及问题

【例 6】甲、乙两人在环形跑道上跑步，他们同时从起点出发，当方向相反时每隔 48

秒相遇一次，当方向相同时每隔 10 分钟相遇一次．若甲每分钟比乙快 40 米，则甲、乙两人的跑步速度分别是（单位：米/分）

(A) 470，430　　　　　　(B) 380，340　　　　　　(C) 370，330

(D) 280，240　　　　　　(E) 270，230

【解析】答案是 E.

反向跑圈可以视为相遇问题，同向跑圈可视为追及问题．根据追及问题的公式跑道一圈的长度 $S = (v_1 - v_2) \times 10 = 400$ 米，再根据相遇问题的公式 $S = (v_1 + v_2) \times \dfrac{48}{60} = 400$，知 $v_1 + v_2 = 500$，观察选项，E 为正确选项．

题型 4　火车问题

【例 7】已知某列火车的长度为 200 米，通过一根路边的电线杆用了 10 秒，以同样的速度通过一座大桥用了 50 秒，则这座大桥的长度是

(A) 600 米　　(B) 700 米　　(C) 800 米　　(D) 900 米　　(E) 1000 米

【解析】答案是 C.

设大桥的长度为 x 米，根据火车经过电线杆和大桥的速度相同列方程，$v_火 = \dfrac{200}{10} = \dfrac{200 + x}{50}$，解得 $x = 800$.

【例 8】在上、下行的轨道上，两列火车相向开来，若甲车长 187 米，每秒行驶 25 米，乙车长 173 米，每秒行驶 20 米，则从两车头相遇到车尾离开，需要

(A) 12 秒　　(B) 11 秒　　(C) 10 秒　　(D) 9 秒　　(E) 8 秒

【解析】答案是 E.

此题属于火车相对运动问题，我们可以想象成两列火车车尾处分别有两人.

火车车头相遇时两人距离为两列车长之和 $187 + 173 = 360$ 米，车尾离开时就是两人相遇，因此这个过程可以看成两人相距 360 米，以各自所在火车的速度相向运动.

那么相遇时间为 $\dfrac{360}{25 + 20} = 8$ 秒.

题型 5　流水问题

【例 9】已知船在静水中的速度为 28 千米/时，河水的流速为 2 千米/时，则此船在相距 78 千米的两地间往返一次所需时间是

(A) 5.9 小时　　(B) 5.6 小时　　(C) 5.4 小时　　(D) 4.4 小时　　(E) 4 小时

【解析】答案是 B.

设路程为 S，则 $t_总 = t_顺 + t_逆 = \dfrac{S}{V_舟 + V_水} + \dfrac{S}{V_舟 - V_水}$，代入数据后可得答案为 5.6 小时.

三、进阶例题

【例 1】甲、乙两人同时从同一地点出发，相背而行．1 小时后他们分别到达各自的终点 A 和 B．若从原地出发，互换彼此的目的地，则甲在乙到达 A 之后 35 分钟到达 B．则甲的速度和乙的速度之比是

(A) $3:5$　　(B) $4:3$　　(C) $4:5$　　(D) $3:4$　　(E) $4:7$

【解析】答案是 D.

如右图，依题意，第一个过程甲从 O 到 A、乙从 O 到 B 都用时 1 小时；

第二个过程，设乙从 O 到 A 用时 t 小时，则甲从 O 到 B 用时 $t+\frac{35}{60}=t+\frac{7}{12}$ 小时；

甲、乙二人同样走 OA 这段距离，用时之比应该为速度比的反比，因此 $\frac{V_甲}{V_乙}=\frac{T_{OA乙}}{T_{OA甲}}=\frac{t}{1}$，同理同样走 OB 这段距离也可得到二人的速度比 $\frac{V_甲}{V_乙}=\frac{T_{OB乙}}{T_{OB甲}}=\frac{1}{t+\frac{7}{12}}$，即二者速度比为 $\frac{V_甲}{V_乙}=\frac{t}{1}=\frac{1}{t+\frac{7}{12}}$，解得 $t=\frac{3}{4}$，因此二者速度比为 $\frac{V_甲}{V_乙}=\frac{t}{1}=\frac{3}{4}$.

【例 2】某人驾车从 A 地赶往 B 地，前一半路程比计划多用时 45 分钟，平均速度只有计划的 80%，若后一半路程的平均速度 120 千米/小时，此人还能按原定时间到达 B 地，则 A、B 两地的距离为（单位：千米）

(A) 450　　(B) 480　　(C) 520　　(D) 540　　(E) 600

【解析】答案是 D.

在前一半路程中，设原计划速度为 v，原计划用时为 t，则实际速度为 $0.8v$，实际用时为 $t+\frac{3}{4}$，由路程一定可知，$vt=0.8v\left(t+\frac{3}{4}\right)$，解得 $t=3$，即前一半路程原计划用时 3 小时，实际多用了 $\frac{3}{4}$ 小时，为了在原定时间内达到，后一半路程比原计划少用时 $\frac{3}{4}$ 小时，即实际用时 $3-\frac{3}{4}=\frac{9}{4}$ 小时，则后一半路程 $S=120\times\frac{9}{4}=270$ 千米，故 A、B 两地的距离为 $270\times2=540$ 千米.

【例 3】上午 8 点整，甲从 A 地出发匀速去 B 地，8 点 20 分甲与从 B 地出发匀速去 A 地的乙相遇．相遇后甲将速度提高到原来的 3 倍，乙速度不变，8 点 30 分，甲、乙两人同时到达各自的目的地．那么乙从 B 地出发的时间为

(A) 8 点 5 分　　　　(B) 8 点 7 分　　　　(C) 8 点 8 分

(D) 8 点 9 分　　　　(E) 8 点 10 分

【解析】答案是 A.

如下图所示，设 O 点为甲与乙相遇的地点，设甲起始速度为 $V_甲$，乙的起始速度为 $V_乙$，乙的出发时间为 8 点 t 分. OA 路程甲走了 20 分，乙走了 10 分，OB 路程甲走了 10 分，乙走了 $20-t$ 分，可列方程 $\begin{cases} 20v_甲 = 10v_乙 \\ 30v_甲 = (20-t)v_乙 \end{cases}$，解得 $t=5$，所以答案为 A.

$$\underset{A}{\rule{0pt}{0pt}} \qquad \underset{O}{\rule{0pt}{0pt}} \qquad \underset{B}{\rule{0pt}{0pt}}$$

【例 4】甲跑 11 米所用的时间，乙只能跑 9 米，在 400 米标准田径场上，两人同时出发，沿同一方向，以上面速度匀速跑离起点 A. 当甲第三次追及乙时，乙离起点还有

(A) 360 米　　(B) 240 米　　(C) 200 米　　(D) 180 米　　(E) 100 米

【解析】答案是 C.

甲乙两人同时出发，无论第几次追及，二人用时相同，甲乙的速度之比 $v_甲:v_乙 = S_甲:S_乙 = 11:9$. $S_甲 - S_乙 = 1200$ 米，可得 $S_甲 = 6600$ 米，$S_乙 = 5400$ 米，此时乙离起点尚有 200 米.

【例 5】甲、乙两人以不同的速度在环形跑道上跑步，甲比乙快. 则乙跑一圈需要 6 分钟.

(1) 甲、乙相向而行，每隔 2 分钟相遇一次.

(2) 甲、乙同向而行，每隔 6 分钟相遇一次.

【解析】答案是 C.

设环形跑道一圈是 S，甲的速度是 v_1，乙的速度是 v_2.

条件 (1)，条件 (2) 单独显然都不充分，联合条件 (1) 和条件 (2).

则 $\begin{cases} 2(v_1+v_2) = S \\ 6(v_1-v_2) = S \end{cases}$，解得 $v_2 = \dfrac{1}{6}S$，所以乙跑一圈需要 $\dfrac{S}{\frac{1}{6}S} = 6$ 分钟，充分，选 C.

【例 6】在一条与铁路平行的公路上有一行人与一骑车人同向行进，行人速度为 3.6 千米/小时，骑车人速度是 10.8 千米/小时. 如果一列火车从他们的后面同向匀速驶来，它通过行人的时间是 22 秒，通过骑车人的时间是 26 秒，则这列火车的车身长度为

(A) 186 米　　(B) 268 米　　(C) 168 米　　(D) 286 米　　(E) 188 米

【解析】答案是 D.

3.6 千米/小时 = 1 米/秒，10.8 千米/小时 = 3 米/秒，设火车速度为 v，可列出方程 $22(v-1) = 26(v-3)$，解得 $v=14$ 米/秒，进而得到火车车身长度为 $22(v-1) = 286$ 米.

【例 7】一艘轮船往返航行于甲、乙两个码头之间，若船在静水中的速度不变，则当这条河的水流速度增加 50% 时，往返一次所需的时间比原来将

(A) 增加　　　　　　(B) 减少半小时　　　　　　(C) 不变

(D) 减少一小时　　　(E) 无法判断

【解析】答案是 A.

设船速为 v_1，水速为 v_2，甲乙两码头间距离为 S，则水速变化前往返一次所需时间 $t=$ $\dfrac{S}{v_1+v_2}+\dfrac{S}{v_1-v_2}=\dfrac{2S\times v_1}{v_1^2-v_2^2}$，观察上式，当 v_2 增加 50% 后，分母变小分子不变，分数值变大，往返一次所需时间增加.

第三节　工程问题

一、知识要点

基本公式

工程量 = 工作效率 × 工作时间.

通常将工程量看成单位"1"，这样工作效率就是工作时间的倒数.

二、基础例题

【例 1】 某项工程，甲单独做需 36 天完成，乙单独做需 45 天完成，如果开工时甲、乙两队合做，中途甲队退出转做新的工程，则乙队又做了 18 天才完成任务，那么甲队工作

(A) 7 天　　　(B) 9 天　　　(C) 10 天　　　(D) 11 天　　　(E) 12 天

【解析】 答案是 E.

设工作量为"1"，甲队工作 t 天，那么甲的工作效率为 $\dfrac{1}{36}$，乙的工作效率为 $\dfrac{1}{45}$.

则 $\left(\dfrac{1}{36}+\dfrac{1}{45}\right)\times t+\dfrac{1}{45}\times 18=1$，解得 $t=12$，所以甲队工作 12 天.

【例 2】 某工厂生产一批零件，计划 10 天完成任务，实际提前 2 天完成，则每天的产量比计划平均提高了

(A) 15%　　　(B) 20%　　　(C) 25%　　　(D) 30%　　　(E) 35%

【解析】 答案是 C.

设工作量为"1"，由于计划每天的产量是 $\dfrac{1}{10}$，实际每天的产量是 $\dfrac{1}{8}$.

所以每天的产量比计划平均提高了 $\dfrac{\dfrac{1}{8}-\dfrac{1}{10}}{\dfrac{1}{10}}=\dfrac{1}{4}=25\%$.

【例 3】 一个游泳池有两个进水管和一个排水管，单开 A 管 3 小时可以注满水池，单开 B 管 4 小时可以注满水池，单开 C 管 6 小时放尽一水池，如果 A 管先单独开放 0.5 小时，B、C 两管再开放，则注满半池水再需要经过

(A) 0.8 小时　　　　　　(B) 0.9 小时　　　　　　(C) 1 小时

(D) 1.2 小时　　　　　　　(E) 1.5 小时

【解析】答案是 A.

设再经过 t 小时可以注满半池水. 由于 A 管的工作效率 $\dfrac{1}{3}$, B 管的工作效率 $\dfrac{1}{4}$, C 管的工作效率 $\dfrac{1}{6}$. 则 $\left(\dfrac{1}{3} \times \dfrac{1}{2}\right) + \left(\dfrac{1}{3} + \dfrac{1}{4} - \dfrac{1}{6}\right) \times t = \dfrac{1}{2}$, 解得 $t = 0.8$. 所以再需要经过 0.8 小时可以注满半池水.

【例 4】一项工程由甲、乙两队合作 30 天可完成. 甲队单独做 24 天后, 乙队加入, 两队合作 10 天后, 甲队调走, 乙队继续做了 17 天才完成, 则若这项工程由甲队单独做需要

(A) 60 天　　　(B) 70 天　　　(C) 80 天　　　(D) 90 天　　　(E) 100 天

【解析】答案是 B.

设工作量为 "1", 甲的效率为 x, 乙的效率为 y.

由题可知, $\begin{cases} 30 \times (x+y) = 1 \\ 24x + 10 \times (x+y) + 17y = 1 \end{cases}$, 解得 $x = \dfrac{1}{70}$, 那么甲队单独做需要 70 天.

三、进阶例题

【例 1】某施工队承担了开凿一条长为 2400 米隧道的工程, 在掘进了 400 米后, 由于改进了施工工艺, 每天比原计划多掘进 2 米, 最后提前 50 天完成了施工任务, 则原计划的施工工期是

(A) 200 天　　　(B) 240 天　　　(C) 250 天　　　(D) 300 天　　　(E) 350 天

【解析】答案是 D.

设原计划每天掘进 x 米, 在掘进了 400 米后改进了施工工艺, 即后 2000 米的掘进中.

改进之后的时间比原计划提前了 50 天, 故有 $\dfrac{2000}{x} - \dfrac{2000}{x+2} = 50$, 解得 $x = 8$.

所以原计划施工工期是 $\dfrac{2400}{8} = 300$ 天.

【例 2】现有一批文字材料需要打印, 两台新型打印机单独完成此任务分别需要 4 小时与 5 小时, 两台旧型打印机单独完成此任务分别需要 9 小时与 11 小时. 则能在 2.5 小时内完成此任务.

(1) 安排两台新型打印机同时打印.

(2) 安排一台新型打印机与两台旧型打印机同时打印.

【解析】答案是 D.

设工作量为 "1", 那么两台新型打印机的工作效率分别是 $\dfrac{1}{4}$ 和 $\dfrac{1}{5}$.

两台旧型打印机的工作效率分别是 $\dfrac{1}{9}$ 和 $\dfrac{1}{11}$.

条件 (1), 安排两台新型打印机同时打印, 需要 $\dfrac{1}{\frac{1}{4} + \frac{1}{5}} = \dfrac{20}{9}$ 小时 < 2.5 小时, 充分.

条件（2），若安排一台新型打印机与两台旧型打印机同时打印，先选择一台效率比较低的新型打印机，$\dfrac{1}{\frac{1}{9}+\frac{1}{11}+\frac{1}{5}}=\dfrac{495}{199}$ 小时 <2.5 小时，那么效率较低的新型和两台旧型打印机可完成工作，则效率高的新型和两台旧型打印机也一定可以完成工作，充分，选 D.

【例3】 完成某项任务，甲单独做需 4 天，乙单独做需 6 天，丙单独做需 8 天，现甲、乙、丙三人依次一日一轮换地工作，则完成该项任务共需的天数为

(A) $6\dfrac{2}{3}$　　　(B) $5\dfrac{1}{3}$　　　(C) 6　　　(D) $4\dfrac{2}{3}$　　　(E) 4

【解析】 答案是 B.

设总工作量为 4、6、8 的最小公倍数 24，那么甲的效率为 6，乙的效率为 4，丙的效率为 3. 甲、乙、丙依次轮流各做 1 天，完成的工作量为 $6+4+3=13$，接着甲做 1 天，乙做 1 天，此时完成的工作量为 $6+4+3+6+4=23$，剩余的工作量为 1，丙只需 $\dfrac{1}{3}$ 天即可完成. 故完成该项任务共需 $5\dfrac{1}{3}$ 天.

【例4】 某工程由甲公司承包需 60 天完成，由甲、乙两公司共同承包需 28 天完成，由乙、丙两公司共同承包需 35 天完成，则由丙公司承包完成该工程所需天数为

(A) 85　　　(B) 90　　　(C) 95　　　(D) 100　　　(E) 105

【解析】 答案是 E.

设工作量为"1"，乙的工作效率是 x，丙的工作效率是 y.

由题可知，甲的工作效率是 $\dfrac{1}{60}$，所以 $\begin{cases} 28\times\left(\dfrac{1}{60}+x\right)=1 \\ 35\times(x+y)=1 \end{cases}$，解得 $y=\dfrac{1}{105}$，所以丙公司单独完成该工程需 105 天.

【例5】 一件工程要在规定时间内完成，若甲单独做要比规定的时间推迟 4 天，若乙单独做要比规定的时间提前 2 天完成，若甲、乙合作了 3 天，剩下的部分由甲单独做，恰好在规定时间内完成，则规定时间为

(A) 19 天　　　(B) 20 天　　　(C) 21 天　　　(D) 22 天　　　(E) 24 天

【解析】 答案是 B.

设工作量为"1"，规定时间为 x 天，甲单独完成需要 $x+4$ 天，甲的工作效率为 $\dfrac{1}{x+4}$.

乙单独完全需要 $x-2$ 天，乙的工作效率即为 $\dfrac{1}{x-2}$.

所以，$3\times\left(\dfrac{1}{x+4}+\dfrac{1}{x-2}\right)+\dfrac{x-3}{x+4}=1$，解得 $x=20$，那么规定时间为 20 天.

【例6】 一件工作，甲、乙两人合作需要 2 天，人工费为 2900 元；乙、丙两人合作需要 4 天，人工费 2600 元；甲、丙两人合作 2 天完成了全部工程的 $\dfrac{5}{6}$，人工费为 2400 元，

则甲单独完成这件工作需要的时间与人工费分别为

(A) 3 天，3000 元　　　　(B) 3 天，2850 元　　　　(C) 3 天，2700 元

(D) 4 天，3000 元　　　　(E) 4 天，2900 元

【解析】答案是 A.

设工作量为"1"，设甲、乙、丙的工作效率分别是 a，b，c.

由于 $\begin{cases} a+b=\dfrac{1}{2} \\ b+c=\dfrac{1}{4} \\ a+c=\dfrac{5}{12} \end{cases}$，解得 $a=\dfrac{1}{3}$，所以甲单独完成这件工作需要 3 天.

设甲、乙、丙一天的人工费分别为 x，y，z，由于 $\begin{cases} 2(x+y)=2900 \\ 4(y+z)=2600 \\ 2(x+z)=2400 \end{cases}$，解得 $x=1000$，所以甲工作 3 天的人工费是 3000 元.

第四节　平均值问题

一、知识要点

1. 算术平均值

设 x_1，x_2，$\cdots$，x_n 为 n 个数，称 $\dfrac{x_1+x_2+\cdots+x_n}{n}$ 为这 n 个数的算术平均值，记为 $\bar{x}=\dfrac{1}{n}\sum_{i=1}^{n} x_i$.

2. 加权平均数

$\bar{x}=\dfrac{x_1 \times a_1 + x_2 \times a_2}{a_1+a_2}$，其中，$a_1$，$a_2$ 称为 x_1，x_2 的权.

二、基础例题

【例 1】公司有职工 50 人，理论知识考核平均成绩为 81 分，按成绩将公司职工分为优秀与非优秀两类，优秀职工的平均成绩为 90 分，非优秀职工的平均成绩是 75 分，则非优秀职工的人数为

(A) 30 人　　(B) 25 人　　(C) 20 人　　(D) 19 人　　(E) 18 人

【解析】答案是 A.

设优秀职工 x 人，非优秀职工 y 人，依题意可列出方程，$\begin{cases} x+y=50 \\ \dfrac{90x+75y}{x+y}=81 \end{cases}$，解得

$\begin{cases} x = 20 \\ y = 30 \end{cases}$，选 A.

【例 2】 某部门在一次联欢活动中共设了 26 个奖，奖品均价为 280 元，其中一等奖单价为 400 元，其他奖品均价为 270 元，则一等奖的个数为

(A) 6 　　　(B) 5 　　　(C) 4 　　　(D) 3 　　　(E) 2

【解析】答案是 E.

设一等奖有 x 个，则其他奖品有 $26 - x$ 个，由于 $400x + 270 \times (26 - x) = 280 \times 26$，解得 $x = 2$.

【例 3】 甲、乙两组射手打靶. 两组射手的平均成绩是 150 环.

(1) 甲组的人数比乙组人数多 20%.

(2) 乙组的平均成绩是 171.6 环，比甲组的平均成绩高 30%.

【解析】答案是 C.

条件 (1)，条件 (2) 单独显然都不充分，联合条件 (1) 和条件 (2)，

设乙组有 x 人，则甲组有 $(1 + 20\%)x = 1.2x$ 人，由于甲组的平均成绩是 $\dfrac{171.6}{1 + 30\%} = 132$

环，所以两组射手的平均成绩是 $\dfrac{171.6x + 132 \times 1.2x}{x + 1.2x} = 150$ 环，充分，选 C.

三、进阶例题

【例 1】 在某次考试中，甲、乙、丙三个班的平均成绩分别为 80，81 和 81.5，三个班的学生分数之和为 6952，则三个班的学生总人数为

(A) 85 　　　(B) 86 　　　(C) 87 　　　(D) 88 　　　(E) 90

【解析】答案是 B.

设甲班有 x 人，乙班有 y 人，丙班有 z 人.

由于 $80x + 81y + 81.5z = 6952$，

则 $80(x + y + z) < 6952 < 81.5(x + y + z)$，即 $85.3 < x + y + z < 86.9$.

所以三个班共有学生 $x + y + z = 86$.

【例 2】 某校三年级共甲、乙、丙三个班，已知甲、乙、丙三班每班的平均成绩. 则能确定三年级的平均成绩.

(1) 已知甲、乙、丙三班的男生人数比为 $6:5:7$.

(2) 已知甲、乙、丙三班的女生人数比为 $7:5:7$.

【解析】答案是 E.

两条件单独显然不充分，考虑联合. 已知甲、乙、丙三班每班的平均成绩分别为 a_1，a_2，a_3，设甲、乙、丙三班的男生人数分别为 $6k_1$，$5k_1$，$7k_1$，甲、乙、丙三班的女生人为

$7k_2$，$5k_2$，$7k_2$，则三年级的平均成绩为 $\dfrac{a_1(6k_1 + 7k_2) + a_2(5k_1 + 5k_2) + a_3(7k_1 + 7k_2)}{(6k_1 + 7k_2) + (5k_1 + 5k_2) + (7k_1 + 7k_2)} =$

$$\frac{(6a_1 + 5a_2 + 7a_3)k_1 + (7a_1 + 5a_2 + 7a_3)k_2}{18k_1 + 19k_2}$$，方程中 k_1，k_2 两个未知数，不能求出平均成绩，不充分，选 E.

【例3】已知三种水果的平均价格为 10 元/千克．则每种水果的价格均不超过 18 元/千克．

（1）三种水果中价格最低的为 6 元/千克．

（2）购买重量分别是 1 千克、1 千克和 2 千克的三种水果共用了 46 元．

【解析】答案是 D.

条件（1），由题可知，甲、乙、丙三种水果的价格之和为 30，要使甲水果的价格尽量高，则需使乙和丙两种水果价格尽量低，最低即为 6，则甲水果的价格最高为 30 − 6 − 6 = 18 元/千克，那么取极端情况下，三种水果的价格均不超过 18 元/千克，充分.

条件（2），设三种水果的价格分别为 x，y，z 元/千克，则 $\begin{cases} x + y + 2z = 46 \\ \dfrac{x + y + z}{3} = 10 \end{cases}$，即

$\begin{cases} x + y + 2z = 46 \\ x + y + z = 30 \end{cases}$，两式相减得，$z = 16$.

所以剩余两种水果的价格之和为 30 − 16 = 14 元/千克.

故每种水果的价格均不超过 18 元/千克，充分，选 D.

第五节　浓度问题

一、知识要点

1. 基本公式

溶液 = 溶质 + 溶剂；浓度 = $\dfrac{溶质}{溶液} \times 100\% = \dfrac{溶质}{溶质 + 溶剂} \times 100\%$

2. "稀释""浓缩"问题

特点是溶剂发生变化（"稀释"时溶剂增加，"浓缩"时溶剂减少），但溶质不变，以溶质为基准进行求解.

3. "加浓"问题

特点是溶质发生变化（"加浓"时溶质增加），但溶剂不变，以溶剂为基准进行求解.

4. "混合"问题

可以采取"加权平均数"法求解.

5. "反复注水"问题

可熟记结论"原来浓度为 ρ 的溶液 a 升，倒出 b 升后，再用水注满，则浓度变为 $\rho\left(1 - \dfrac{b}{a}\right)$.

二、基础例题

【例1】 含盐12.5%的盐水40千克，蒸发掉部分水分后变成了含盐20%的盐水，蒸发掉的水分重量为

(A) 15千克　(B) 16千克　(C) 17千克　(D) 18千克　(E) 19千克

【解析】 答案是 A.

设蒸发掉 x 千克的水，根据题意可知，盐的量不变.

列出方程 $12.5\% \times 40 = 20\% \times (40 - x)$，解得 $x = 15$.

【例2】 有一桶盐水，第一次加入一定量的盐后，盐水浓度变为20%. 第二次加入同样多的盐后，盐水浓度变为30%. 则第三次加入同样多的盐后盐水浓度约为

(A) 35.5%　(B) 36.4%　(C) 37.8%　(D) 39.5%　(E) 39%

【解析】 答案是 C.

因为两次水的量不变. 第一次加入盐后，浓度为20%，此时盐:水 $= 2:8 = 14:56$.

第二次加入盐后，浓度为30%，此时盐:水 $= 3:7 = 24:56$，故每次加入盐的量为10，

则第三次加入盐后，盐:水 $= (24 + 10):56 = 34:56$. 则其浓度为 $\dfrac{34}{34 + 56} \times 100\% \approx$ 37.8%.

【例3】 现有浓度5%的盐水50千克和足够数量的浓度为9%的盐水，要配制浓度为7%的盐水，则需要浓度为9%的盐水

(A) 10千克　(B) 20千克　(C) 30千克　(D) 40千克　(E) 50千克

【解析】 答案是 E.

设需要浓度为9%的盐水 x 千克. 由于 $50 \times 5\% + x \times 9\% = (50 + x) \times 7\%$，解得 $x = 50$.

故需要浓度为9%的盐水50千克.

【例4】 某容器中装满了浓度为90%的酒精，倒出1升后用水将容器注满，搅拌均匀后又倒出1升，再用水将容器注满，已知此时的酒精浓度为40%，则该容器的容积是

(A) 2.5升　(B) 3升　(C) 3.5升　(D) 4升　(E) 4.5升

【解析】 答案是 B.

设容器的容积是 x 升，由于第一次倒出1升后用水加满，容器内的溶质是 $90\% \times x - 90\% \times 1 = 0.9(x - 1)$ 升，此时容器内溶液的浓度是 $\dfrac{0.9(x - 1)}{x}$.

第二次倒出1升后用水加满，容器内的溶质是 $\dfrac{0.9(x - 1)}{x}(x - 1)$ 升.

此时容器内溶液的浓度是 $\dfrac{0.9(x - 1)^2}{x^2}$，所以 $\dfrac{0.9(x - 1)^2}{x^2} = 0.4$.

解得 $x = 3$ 或 $\dfrac{3}{5}$（舍去）.

三、进阶例题

【例1】某人购买了一车含水量极为丰富的水果，其含水量高达 99%. 运输到目的地后，由于水分流失，水果的含水量下降为 95%，则相对于最初，此时水果的总重量下降了

(A) 10%　　　(B) 20%　　　(C) 30%　　　(D) 50%　　　(E) 80%

【解析】答案是 E.

水果由果肉和水构成，含水量为 99% 时，果肉：水 = 1：99.

当含水量降为 95% 时，果肉：水 = 5：95 = 1：19（果肉量不变）.

所以原来 100 份的水果，现在变成了 20 份，减少了 80 份，则总重量下降了 80%.

【例2】在某试验中，三个试管各盛水若干克，现将浓度为 12% 的盐水 10 克倒入 A 管中，混合后取 10 克倒入 B 管中，混合后再取 10 克倒入 C 管中，结果 A、B、C 三个试管中盐水的浓度分别为 6%、2%、0.5%，那么三个试管中原来盛水最多的试管及其盛水量各是

(A) A 试管，10 克　　　　　　(B) B 试管，20 克

(C) C 试管，30 克　　　　　　(D) B 试管，40 克

(E) C 试管，50 克

【解析】答案是 C.

设原来 A 试管中有水 x 克，B 试管中有水 y 克，C 试管中有水 z 克.

则 $\dfrac{12\% \times 10}{x + 10} = 6\%$，解得 $x = 10$，$\dfrac{6\% \times 10}{y + 10} = 2\%$，解得 $y = 20$.

$\dfrac{2\% \times 10}{z + 10} = 0.5\%$，解得 $z = 30$，所以原来盛水最多的试管是 C 试管，盛水 30 克.

【例3】一满桶纯酒精倒出 10 升后，加满水搅匀，再倒出 4 升后，再加满水，此时桶中的纯酒精与水的体积之比是 2：3，则桶的容积是

(A) 15 升　　　(B) 18 升　　　(C) 20 升　　　(D) 22 升　　　(E) 25 升

【解析】答案是 C.

设桶的容积是 x 升，由公式可知，$100\% \times \left(1 - \dfrac{10}{x}\right) \times \left(1 - \dfrac{4}{x}\right) = 40\%$，

解得 $x = 20$ 或 $\dfrac{10}{3}$（舍去），则桶的容积是 20 升.

【例4】将 2 升甲酒精和 1 升乙酒精混合得到丙酒精，则能确定甲、乙两种酒精的浓度.

(1) 1 升甲酒精和 5 升乙酒精混合后的浓度是丙酒精浓度的 $\dfrac{1}{2}$ 倍.

(2) 1 升甲酒精和 2 升乙酒精混合后的浓度是丙酒精浓度的 $\dfrac{2}{3}$ 倍.

【解析】答案是 E.

设甲的浓度为 x，乙的浓度为 y，由题可知丙的浓度为 $\dfrac{2x+y}{3}$.

条件（1），$\dfrac{x+5y}{6} = \dfrac{1}{2} \times \dfrac{2x+y}{3}$，化简得 $x = 4y$，不充分.

条件（2），$\dfrac{x+2y}{3} = \dfrac{2}{3} \times \dfrac{2x+y}{3}$，化简得 $x = 4y$，不充分.

两个条件等价，联合后仍为 $x = 4y$，不充分，选 E.

第六节　集合问题

一、知识要点

1. 两个集合
$A \cup B = A + B - A \cap B$

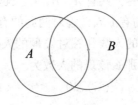

2. 三个集合
$A \cup B \cup C = A + B + C - A \cap B - A \cap C - B \cap C + A \cap B \cap C$

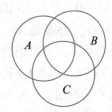

二、典型例题

【例1】某单位有职工 40 人，其中参加计算机考核的有 31 人，参加外语考核的有 20 人，有 8 人没有参加任何一种考核，则同时参加两项考核的职工有

(A) 10 人　　(B) 13 人　　(C) 15 人　　(D) 19 人　　(E) 20 人

【解析】答案是 D.

参加计算机或外语考试的人有 $40 - 8 = 32$ 人.

根据加法公式，两项考试都参加的人数为 $31 + 20 - 32 = 19$ 人.

【例2】某单位有 90 人，其中 65 人参加外语培训，72 人参加计算机培训，已知参加外语培训而未参加计算机培训的有 8 人，则参加计算机培训而未参加外语培训的人数是

(A) 5 人　　(B) 8 人　　(C) 10 人　　(D) 12 人　　(E) 15 人

【解析】答案是 E.

由题可知，既参加外语培训又参加计算机培训的人有 $65 - 8 = 57$ 人.

则参加计算机未参加外语培训的人有 $72 - 57 = 15$ 人，选 E.

可画出文氏图，如右图所示.

【例3】某班进行了语文、英语和数学测试，三科成绩优秀的人数分别为 15、12、9，至少有一门优秀的有 25 人，语文和英语都优秀的有 3 人，语文和数学都优秀的有 5 人，

英语和数学都优秀的有 4 人，则三科全部优秀的有

(A) 4 人　　　(B) 3 人　　　(C) 2 人　　　(D) 1 人　　　(E) 0 人

【解析】答案是 D.

设三科成绩都优秀的人数为 x.

根据容斥原理：$15 + 12 + 9 - (3 + 5 + 4) + x = 25$，解得 $x = 1$.

【例4】某公司的员工中，拥有本科毕业证、计算机等级证、汽车驾驶证的人数分别为 130、110、90，又知只有一种证的人数为 140，三证齐全的人数为 30，则恰有双证的人数为

(A) 45　　　(B) 50　　　(C) 52　　　(D) 65　　　(E) 100

【解析】答案是 B.

设恰有双证的有 x 人，

由于 $130 + 110 + 90 = 140 + 2x + 3 \times 30$，解得 $x = 50$.

【例5】某班同学参加智力竞赛，共有 A、B、C 三题，每题或得 0 分或得满分. 竞赛结果无人得 0 分，三题全部答对的有 1 人，答对两题的有 15 人. 答对 A 题的人数和答对 B 题的人数之和为 29 人，答对 A 题的人数和答对 C 题的人数之和为 25 人，答对 B 题的人数和答对 C 题的人数之和为 20 人，那么该班的人数为

(A) 20　　　(B) 25　　　(C) 30　　　(D) 35　　　(E) 40

【解析】答案是 A.

由题可知，可以很容易算出 $2(A + B + C) = (A + B) + (A + C) + (B + C) = 74$，因此 $A + B + C = 37$，如右图所示，其中 15 人（答对两题的）为两层，1 人（三题都答对的）为三层，那么 $A \cup B \cup C = 37 - 15 - 1 \times 2 = 20$.

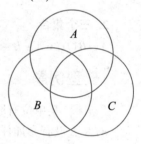

第七节　不定方程问题

一、知识要点

当方程或方程组中未知数较多，而无法通过解方程的角度来确定数值，这种方程称为不定方程.

不定方程必须结合所给的一些性质，如整除、奇数偶数、质数合数和范围大小等特征才能确定答案.

二、典型例题

【例1】在年底的献爱心活动中，某单位共有 100 人参加捐款，经统计，捐款总额是 19000 元，个人捐款数额有 100 元，500 元和 2000 元三种，则该单位捐款 500 元的人数为

(A) 13　　　(B) 18　　　(C) 25　　　(D) 30　　　(E) 38

【解析】答案是 A.

设捐 100 元的有 x 人，500 元的有 y 人，2000 元的有 z 人.

依题意可列出方程 $\begin{cases} x + y + z = 100 \\ 100x + 500y + 2000z = 19000 \end{cases}$，得到 $4y + 19z = 90$.

通过列举得，z 为偶数，当 $z = 2$，$y = 13$ 符合方程，那么捐款 500 元的人数为 13 人.

【例2】 一次考试有 20 道题，做对一题得 8 分，做错一题扣 5 分，不做不计分．某同学共得 13 分，则该同学没做的题数是

(A) 4　　　　(B) 6　　　　(C) 7　　　　(D) 8　　　　(E) 9

【解析】 答案是 C.

设该同学做对了 x 题，做错了 y 题，依题意有 $8x - 5y = 13$.

由于 $8x$ 为偶数，13 为奇数，故 $5y$ 只能为奇数，即 y 只能为奇数.

讨论可得 $\begin{cases} x = 6 \\ y = 7 \end{cases}$，则没做的题数为 $20 - 6 - 7 = 7$.

【例3】 几个朋友外出玩，购买了一些瓶装水．则能确定购买的瓶装水数量.

(1) 若每人分 3 瓶，则剩余 30 瓶.

(2) 若每人分 10 瓶，则只有一人不够.

【解析】 答案是 C.

条件（1），条件（2）单独显然都不充分，联合条件（1）和条件（2）.

设共有 x 个人，则 $\begin{cases} 10x > 3x + 30 \\ 10(x - 1) < 3x + 30 \end{cases}$，解得 $\dfrac{30}{7} < x < \dfrac{40}{7}$，所以 $x = 5$，充分.

【例4】 某单位年终共发了 100 万元奖金，奖金金额分别是一等奖 1.5 万元，二等奖 1 万元，三等奖 0.5 万元．则该单位至少有 100 人.

(1) 得二等奖的人数最多.　　　　(2) 得三等奖的人数最多.

【解析】 答案是 B.

设一等奖 x 人，二等奖 y 人，三等奖 z 人.

先把结论进行化简，由于 $1.5x + y + 0.5z = 100$，则 $x + y + z = 100 + 0.5(z - x)$.

条件（1），由于 y 最大，不充分.

条件（2），由于 $z > x$，则 $x + y + z > 100$，充分，选 B.

第八节　分段计费问题

一、知识要点

分段计费是指不同的范围对应着不同的计费方式，在实际中应用很广泛，比如电费、水费、邮费、个税、话费、出租车费和销售提成等．解题思路的关键点有两个，一个是先计算每个分界点的值，确定所给的数值落在哪个范围；另一个是对应选取正确的计费表达式，按照所给的标准进行求解.

二、典型例题

【例1】 某城市按以下规定收取每月煤气费，如果煤气用量不超过 60 立方米，按每立方米 0.8 元收费，如果煤气用量超过 60 立方米，超过部分按每立方米 1.2 元收费，已知某用户 4 月份的煤气费平均每立方米 0.88 元，那么 4 月份该用户应交煤气费

(A) 60 元   (B) 66 元   (C) 70 元   (D) 76 元   (E) 80 元

【解析】 答案是 B.

设 4 月份该用户的煤气用量是 x 立方米. 由于 $0.88 > 0.8$，所以 $x > 60$.

则 $60 \times 0.8 + (x - 60) \times 1.2 = 0.88x$，解得 $x = 75$.

所以，4 月份该用户应交煤气费 $75 \times 0.88 = 66$ 元.

【例2】 某自来水公司的水费计算方法如下：每户每月用水不超过 5 吨，每吨收费 4 元；超过 5 吨，每吨收取较高标准的费用. 已知 9 月份张家的用水量比李家的用水量多 50%，张家和李家的水费分别是 90 元和 55 元，则用水量超过 5 吨的收费标准是

(A) 5 元/吨   (B) 5.5 元/吨   (C) 6 元/吨   (D) 6.5 元/吨   (E) 7 元/吨

【解析】 答案是 E.

两家水费均大于 $4 \times 5 = 20$ 元，不难看出，两家 9 月份用水量均超过 5 吨.

可设李家用水量超过 5 吨的部分为 x 吨，超出 5 吨部分收费 y 元/吨，

则李家总用水量为 $5 + x$ 吨，张家用水量 $(5 + x) \times (1 + 50\%) = 1.5x + 7.5$ 吨.

根据两家用水水费可列方程组 $\begin{cases} 4 \times 5 + xy = 55 \\ 4 \times 5 + (1.5x + 7.5 - 5)y = 90 \end{cases}$，解得 $\begin{cases} x = 5 \\ y = 7 \end{cases}$.

【例3】 为了调节个人收入，减少中低收入者的赋税负担，国家调整了个人工资薪金所得税的征收方案. 已知原方案的起征点为 2000 元/月，税费分九级征收，前四级税率如表所列.

级数	全月应纳税所得额 q （元）	税率/%
1	$0 < q \leqslant 500$	5
2	$500 < q \leqslant 2000$	10
3	$2000 < q \leqslant 5000$	15
4	$5000 < q \leqslant 20000$	20

新方案的起征点为 3500 元/月，税费分七级征收，前三级税率如表所列

级数	全月应纳税所得额 q （元）	税率/%
1	$0 < q \leqslant 1500$	3
2	$1500 < q \leqslant 4500$	10
3	$4500 < q \leqslant 9000$	20

若某人在新方案下每月缴纳的个人工资薪金所得税是 345 元，则此人每月缴纳的个人工资薪金所得税比原方案减少了

(A) 825 元　　(B) 480 元　　(C) 345 元　　(D) 280 元　　(E) 135 元

【解析】答案是 B.

先算出新方案下每段最多缴的税 $1500 \times 3\% = 45$ 元，$3000 \times 10\% = 300$ 元，

由于此人缴税 345 元，故其工资为 $3500 + 1500 + 3000 = 8000$ 元.

按照原来的纳税标准，其所缴税额应该为

$500 \times 5\% + 1500 \times 10\% + 3000 \times 15\% + 1000 \times 20\% = 825$ 元.

故原来缴税比现在多缴 $825 - 345 = 480$ 元.

第九节　其他问题

一、知识要点

1. 最值问题

最值问题是文字应用题的延伸部分，是将定值问题转化为动态问题的过程. 要正确求解最值问题，首先需要将题干的文字叙述转化为数学模型，设出合适的变量，构建函数，然后应用函数的知识求解最值.

2. 线性规划问题

线性规划问题一直是数学联考的一个难点，这类问题从知识点上来看是考"线性规划"这个知识点，但是如果严格按照"线性规划"这个知识点来做，往往又费时费力！也是考试时间所不允许的！好在数学联考在这类问题的考查上往往侧重于方法的考查，更多的是考查考生灵活解决问题的能力.

处理这类问题要注意以下几个环节：

首先根据题目条件列出不等式或不等式组.

构造出不等式组后，遇到单边不等式，往往特殊成等式，利用双边不等式制造两边夹，再利用字母取值的特殊性确定字母的取值.

如果取值是满足题意的，直接代入即可. 万一遇到不满足题目条件的取值，可以取解得的数值附近满足题目条件的值进行代入验证，从而获得结果.

二、典型例题

【例 1】某商店将进货价为 10 元的商品按每个 18 元出售时，每天可以卖出 60 个. 经调研发现，若在此基础上，每降价 1 元，则每天可以多卖出 5 个. 每涨价 1 元，每天要少卖出 5 个. 则为了获得最大利润，售价应定为每个

(A) 20 元　　(B) 17 元　　(C) 16 元　　(D) 15 元　　(E) 14 元

【解析】答案是 A.

设价格变化 x 元（涨价为正，降价为负）.

则每天的利润为 $(18+x)(60-5x)-10(60-5x)=-5(x^2-4x-96)=-5(x-2)^2+500$.

由二次函数性质可知，当 $x=2$ 时取得最大值，所以应涨价 2 元，即售价为 20 元.

【例 2】已知某工厂生产 x 件产品的成本为 $C=25000+200x+\dfrac{1}{40}x^2$（元），要使平均成本最小，所生产的产品件数应为

(A) 100　　　(B) 200　　　(C) 1000　　　(D) 2000　　　(E) 3000

【解析】答案是 C.

由题可知，平均成本为 $\dfrac{C}{x}=\dfrac{25000}{x}+\dfrac{x}{40}+200\geqslant 2\sqrt{\dfrac{25000}{x}\times\dfrac{x}{40}}+200=250$，由均值不等式可知，当 $\dfrac{25000}{x}=\dfrac{x}{40}$，即 $x=1000$ 时，平均成本最小.

【例 3】某工厂定期购买一种原料. 已知该厂每天需用该原料 6 吨，每吨价格 1800 元，原料的保管等费用平均每吨 3 元，每次购买原料需支付运费 900 元，若该工厂要使平均每天支付的总费用最低，则应该每多少天购买一次原料？

(A) 11　　　(B) 10　　　(C) 9　　　(D) 8　　　(E) 7

【解析】答案是 B.

设每 x 天购进一次原料，则这些天共计要消耗 $6x$ 吨原料.

从第一天开始，每天保管的原料吨数是首项为 $6x-6$，公差为 -6 的等差数列，到第 x 天共 x 项，其保管费用可以用含 x 的式子表示 $\dfrac{3(6x-6+0)x}{2}=9x^2-9x$.

故购买一次原料所需费用为 $900+6x\times 1800+9x^2-9x$.

平均每天费用为 $\dfrac{900+6x\times 1800+9x^2-9x}{x}=9x+\dfrac{900}{x}+10791$.

根据均值不等式，当 $9x=\dfrac{900}{x}$ 时，即 $x=10$ 时，平均每天费用达到最小值.

【例 4】某居民小区决定投资 15 万元修建停车位，据测算，修建一个室内车位的费用为 5000 元，修建一个室外车位的费用为 1000 元，考虑到实际因素，计划室外车位的数量不少于室内车位的 2 倍，也不多于室内车位的 3 倍，这笔投资最多可建车位的数量为

(A) 78　　　(B) 74　　　(C) 72　　　(D) 70　　　(E) 66

【解析】答案是 B.

设室内车位有 x 个，室外车位有 y 个.

由于 $\begin{cases}5000x+1000y\leqslant 150000\\2x\leqslant y\leqslant 3x\end{cases}$，即 $\begin{cases}y\leqslant 150-5x\\2x\leqslant y\leqslant 3x\end{cases}$，解得 $\dfrac{150}{8}\leqslant x\leqslant\dfrac{150}{7}$.

所以 x 可能的取值为 19，20，21.

当 $x=19$ 时，$y=55$，此时 $x+y=74$ 即为最多的停车位.

【例 5】有一批水果需要装箱，一名熟练工单独装箱需要 10 天，每天报酬为 200 元，

一名普通工单独装箱需要 15 天, 每天报酬为 120 元, 由于场地限制, 最多可同时安排 12 人装箱, 若要求在一天内完成装箱任务, 则支付的最少报酬为

(A) 1800 元 　　 (B) 1840 元 　　 (C) 1920 元 　　 (D) 1960 元 　　 (E) 2000 元

【解析】答案是 C.

设熟练工有 x 人, 普通工有 y 人, 支付的报酬为 s 元.

由于 $\begin{cases} x+y \leqslant 12 \\ \dfrac{x}{10}+\dfrac{y}{15} \geqslant 1 \end{cases}$, 即 $\begin{cases} x+y \leqslant 12 \\ -x-\dfrac{2}{3}y \leqslant -10 \end{cases}$, 解得 $y \leqslant 6$.

由于 $s = 200x + 120y$, 所以当 $y=6$ 时, $x=6$, 此时 s 有最小值 1920 元.

第十节　习题

基础习题

1. 商店本月的计划销售额为 20 万元, 由于开展了促销活动, 上半月完成了计划的 60%, 若本月要超额完成计划的 25%, 则下半月应完成销售额

(A) 12 万元 　　 (B) 13 万元 　　 (C) 14 万元 　　 (D) 15 万元 　　 (E) 16 万元

2. 银行的一年定期存款利率为 10%, 某人于 2010 年 1 月 1 日存入 10000 元, 2013 年 1 月 1 日取出, 若按复利 (利息在第二年计入本金算利息) 计算, 他取出时所得的本金和利息共计 (单位: 元)

(A) 10300 　　 (B) 10303 　　 (C) 13000 　　 (D) 13310 　　 (E) 14641

3. 原价 a 元可购 5 件衬衫, 现价 a 元可购 8 件衬衫, 则衬衫降价的百分比是

(A) 25% 　　 (B) 37.5% 　　 (C) 40% 　　 (D) 60% 　　 (E) 45%

4. 某商店将每套服装按原价提高 50% 后再做 7 折优惠的广告宣传, 这样每售出一套服装可获利 625 元, 已知每套服装的成本是 2000 元, 该店按优惠价售出一套服装比按原价售出一套服装

(A) 多赚 100 元 　　　　 (B) 少赚 100 元 　　　　 (C) 多赚 125 元

(D) 少赚 125 元 　　　　 (E) 多赚 105 元

5. 以成本价为标准量, 若以 600 元一件的售价, 卖出两件仿古工艺品, 其一盈利 20%, 而另一件亏损 12%, 则总盈亏是

(A) 约赚 18 元 　　　　 (B) 约亏 18 元 　　　　 (C) 约亏 20 元

(D) 约赚 20 元 　　　　 (E) 约亏 38 元

6. 某班学生在一次测验中平均成绩为 75 分, 其中男生人数比女生人数多 80%, 而女生平均成绩比男生高 20%, 则女生的平均成绩为

(A) 80 分 　　 (B) 81 分 　　 (C) 82 分 　　 (D) 83 分 　　 (E) 84 分

7. 某商品的价格在今年 1 月降低 10%，此后由于市场供求关系的影响，价格连续三次上涨，使目前售价与 1 月份降低前的价格相同，则这三次价格的平均上涨率是

(A) $\sqrt[4]{\dfrac{10}{9}}-1$　　(B) $\sqrt[3]{\dfrac{10}{9}}-1$　　(C) $\sqrt[3]{\dfrac{10}{3}}-1$　　(D) $\sqrt{\dfrac{10}{9}}-1$　　(E) $3\dfrac{1}{3}\%$

8. 菜园里的白菜获得丰收，收到 $\dfrac{3}{8}$ 时，装满 4 筐还多 24 斤，其余部分收完后刚好又装满了 8 筐，则这次共收了白菜

(A) 381 斤　　(B) 382 斤　　(C) 383 斤　　(D) 384 斤　　(E) 385 斤

9. 由 A 地至 B 地，甲需走 14 小时，乙需走 12 小时，甲、乙同时从 A 地出发，5 小时后乙因故要与甲见面，乙此时返行与甲相见约需走（选最接近的选项）

(A) 0.3 小时　　(B) 0.4 小时　　(C) 0.5 小时　　(D) 0.6 小时　　(E) 0.7 小时

10. 甲、乙两人加工一批零件，已知甲单独加工要 10 小时完成，而甲和乙工作效率之比为 8 : 5，现两人同做了 2 小时之后，还剩下 270 个零件未加工，则这批零件共有

(A) 360 个　　(B) 400 个　　(C) 480 个　　(D) 540 个　　(E) 580 个

11. 一项工程，甲队独做 15 天完成，乙队独做 12 天完成．现在甲、乙合作 4 天后，剩下的工程由丙队 8 天完成．则丙单独完成需要的时间为

(A) 15 天　　(B) 20 天　　(C) 22 天　　(D) 24 天　　(E) 25 天

12. 某校六年级有两个班，上学期数学平均成绩为 85 分．已知一班 40 人，平均成绩为 87.1 分，二班 42 人，则平均成绩为

(A) 83 分　　(B) 84 分　　(C) 85 分　　(D) 86 分　　(E) 87 分

13. 把浓度为 80% 的盐水 80 克与浓度为 40% 的盐水 40 克混合，则混合后盐水的浓度是

(A) 33%　　(B) 44%　　(C) 66.7%　　(D) 60%　　(E) 66%

14. 一班有 50 人参加了学校的运动会，其中有 26 人参加了田径比赛，21 人参加了球类比赛，17 人既参加了田径比赛也参加了球类比赛，则既没参加田径比赛也没参加球类比赛的人数为

(A) 13　　(B) 14　　(C) 16　　(D) 17　　(E) 20

15. 小明把苹果放进两种盒子里，每个大盒子装 12 个，每个小盒子装 5 个，恰好装完．如果有 99 个苹果，盒子数大于 10，则两种盒子一共有

(A) 9 个　　(B) 12 个　　(C) 15 个　　(D) 7 个　　(E) 17 个

16. 在"希望杯"数学邀请赛的活动中，某校六年级有 80 人获得一、二、三等奖，其中获三等奖的人数占六年级获奖人数的 $\dfrac{5}{8}$，获一、二等奖的人数比是 1 : 4. 则六年级获一等奖的人数为

(A) 4　　(B) 5　　(C) 6　　(D) 7　　(E) 8

17. 一容器内装有纯药液 10 升，第一次倒出 x 升后，用水加满，第二次也倒出 x 升后，再用水加满，此时容器内药液的浓度恰好是 49%，则 $x =$

(A) 3　　(B) 4　　(C) 5　　(D) 6　　(E) 7

18. 在一次英语考试中，某班的及格率为80%.

    （1）男生及格率为70%，女生及格率为90%.

    （2）男生的平均分与女生的平均分相等.

19. 某种货币经过一次贬值再经过一次升值后，货币值保持不变.

    （1）贬值10%后又升值10%.

    （2）贬值20%后又升值25%.

20. 售出一件甲商品比售出一件乙商品利润要高.

    （1）售出5件甲商品，4件乙商品共获利50元.

    （2）售出4件甲商品，5件乙商品共获利47元.

进阶习题

1. 长度是800米的队伍的行军速度为每分钟100米，在队尾的某人以3倍于行军的速度赶到排头，并立即返回队尾所用的时间是

   （A）2分钟　　（B）3分钟　　（C）4分钟　　（D）6分钟　　（E）6.5分钟

2. 甲从A地出发往B地方向追乙，走了6个小时尚未追到，路旁店主称4小时前乙曾在此地，甲知此时距乙从A地出发已有12小时，于是甲以2倍原速的速度继续追乙，到B地追上乙，这样甲总共走了

   （A）8小时　　（B）8.4小时　　（C）9小时　　（D）9.5小时　　（E）10小时

3. 洗衣机厂计划20天生产洗衣机1600台，生产5天后由于改进技术，效率提高25%，则完成计划还需要

   （A）10天　　（B）12天　　（C）14天　　（D）16天　　（E）18天

4. 从100人中调查对A、B两种2008年北京奥运会吉祥物的设计方案的意见，结果选中A方案的人数是全体接受调查人数的$\frac{3}{5}$；选B方案的比选A方案的多6人，对两个方案都不喜欢的人数比对两个方案都喜欢的人数的$\frac{1}{3}$多2人，则两个方案都不喜欢的人数是

   （A）10　　　（B）12　　　（C）14　　　（D）16　　　（E）18

5. 长途汽车从A站出发，匀速行驶，1小时后突然发生故障，车速降低了40%，到B站终点延误达3小时，若汽车能多跑50千米后，才发生故障，坚持行驶到B站能少延误1小时20分钟，那么A、B两地相距（单位：千米）

   （A）412.5　　（B）125.5　　（C）146.5　　（D）152.5　　（E）137.5

6. 甲、乙二人从相距100千米的A、B两地同时出发相向而行，甲骑车，乙步行，在行走过程中，甲的车发生故障，修车用了1小时．在出发4小时后，甲、乙二人相遇，又已知甲的速度为乙的2倍，且相遇时甲的车已修好，那么，甲的速度是

   （A）10千米/小时　　　　　（B）12千米/小时　　　　　（C）15千米/小时

   （D）18千米/小时　　　　　（E）20千米/小时

7. 某国电力公司为了鼓励居民用电，采用分段计费的方法计算电费，每月用电不超过100

度，按每度 0.57 元计算，每月用电超过 100 度，其中的 100 度仍按原标准收费，超过部分按每度 0.50 元计费，某人第一季度缴纳电费情况如下：一月份 76 元，二月份 63 元，三月份 45.6 元，合计 184.6 元．则某人第一季度共用电

(A) 300 度　　　(B) 310 度　　　(C) 320 度　　　(D) 330 度　　　(E) 340 度

8. 甲、乙二人同时从相距 18 千米的两地相对而行，甲每小时行走 5 千米，乙每小时行走 4 千米．如果甲带了一只狗与甲同时出发，狗以每小时 8 千米的速度向乙跑去，遇到乙立刻回头向甲跑，遇到甲又立刻回头向乙跑，这样二人相遇时，狗跑了

(A) 4 千米　　　(B) 8 千米　　　(C) 16 千米　　　(D) 32 千米　　　(E) 18 千米

9. 师傅两人加工一批零件，原定师傅加工零件总数的 $\frac{7}{12}$，由于师傅做得快，比原计划又多加工了 20 个，徒弟实际加工的零件数是师傅的 50%，则这批零件的个数为

(A) 240　　　(B) 120　　　(C) 480　　　(D) 200　　　(E) 100

10. 小李买了一套房子，向银行借得个人住房贷款本金 15 万元，还款期限 20 年，采用等额本金还款法，截止到上个还款期已经归还 5 万本金，本月需归还本金和利息共 1300 元，则当前的月利率是

(A) 0.645%　　　(B) 0.675%　　　(C) 0.705%　　　(D) 0.735%　　　(E) 0.650%

11. 商场的自动扶手梯以匀速由下往上行驶，两个孩子嫌扶梯走得太慢，于是在行驶的扶梯上，男孩每秒钟向上走 2 个梯级，女孩每 2 秒钟向上走 3 个梯级．结果男孩用 40 秒钟到达，女孩用 50 秒钟到达．则当该扶梯静止时，可看到的扶梯有

(A) 80 级　　　(B) 100 级　　　(C) 120 级　　　(D) 140 级　　　(E) 160 级

12. 现在，小张的年龄是小李年龄的一半，而小张 5 年后的年龄等于小李 3 年前的年龄，则小张现在的年龄是

(A) 6 岁　　　(B) 7 岁　　　(C) 8 岁　　　(D) 9 岁　　　(E) 10 岁

13. 某体育训练中心，教练员中男性占 90%，运动员中男性占 80%，在教练员和运动员中男性占 82%，则教练员与运动员人数之比是

(A) 2:5　　　(B) 1:3　　　(C) 1:4　　　(D) 1:5　　　(E) 2:3

14. 某市现有人口 70 万，如果 5 年后城镇人口增加 4%，农村人口增加 5.4%，则全市人口将增加 4.8%，那么这个市现有城镇人口

(A) 30 万　　　(B) 31.2 万　　　(C) 40 万　　　(D) 41.6 万　　　(E) 42.6 万

15. 小王参加爬山活动，从山脚爬到山顶后，按原路下山，上山时每分钟走 20 米，下山时每分钟走 30 米，则小王上山和下山的平均速度是（单位：米/分钟）

(A) 22　　　(B) 23　　　(C) 24　　　(D) 25　　　(E) 26

16. 一条公路全长 60 千米，分成上坡、平路、下坡三段，各段路程的长度之比是 1:2:3，甲骑车经过各段路所用时间之比是 3:4:5．已知他在平路上骑车速度是每小时 25 千米．则甲行完全程所需的时间为

(A) $\frac{13}{5}$ 小时　　　(B) $\frac{12}{5}$ 小时　　　(C) $\frac{11}{5}$ 小时　　　(D) 2 小时　　　(E) $\frac{9}{5}$ 小时

17. 外语学校有英语、法语、日语教师共 27 人，其中只能教英语的有 8 人，只能教日语的有 6 人，能教英语、日语的有 5 人，能教法语、日语的有 3 人，能教英语、法语的有 4 人，三种都能教的有 2 人，则只能教法语的有

(A) 2 人　　　　(B) 3 人　　　　(C) 4 人　　　　(D) 5 人　　　　(E) 6 人

18. 将 123 本画册和 23 打（每打 12 支）彩笔分给幼儿班的小朋友，已知该班人数为偶数. 则能确定该班的人数.

(1) 每人分给三本画册，至少有 10 本富余.

(2) 每人分给 8 支彩笔，至少有一名小朋友分不到彩笔.

19. 一件商品打了九六折.

(1) 该商品先提高了 20%，又降低了 20%.

(2) 该商品先降低了 20%，又提高了 20%.

20. 某人在某国用 5 元买了两块鸡腿和一瓶啤酒，当物价上涨 20% 后，5 元恰好可以买一块鸡腿和一瓶啤酒. 则这 5 元恰好能买一瓶啤酒.

(1) 当物价又上涨 20% 的时候.

(2) 当物价又上涨 25% 的时候.

基础习题详解

1. 【解析】答案是 B.

设下半月完成金额为 x 万元，由题意得：$(20 \times 60\% + x) = 20 \times (1 + 25\%)$，解得 $x = 13$.

2. 【解析】答案是 D.

由题意 2013 年取出时本息为 $10000 \times (1 + 10\%)^3 = 13310$ 元.

3. 【解析】答案是 B.

由题意可知，降价的百分比为 $\dfrac{\frac{a}{5} - \frac{a}{8}}{\frac{a}{5}} = 37.5\%$.

4. 【解析】答案是 C.

设每套服装原价为 a 元，由于 $a \times (1 + 50\%) \times 70\% - 2000 = 625$，解得 $a = 2500$.

所以若按原价售出一套服装，则获利 $2500 - 2000 = 500$ 元，

则按优惠价售出一套服装比按原价多赚了 $625 - 500 = 125$ 元.

5. 【解析】答案是 A.

设盈利的工艺品成本价为 x 元，亏损的工艺品成本价为 y 元.

由于 $\begin{cases} 600 - x = 20\% \cdot x \\ y - 600 = 12\% \cdot y \end{cases}$，解得 $\begin{cases} x = 500 \\ y = \dfrac{7500}{11} \end{cases}$.

所以总账盈亏是 $(600 + 600) - \left(500 + \dfrac{7500}{11}\right) \approx 18$ 元.

6. 【解析】答案是 E.

设女生有 a 人，则男生有 $(1+80\%)a=\dfrac{9}{5}a$ 人，男生平均成绩为 x 分，则女生平均成绩

为 $(1+20\%)x=1.2x$ 分，由于 $\dfrac{9}{5}a\cdot x+a\cdot1.2x=75\left(a+\dfrac{9}{5}a\right)$，解得 $x=70$，所以女生

的平均成绩为 $1.2\times70=84$ 分.

7. 【解析】答案是 B.

设商品原价为 a，三次价格的平均上涨率为 x，由于 $a(1-10\%)(1+x)^3=a$，解得 $x=\sqrt[3]{\dfrac{10}{9}}-1$.

8. 【解析】答案是 D.

设每筐白菜 x 斤，则依题意列出方程 $\dfrac{4x+24}{8x}=\dfrac{3}{5}$，解得 $x=30$，则白菜总共 $8\times30\div\dfrac{5}{8}=384$ 斤.

9. 【解析】答案是 B.

设乙需要走 x 小时与甲相见，A 地与 B 地之间的距离是 S，由于甲的速度是 $\dfrac{S}{14}$，乙的速

度是 $\dfrac{S}{12}$，则 5 小时后甲、乙两人的距离是 $\left(\dfrac{S}{12}-\dfrac{S}{14}\right)\times5=\dfrac{5}{84}S$，

由于 $\left(\dfrac{S}{12}+\dfrac{S}{14}\right)x=\dfrac{5}{84}S$，解得 $x=\dfrac{5}{13}\approx0.4$ 小时.

10. 【解析】答案是 B.

设甲每小时做 x 个零件，则乙每小时做 $\dfrac{5}{8}x$ 个零件，

由于 $\left(x+\dfrac{5}{8}x\right)\times2=10x-270$，解得 $x=40$，所以这批零件共有 $40\times10=400$ 个.

11. 【解析】答案是 B.

设工程量为 1，甲队每天完成 $\dfrac{1}{15}$，乙队每天完成 $\dfrac{1}{12}$，两队合作 4 天完成 $\left(\dfrac{1}{15}+\dfrac{1}{12}\right)\times4=\dfrac{3}{5}$，那么剩下的 $\dfrac{2}{5}$ 则由丙队单独 8 天完成，则丙单独做这项工作需要用 $8\div\dfrac{2}{5}=20$ 天.

12. 【解析】答案是 A.

设二班的平均成绩为 x 分，根据题意可得 $40\times87.1+42x=85\times(40+42)$，解得 $x=83$.

13. 【解析】答案是 C.

根据公式得，$\dfrac{80\%\times80+40\%\times40}{80+40}=\dfrac{80}{120}\approx66.7\%$.

14. 【解析】答案是 E.

根据公式 $26+21-17=50-x$，解得 $x=20$.

15. 【解析】答案是 E.

设大盒子有 x 个，小盒子有 y 个，则 $12x+5y=99$ $(x>0,\ y>0,\ x+y>10)$，

$y=(99-12x)\div 5$，因为 x，y 都是整数，所以符合条件的解为 $\begin{cases} x=2 \\ y=15 \end{cases}$，故选 E.

16.【解析】答案是 C.

由"获三等奖的人数占六年级获奖人数的 $\dfrac{5}{8}$"，把获奖总人数看作单位"1"，即三等

奖的人数 = 获奖总人数 $\times \dfrac{5}{8}$，那一、二等奖的总数也能求出．用总数除以总份数，即

可求出一份．$\left(80-80\times\dfrac{5}{8}\right)\div(1+4)=6$．所以获一等奖的有 6 人.

17.【解析】答案是 A.

先把结论进行化简，由于 n 次置换后，容器内药液的浓度是 $\dfrac{(10-x)^n}{10^n}$.

则 $\dfrac{(10-x)^2}{10^2}=\dfrac{49}{100}$，解得 $x=3$.

18.【解析】答案是 E.

全班及格率 = $\dfrac{\text{全班及格人数}}{\text{全班总人数}}$ = $\dfrac{\text{男生及格率}\times\text{男生人数}+\text{女生及格率}\times\text{女生人数}}{\text{总人数}}$.

由公式可知，条件（1），只有男女生各自的及格率，缺少人数比，故无法推导全班及格率，不充分.

条件（2），只给出平均分，并未给出男女人数比，单独无法推导，联合后也无法推导出题干的结论，选 E.

19.【解析】答案是 B.

设原来的货币值是 a.

条件（1），现在的货币值是 $a(1-10\%)(1+10\%)=0.99a\neq a$，不充分.

条件（2），现在的货币值是 $a(1-20\%)(1+25\%)=a$，充分，选 B.

20.【解析】答案是 C.

设售出一件甲商品的利润是 x 元，售出一件乙商品的利润是 y 元.

条件（1），条件（2）单独显然都不充分，联合条件（1）和条件（2）.

则 $\begin{cases} 5x+4y=50 \\ 4x+5y=47 \end{cases}$，两式相减得，$x-y=3$，所以 $x>y$，充分，选 C.

进阶习题详解

1.【解析】答案是 D.

由于某人的速度是每分钟 $3\times100=300$ 米.

则某人从队尾赶到排头所用的时间是 $t_1=\dfrac{800}{300-100}=4$ 分钟.

某人从排头返回队尾所用的时间是 $t_2 = \dfrac{800}{300+100} = 2$ 分钟.

所以某人所用的总时间是 $t = t_1 + t_2 = 6$ 分钟.

2. 【解析】答案是 B.

(1) 由于甲从 A 地到店用了 6 个小时，而乙从 A 地到店用了 $12-4=8$ 个小时，所以甲、乙两人原来的速度之比是 $8:6=4:3$.

(2) 设甲加速之后，追上乙需要 x 个小时，甲原来的速度是 $4k$，乙原来的速度是 $3k$. 由于甲到店时，乙已经从店离开，此时甲、乙两人之间的距离是 $3k \times 4 = 12k$，则 $12k + 3k \times x = 2 \times 4k \times x$，解得 $x = 2.4$ 小时，所以甲总共走了 $6 + 2.4 = 8.4$ 小时.

3. 【解析】答案是 B.

根据题意原计划每天生产 $1600 \div 20 = 80$ 台洗衣机，五天生产了 $80 \times 5 = 400$ 台，还有 $1600 - 400 = 1200$ 台没生产，改进技术后每天生产 $80 \times (1 + 25\%) = 100$ 台洗衣机，需要用 $1200 \div 100 = 12$ 天来完成.

4. 【解析】答案是 D.

设两方案都喜欢的有 x 人，则两个方案都不喜欢的有 $\dfrac{1}{3}x + 2$ 人.

由于选 A 方案的有 $100 \times \dfrac{3}{5} = 60$ 人，则选 B 方案的有 $60 + 6 = 66$ 人.

由于 $100 - \left(\dfrac{1}{3}x + 2\right) = 60 + 66 - x$，解得 $x = 42$.

所以两个方案都不喜欢的有 $\dfrac{1}{3} \times 42 + 2 = 16$ 人.

5. 【解析】答案是 E.

设 A、B 两地相距 S 千米，汽车原来的车速是每小时 v 千米，

由于 $\dfrac{50}{v - 40\% \times v} - \dfrac{50}{v} = \dfrac{4}{3}$，解得 $v = 25$，那么 $25 \times 1 + 0.6 \times 25 \times \left(\dfrac{S}{25} - 1 + 3\right) = S$，解得 $S = 137.5$.

6. 【解析】答案是 E.

设乙的速度为 x 千米/小时，则甲为 $2x$ 千米/小时，

根据题意可列方程 $4x + (4-1) \times 2x = 100$. 解得 $x = 10$，则甲的速度为 20 千米/小时.

7. 【解析】答案是 D.

假设 x 为每月用的电，由题中条件可知当 $x \leqslant 100$ 时，费用为 $0.57x$

当 $x > 100$ 时，前 100 度应缴的电费为 $100 \times 0.57 = 57$ 元，剩下的 $(x-100)$ 度电应缴电费 $(x-100) \times 0.5$ 元. 从缴费情况看，一、二月份用电均超过 100 度，三月份用电不足 100 度.

一月份 $57 + (x-100) \times 0.5 = 76$，解得 $x = 138$.

二月份 $57 + (x-100) \times 0.5 = 63$，解得 $x = 112$.

三月份 $0.57x = 45.6$，解得 $x = 80$. 第一季度用电 $138 + 112 + 80 = 330$.

8. 【解析】答案是 C.

解题的关键在于知道狗跑的时间正好是二人的相遇时间，又知狗的速度，这样就可求出狗跑了多少千米. $18 \div (5 + 4) = 2$ 小时，$8 \times 2 = 16$ 千米.

9. 【解析】答案是 A.

设这批零件的总数为 x，原计划师傅加工 $\frac{7}{12}x$，徒弟加工 $\frac{5}{12}x$.

实际师傅加工 $\frac{7}{12}x + 20$，徒弟加工 $\frac{5}{12}x - 20$.

根据题意可有 $\left(\frac{7}{12}x + 20 \right) \times 50\% = \frac{5}{12}x - 20$，解得 $x = 240$ 个.

10. 【解析】答案是 B.

根据等额本金还款法，每月需要偿还本金 $\frac{15}{12 \times 20} = \frac{1}{16}$ 万元.

设当月利息率为 x，则 $\frac{1}{16} + (15 - 5)x = 0.13$，

解得 $x = 0.00675 = 0.675\%$.

11. 【解析】答案是 B.

设"当该扶梯静止时，可看到的扶梯"为里程 S，扶梯自身的速度为 v，可知男孩的速度为 2，女孩为 1.5，则 $\begin{cases} \dfrac{S}{2 + v} = 40 \\ \dfrac{S}{1.5 + v} = 50 \end{cases}$，解得 $S = 100$.

12. 【解析】答案是 C.

设小张现在年龄为 x，则小李年龄为 $2x$，由题可知，$x + 5 = 2x - 3$，解得 $x = 8$，故小李的年龄为 16 岁.

13. 【解析】答案是 C.

设教练员有 x 人，则教练员中有男性 $0.9x$ 人. 运动员有 y 人，则运动员中有男性 $0.8y$ 人. 那么 $\dfrac{0.9x + 0.8y}{x + y} = 0.82$，所以 $x : y = 1 : 4$.

14. 【解析】答案是 A.

设现有城镇人口 x 万人，则现有农村人口 $(70 - x)$ 万人.

由于 $4\% \times x + (70 - x) \times 5.4\% = 70 \times 4.8\%$，解得 $x = 30$.

15. 【解析】答案是 C.

设山脚到山顶的路程是 S 米.

则小王上山时所用的时间是 $\dfrac{S}{20}$ 分钟，下山时所用的时间是 $\dfrac{S}{30}$ 分钟.

所以小王上山和下山的平均速度是 $\dfrac{2S}{\dfrac{S}{20} + \dfrac{S}{30}} = 24$ 米/分钟.

16.【解析】答案是 B.

上坡路的长度 $60 \times \dfrac{1}{1+2+3} = 10$ 千米，平路的长度 $60 \times \dfrac{2}{1+2+3} = 20$ 千米，下坡路的

长度 $60 - 10 - 20 = 30$ 千米，平路的时间 $20 \div 25 = \dfrac{4}{5}$ 小时．甲行完全程用的时间 $\dfrac{4}{5} \div$

$\dfrac{4}{3+4+5} = \dfrac{12}{5}$ 小时.

17.【解析】答案是 D.

首先采用公式法解决此题，根据题意英语教师有 $8+5+4-2 = 15$ 人，日语教师有 $6+$ $5+3-2 = 12$ 人，则法语老师有 $27-15-12+5+4+3-2 = 10$ 人，那么只能教法语的教师 $10-3-4+2 = 5$ 人.

另外，此题如果用文氏图法会相当简单，设只能教法语的人数为 x，则依题意得如下文氏图.

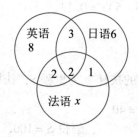

由题意可知，$27 = 8+3+6+2+2+1+x$，解得 $x = 5$.

18.【解析】答案是 C.

条件（1），条件（2）单独显然不充分，考虑联合起来，设该班有 x 人，

由题可知，$\begin{cases} 123 - 3x \geqslant 10 \\ 8x - 23 \times 12 \geqslant 8 \end{cases}$，解得 $35.5 \leqslant x \leqslant 37.67$，由于该班人数为偶数，

所以 $x = 36$，充分，选 C.

19.【解析】答案是 D.

假设该商品原价为 a.

条件（1），商品现在的价钱为 $a \cdot (1+20\%) \cdot (1-20\%) = 0.96a$，打了九六折，充分.

条件（2），商品现在的价钱为 $a \cdot (1-20\%) \cdot (1+20\%) = 0.96a$，打了九六折，充分，选 D.

20.【解析】答案是 B.

设鸡腿的价钱为 x，啤酒的价钱为 y，

原来 $2x + y = 5$，当物价上涨 20% 后 $(x+y) \cdot (1+20\%) = 5$.

联立可得 $x = \dfrac{5}{6}$，$y = \dfrac{10}{3}$，当物价上涨 p 后 $\dfrac{10}{3} \cdot (1+20\%) \cdot (1+p) = 5$，解得 $p = 25\%$.

故条件（1）不充分，条件（2）充分，选 B.

第七章　平面几何

第一节　知识要点

一、三角形

1. 三线八角

如右图所示，当两条平行线被第三条直线所截时，

（1）同位角相等：$\angle 1 = \angle 5$，$\angle 2 = \angle 6$，$\angle 4 = \angle 7$，$\angle 3 = \angle 8$.

（2）内错角相等：$\angle 2 = \angle 8$，$\angle 4 = \angle 5$.

（3）同旁内角互补：$\angle 2 + \angle 5 = 180°$，$\angle 4 + \angle 8 = 180°$.

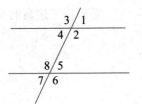

2. 三角形的基本性质

（1）三边构成三角形的条件：任意两边之和大于第三边，任意两边之差小于第三边.

（2）三角形内角和为180°.

（3）三角形的面积公式：$S = \dfrac{1}{2} \times 底 \times 高$.

（4）大角对大边，大边对大角：在三角形中，角度较大的角所对的边较长，长度较长的边所对的角较大.

（5）特殊三角形

　　①直角三角形

　　　A. 勾股定理：两条直角边的平方和等于斜边的平方；

　　　B. 直角三角形斜边上的中线等于斜边的一半；

　　　C. 如图1，一个内角为30°的直角三角形三边之比是 $1 : \sqrt{3} : 2$；

　　　D. 如图2，一个内角为45°的等腰直角三角形三边之比是 $1 : 1 : \sqrt{2}$.

　　②等腰三角形

　　　A. 两个底角相等；

　　　B. 三线合一：顶角的平分线，底边的高线，底边的中线重合；

　　③等边三角形

　　　设等边三角形的边长是 a，那么等边三角形的高线是 $\dfrac{\sqrt{3}}{2}a$，面积是 $\dfrac{\sqrt{3}}{4}a^2$.

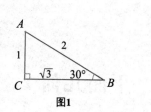 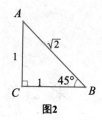

图1 　　　　图2

3. 三角形的四心

如下图所示，内心：三内角角平分线的交点，是三角形内切圆的圆心，内心到三边距离相等，且 $S_{\triangle ABC} = \dfrac{1}{2} \times (a+b+c) \times r$.

外心：三边中垂线的交点，是三角形外接圆的圆心，外心到三个顶点的距离相等.

重心：三边中线的交点，重心将中线分为 2：1 的两个部分（重心到顶点的距离是到该顶点对边中点距离的 2 倍）.

垂心：三边高的交点.

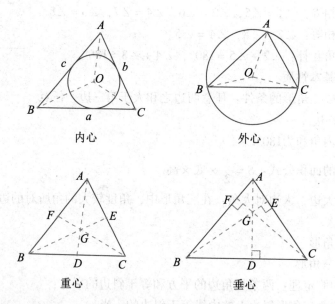

内心　　　　　　外心

重心　　　　　　垂心

4. 三角形全等

（1）定义：如果两个三角形的对应边相等，对应角相等，则称这两个三角形全等.

（2）性质：如果两个三角形全等，那么它们的对应角相等，对应边相等，对应的角平分线、中线、高线也相等.

（3）判定方法（S 为三角形的边、A 为三角形的角）：

①SSS：如果两个三角形的三条边对应相等，则这两个三角形全等；

②SAS：如果两个三角形的两条边及两条边的夹角对应相等，则这两个三角形全等；

③AAS：如果两个三角形的两个角及三角形中任意一条边相等，则这两个三角形全等.

5. 三角形相似

（1）定义：如果两个三角形的对应角相等，对应边成比例，则称这两个三角形相似，相似三角形对应边长的比叫作相似比（或相似系数）.

（2）性质：如果两个三角形相似，那么它们的对应角相等，对应边成比例，对应高、中线和对应角平分线的比都等于相似比，面积的比等于相似比的平方.

（3）判定方法（S 为三角形的边、A 为三角形的角）：

①SSS：如果两个三角形三组对应边成比例，则这两个三角形相似；

②AAA：如果两个三角形的三组对应角相等，则这两个三角形相似；

③AA：如果两个三角形的两组对应角相等，则这两个三角形相似；

④SAS：如果两个三角形有一组角对应相等，且夹此角的两组对应边长成比例，则这两个三角形相似.

（4）典型图形：

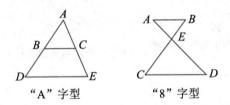

"A"字型　　　"8"字型

①"A"字型

如"A"字型图，如果 BC 平行 DE，那么三角形 ABC 与三角形 ADE 相似，从而有如下结论：

$$\frac{AB}{AD} = \frac{AC}{AE} = \frac{BC}{DE}, \quad \frac{AB}{BD} = \frac{AC}{CE}, \quad \frac{BD}{AD} = \frac{CE}{AE}.$$

其中，若 B 是 AD 中点，C 是 AE 中点，那么 BC 是三角形 ADE 的中位线，且 $BC = \frac{1}{2}DE$.

②"8"字型

如"8"字型图，如果 AB 平行 CD，那么三角形 ABE 与三角形 DCE 相似，从而有结论：$\frac{AB}{CD} = \frac{AE}{DE} = \frac{BE}{CE}.$

6. 等高相邻三角形

（1）定义：如右图所示，三角形 ABD 和三角形 ACD 的高相同，称为等高相邻三角形.

（2）图形特点：一个大三角形被一条线段分成两个小的三角形.

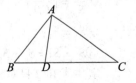

（3）结论：相邻三角形面积之比等于底边之比，即 $\dfrac{S_{\triangle ABD}}{S_{\triangle ACD}} = \dfrac{BD}{CD}$.

二、四边形

1. 平行四边形

（1）定义：两组对边分别平行的四边形，称为平行四边形.

（2）性质：对边平行且相等，对角相等，对角线互相平分.

（3）特殊的平行四边形

	矩形	菱形	正方形
边与内角	四内角相等	四边相等	四内角相等且四边相等
对角线	两对角线相等 且相互平分	两对角线垂直 且相互平分	两对角线相等、垂直 且相互平分
面积	ab （a、b 分别为矩形的长和宽）	$\dfrac{l_1 \cdot l_2}{2}$ （l_1、l_2 为两对角线之长）	a^2 （a 为正方形的边长）

2. 梯形

（1）定义：一组对边平行，而另一组对边不平行的四边形，称为梯形. 平行的两条边称为梯形的底边，两条不平行的边称为腰. 其中，两腰的中点连线，称为梯形的中位线，中位线长 $l = \dfrac{1}{2}$（上底 + 下底）.

（2）梯形的面积公式：$S = \dfrac{1}{2} \times$（上底 + 下底）× 高.

（3）特殊的梯形

①等腰梯形：两腰相等的梯形，称为等腰梯形；

②直角梯形：一腰垂直于底边的梯形，称为直角梯形.

（4）梯形的三条性质

如右图所示，AB 平行 CD，则有如下结论：

① $\dfrac{S_1}{S_2} = \left(\dfrac{AB}{CD}\right)^2$；

② $S_3 = S_4$；

③ $S_1 \cdot S_2 = S_3 \cdot S_4$.

其中①和②只对梯形成立，③对任意凸四边形均成立.

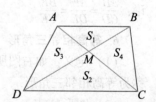

三、圆、扇形、弓形、弧

1. 定义

弦：连接圆上任意两点之间的线段，称为弦，经过圆心的弦称为直径，即为最长的弦.

弦心距：圆心到弦的距离称为弦心距.

圆周角：圆上一点引出的两条弦，所形成的夹角称为圆周角，直径所对的圆周角为90°.

圆心角：两条半径的夹角称为圆心角.

弧：圆上任意两点之间的部分称为弧，大于半圆的弧称为优弧，小于半圆的弧称为劣弧. 同弧所对的圆心角是圆周角的2倍.

弧度：两条射线从圆心向圆周射出，形成一个夹角和夹角正对的一段弧.

当角所对的弧长等于半径时，角的大小为1弧度.

度与弧度之间的换算：180度 $=\pi$ 弧度，90度 $=\dfrac{\pi}{2}$ 弧度，45度 $=\dfrac{\pi}{4}$ 弧度，30度 $=\dfrac{\pi}{6}$ 弧度.

切线：直线与圆只有一个交点，这条直线称为圆的切线，这个交点称为圆的切点，过切点的半径与切线互相垂直.

割线：直线与圆有两个交点，则称这条直线为圆的割线.

2. 垂径定理

（1）MN 是直径，AB 为弦且非直径.

（2）MN 垂直 AB.

（3）MN 平分弦 AB，即 C 为 AB 的中点.

（4）MN 平分优弧 AB.

（5）MN 平分劣弧 AB.

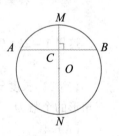

上述5个条件中，只需要知道其中的任意两个条件，就可以得到其他三个结论，简称"知二得三".

3. 圆和扇形的面积计算

（1）圆的周长 $C = \pi D = 2\pi r$，面积 $S = \pi r^2 = \dfrac{1}{4}\pi D^2$，其中 r 是圆的半径，D 是圆的直径.

（2）扇形的圆心角弧度数为 θ，角度数为 α，则对应弧长 $l = r\theta = \dfrac{\alpha}{360} \times 2\pi r$，扇形面积 $S = \dfrac{\theta}{2}r^2 = \dfrac{lr}{2} = \dfrac{\alpha}{360} \times \pi r^2$.

（3）常见的三类弓形（下图中阴影部分）的面积：

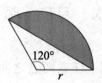

$60°$对应弓形面积 $= \frac{1}{6}\pi r^2 - \frac{\sqrt{3}}{4}r^2$；

$90°$对应弓形面积 $= \frac{1}{4}\pi r^2 - \frac{1}{2}r^2$；

$120°$对应弓形面积 $= \frac{1}{3}\pi r^2 - \frac{\sqrt{3}}{4}r^2$.

第二节　基础例题

题型 1　三角形和四边形的性质

【例1】三角形 ABC 中，若三边长分别为 3，$1-2k$，8，则实数 k 的取值范围是

(A) $-5 < k < -2$ 　　　(B) $k > -5$ 　　　(C) $k < -2$

(D) $k < 3$ 　　　(E) $-2 < k < -1$

【解析】答案是 A.

这里 $1-2k > 0$，由三角形三边关系可知 $\begin{cases} 3 + (1-2k) > 8 \\ (1-2k) + 8 > 3 \\ 8 + 3 > 1 - 2k \end{cases}$，解得 $-5 < k < -2$.

【例2】长度分别为 1、2、3、4、5、6 的六条线段，取其中的三条，则能构成不同的三角形的个数为

(A) 4 　　　(B) 5 　　　(C) 6 　　　(D) 7 　　　(E) 8

【解析】答案是 D.

穷举法，能构成三角形的有 {2，3，4}、{2，4，5}、{2，5，6}、{3，4，5}、{3，4，6}、{3，5，6}、{4，5，6} 共7种可能.

【例3】三角形 ABC 的三边长 a，b，c 满足等式 $\frac{b+c}{a-b+bc} = \frac{1}{b} + \frac{1}{c}$，则此三角形是

(A) 以 a 为腰的等腰三角形 　　(B) 以 a 为底的等腰三角形 　　(C) 等边三角形

(D) 直角三角形 　　　(E) 钝角三角形

【解析】答案是 A.

由 $\frac{b+c}{a-b+bc} = \frac{b+c}{bc}$ 整理得，$a - b + bc = bc$，即 $a = b$，所以此三角形是以 a 为腰的等腰三角形.

【例4】 A，B，C 是平面上不同的三个点．则平面上存在一个点到三点的距离相等．

（1） A，B，C 三点不在同一条直线上．

（2） A，B，C 三点在同一条直线上．

【解析】答案是 A．

若平面上存在一个点 O 到三点的距离相等，则 A，B，C 必落在以点 O 为圆心，AO 为半径的圆上．

条件（1），A，B，C 三点不共线，取点 O 为三角形 ABC 的外心即可，充分．

条件（2），A，B，C 三点共线，则不存在这样的圆使得 A，B，C 均在该圆上，故条件（2）不充分，选 A．

【例5】如下图所示，等边三角形 ABC 的边长为1，圆 O 是三角形 ABC 的内切圆，则图中阴影部分的面积是

(A) $\dfrac{\sqrt{3}}{4}-\dfrac{\pi}{12}$　(B) $\sqrt{3}-\dfrac{\pi}{3}$　(C) $\dfrac{\sqrt{3}}{4}-\dfrac{\pi}{3}$　(D) $\sqrt{3}-\pi$　(E) $\pi-\dfrac{\sqrt{3}}{4}$

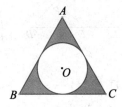

【解析】答案是 A．

阴影部分的面积等于三角形 ABC 的面积减去圆 O 的面积，由等边三角形的面积公式知三角形 ABC 的面积为 $\dfrac{\sqrt{3}}{4}\times 1^2=\dfrac{\sqrt{3}}{4}$．如下图所示，等边三角形四心合一，内心也为重心，重心 O 将中线 AD 分成 $AO:DO=2:1$ 的两部分，故内切圆半径 $r=OD=\dfrac{1}{3}\times AD=\dfrac{1}{3}\times\dfrac{\sqrt{3}}{2}=\dfrac{\sqrt{3}}{6}$．

那么阴影部分的面积为 $\dfrac{\sqrt{3}}{4}-\pi\times\left(\dfrac{\sqrt{3}}{6}\right)^2=\dfrac{\sqrt{3}}{4}-\dfrac{\pi}{12}$．

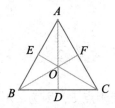

【例6】如下图所示，顺次连接四边形 $ABCD$ 各边中点得到四边形 $EFGH$．则四边形 $EFGH$ 为矩形．

（1）AB 平行 CD 且 $AB = CD$.

（2）AC 垂直 BD.

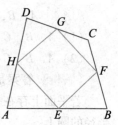

【解析】答案是 B.

条件（1），四边形 $ABCD$ 为平行四边形，可以作下图（左），不充分.

条件（2），连接 AC，BD，由于 E，F，G，H 为各边中点，所以 EF 平行于 AC 且 $EF = \dfrac{1}{2}AC$，HG 平行于 AC 且 $HG = \dfrac{1}{2}AC$. 由此可知，EF 平行于 HG 且 $EF = HG$，那么四边形 $EFGH$ 为平行四边形. 已知 AC 垂直 BD，则 EF 垂直 HE，所以 $EFGH$ 为矩形，充分，选 B.

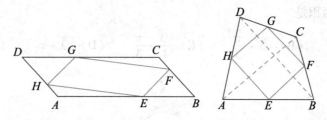

题型 2　特殊三角形的面积计算

【例 7】如果一个三角形的三边长分别为 6，8，10，那么最长边上的高为

（A）4　　　　（B）4.5　　　　（C）4.8　　　　（D）5　　　　（E）6

【解析】答案是 C.

如下图所示，由于 6，8，10 是勾股数，所以三角形 ABC 为直角三角形，则 $CD \cdot AB = AC \cdot BC$，所以 $CD = \dfrac{6 \times 8}{10} = 4.8$.

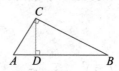

【例 8】在四边形 $ABCD$ 中，$AB = 2$，$CD = 1$，$\angle A = 60°$，$\angle B = \angle D = 90°$，则四边形 $ABCD$ 的面积为

（A）$\dfrac{3\sqrt{3}}{2}$　　（B）2　　（C）$\dfrac{\sqrt{2}}{2}$　　（D）$\dfrac{\sqrt{3}}{3}$　　（E）$\sqrt{3}$

【解析】答案是 A.

如下图所示，延长 BC，AD，交于点 E，因为 $\angle A = 60°$，$\angle B = \angle D = 90°$，则三角形 ABE 与三角形 CDE 均是含 30° 的直角三角形.

$AB = 2$，可知 $BE = 2\sqrt{3}$，故 $S_{\triangle ABE} = \dfrac{1}{2} \times AB \times BE = 2\sqrt{3}$.

$CD = 1$，可知 $ED = \sqrt{3}$，故 $S_{\triangle CDE} = \frac{1}{2} \times CD \times ED = \frac{\sqrt{3}}{2}$.

所以四边形的面积是 $S_{\triangle ABE} - S_{\triangle CDE} = 2\sqrt{3} - \frac{\sqrt{3}}{2} = \frac{3\sqrt{3}}{2}$.

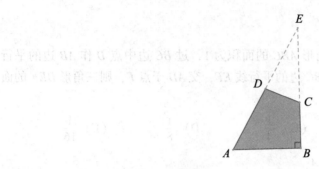

题型 3 相似三角形

【例 9】 如下图所示，E，F 分别是 AC，BC 上的点，EF 平行 AB，$EF : AB = 4 : 5$，四边形 $ABFE$ 的面积是 9，则三角形 ABC 的面积是

(A) 45 　　 (B) 40 　　 (C) 35 　　 (D) 25 　　 (E) 20

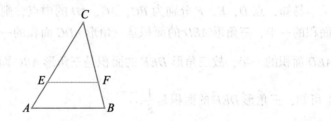

【解析】 答案是 D.

由 EF 平行 AB 可知，该图形是典型的"A"字型，三角形 EFC 与三角形 ABC 相似，从而 $\dfrac{S_{\triangle EFC}}{S_{\triangle ABC}} = \left(\dfrac{EF}{AB}\right)^2$，即 $\dfrac{S_{\triangle ABC} - 9}{S_{\triangle ABC}} = \left(\dfrac{4}{5}\right)^2$，那么 $S_{\triangle ABC} = 25$.

【例 10】 如下图所示，梯形 $ABCD$ 中，AB 平行 CD，$AB : CD = 3 : 7$，E 是梯形两条对角线的交点，F 在 BC 上使得 EF 平行 CD，则 $EF : CD =$

(A) $\dfrac{3}{10}$ 　　 (B) $\dfrac{4}{10}$ 　　 (C) $\dfrac{1}{2}$ 　　 (D) $\dfrac{3}{5}$ 　　 (E) $\dfrac{7}{10}$

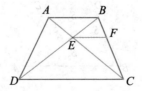

【解析】答案是 A.

该梯形中，快速找到"8"字型和"A"字型．易知三角形 ABE 与三角形 CDE 相似，从而 $\dfrac{BE}{DE} = \dfrac{AB}{CD} = \dfrac{3}{7}$，则 $\dfrac{BE}{BD} = \dfrac{3}{10}$；易知三角形 BEF 与三角形 BDC 相似，从而 $\dfrac{EF}{DC} = \dfrac{BE}{BD} = \dfrac{3}{10}$.

题型 4　等高三角形

【例 11】如下图所示，已知三角形 ABC 的面积为 1，过 BC 边中点 D 作 AB 边的平行线 DE，交 AC 边于 E 点，过 E 点作 BC 边的平行线 EF，交 AD 于点 F，则三角形 DEF 的面积是

(A) $\dfrac{1}{2}$　　　(B) $\dfrac{1}{3}$　　　(C) $\dfrac{1}{4}$　　　(D) $\dfrac{1}{8}$　　　(E) $\dfrac{1}{16}$

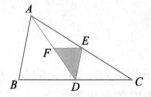

【解析】答案是 D.

易知，点 D，E，F 分别为 BC，AC，AD 的中点，则三角形 ADC 的面积是三角形 ABC 面积的一半，三角形 AED 的面积是三角形 ADC 面积的一半，三角形 DEF 的面积是三角形 AED 面积的一半，故三角形 DEF 的面积是三角形 ABC 面积的 $\dfrac{1}{8}$，由三角形 ABC 的面积为 1 可知，三角形 DEF 的面积是 $\dfrac{1}{8}$.

题型 5　梯形的三条性质

【例 12】如下图所示，DE 平行于 AB，已知小三角形面积 $S_2 = 1$，$S_3 = 2$，则 S_1，S_4，S_5 分别为

(A) 3，2，4　　(B) 2，1，3　　(C) 2，2，3　　(D) 2，1，4　　(E) 3，1，4

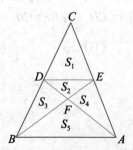

【解析】答案是 A.

如图（1）所示，在三角形 BDE 中，$\dfrac{EF}{BF} = \dfrac{S_2}{S_3} = \dfrac{1}{2}$.

如图（2）所示，$\dfrac{DE}{AB} = \dfrac{DF}{AF} = \dfrac{EF}{BF} = \dfrac{1}{2}$，$\dfrac{S_2}{S_5} = \left(\dfrac{1}{2}\right)^2$，$S_5 = 4$.

如图（3）所示，在三角形 ADE 中，$\dfrac{DF}{AF} = \dfrac{S_2}{S_4} = \dfrac{1}{2}$，$S_4 = 2$.

如图（4）所示，在三角形 ABC 中，$\dfrac{S_1}{S_{\triangle ABC}} = \left(\dfrac{1}{2}\right)^2$，$\dfrac{S_1}{S_1 + S_2 + S_3 + S_4 + S_5} = \left(\dfrac{1}{2}\right)^2$，则 $S_1 = 3$.

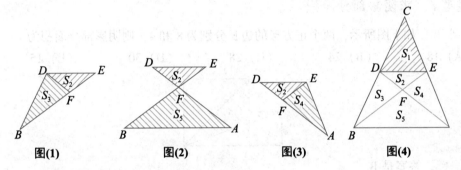

图(1)　　图(2)　　图(3)　　图(4)

题型 6　垂径定理

【例 13】 如下图所示，已知 AB 为圆 O 的直径，且 AB 垂直 CD，垂足为 M，$CD = 8$，$AM = 2$，则 $OM =$

(A) 1　　　　(B) 2　　　　(C) $\dfrac{1}{2}$　　　　(D) 3　　　　(E) 4

【解析】 答案是 D.

连接 CO，由于 $CM = MD = \dfrac{1}{2}CD = 4$，且三角形 COM 是直角三角形，由勾股定理可知，$(MO + 2)^2 = 4^2 + OM^2$，解得 $OM = 3$.

【例 14】 已知圆 O 的半径是 5，P 是圆内一点，且 $OP = 3$，则过点 P 的最短的弦长和最长的弦长分别为

(A) 5, 8　　(B) 6, 8　　(C) 7, 9　　(D) 8, 10　　(E) 9, 10

【解析】 答案是 D.

显然过点 P 的最长弦是直径，所以最长的弦长为 10. 作弦 $CD \perp OP$（见下图），则弦

CD 即为最短的弦, 由于 $OD=5$, $OP=3$, 所以 $PD=4$, 即最短的弦长为8.

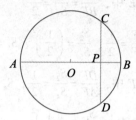

题型7　求阴影部分面积

【例15】 如下图所示, 两个正方形的边长分别为8和4, 则阴影部分面积为

(A) 18　　　　(B) 24　　　　(C) 28　　　　(D) 30　　　　(E) 15

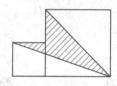

【解析】 答案是 B.

所求面积显然等于两个正方形面积减去两个三角形的面积, 所以

$$S_{阴影} = 8^2 + 4^2 - \frac{1}{2} \times 8^2 - \frac{1}{2} \times (8+4) \times 4 = 24.$$

【例16】 如下图所示, 三角形 ABC 中, $AB=BC=2$, $\angle B=90°$, 以三个顶点为圆心, 以1为半径作三个圆弧, 则图中阴影部分的面积是

(A) $\dfrac{4-\pi}{2}$　　　　　　(B) $2-(2-\sqrt{2})\pi$　　　　　　(C) $4-\pi$

(D) $\dfrac{6-\pi}{2}$　　　　　　(E) $\dfrac{8-\pi}{2}$

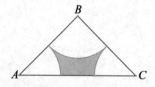

【解析】 答案是 A.

三个扇形拼在一起便是一个半径为1的半圆形, 则阴影部分面积等于三角形面积减去半圆面积, 即 $S_{阴影} = \dfrac{1}{2} \times 2 \times 2 - \dfrac{1}{2}\pi \times 1^2 = \dfrac{4-\pi}{2}$.

【例17】 如下图所示, 等腰直角三角形 ABC 中, 直角边 $AB=6$, 图中圆弧是以 AB 和 BC 为直径的半圆, 则阴影部分面积为

(A) $18\pi-36$　　(B) $9\pi-18$　　(C) $9\pi-9$　　(D) $\dfrac{9\pi}{2}-9$　　(E) $\dfrac{9\pi}{4}-\dfrac{9}{2}$

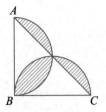

【解析】答案是 B.

如下图所示，所求的阴影面积可以分解为四个小弓形. 而在一个半圆中，两个小弓形的面积是很容易解得的.

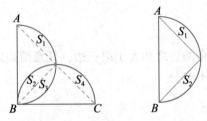

$$S_{阴影} = 2(S_1 + S_3) = 2(S_{半圆} - S_\triangle) = 2\left(\frac{1}{2}\pi \times 3^2 - \frac{1}{2} \times 3\sqrt{2} \times 3\sqrt{2}\right) = 9\pi - 18.$$

【例18】如下图所示，$ABCD$ 是边长为 8 的正方形，点 E，F，G，H 为各边中点，图中各圆弧半径均为 4. 则阴影部分面积为

(A) 16　　(B) 24　　(C) 32　　(D) 48　　(E) 50

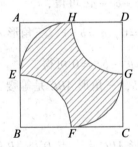

【解析】答案是 C.

本题图形似乎很不规则，但按下图处理后就可以发现，S_1，S_2，S_3，S_4 这 4 个小弓形的面积显然相等，则将 S_1，S_3 补在 S_2，S_4 的位置上. 则所求阴影面积等于下图阴影面积.

$$S_{阴影} = S_{正方形EFGH} = \left(4\sqrt{2}\right)^2 = 32.$$

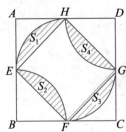
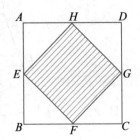

第三节　进阶例题

考点1　三角形的基本性质

（一）三角形的构成

【例1】三条长度分别为 a，b，c 的线段能构成一个三角形.

（1）$a + b > c$.

（2）$b - c < a$.

【解析】答案是 E.

构成三角形的条件是任意两边之和大于第三边，任意两边之差小于第三边，所以两个条件单独都不充分，联合也不充分.

（二）三角形的形状判断

【例2】三角形 ABC 是等边三角形.

（1）三角形 ABC 的三边满足 $a^2 + b^2 + c^2 = ab + bc + ac$.

（2）三角形 ABC 的三边满足 $a^3 - a^2b + ab^2 + ac^2 - b^3 - bc^2 = 0$.

【解析】答案是 A.

条件（1），由 $a^2 + b^2 + c^2 = ab + bc + ac$ 可得，

$\dfrac{(a-b)^2 + (b-c)^2 + (c-a)^2}{2} = 0$，$a = b = c$，三角形 ABC 是等边三角形，充分.

条件（2），由 $a^3 - a^2b + ab^2 - b^3 - bc^2 = 0$ 可得，

$(a-b)(a^2 + b^2 + c^2) = 0$，$a = b$，三角形 ABC 是等腰三角形，不充分. 选 A.

（三）三角形的四心

【例3】如下图所示，在三角形 ABC 上，点 D 是 AB 的中点，点 E，F 是 AC 的三等分点，DF 与 BE 交于点 H，则 $\dfrac{FH}{DH} =$

（A）3　　　　（B）2　　　　（C）$\dfrac{2}{3}$　　　　（D）$\dfrac{3}{2}$　　　　（E）1

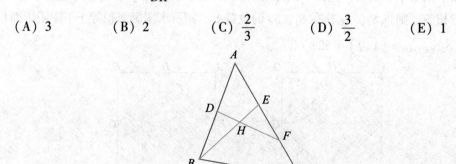

【解析】答案是 B.

连接 BF，则 H 是三角形 ABF 的重心，重心 H 将中线 FD 分为 $FH:DH=2:1$ 的两部分，故正确选项是 B.

【例 4】等边三角形 ABC 的边长是 2，点 P 为三角形内任一点，过点 P 分别作 AB、AC、BC 的垂线，垂足分别为 D，E，F，则 $PD+PE+PF=$

(A) 1　　　　(B) 2　　　　(C) $\sqrt{3}$　　　　(D) $\dfrac{\sqrt{3}}{2}$　　　　(E) $2\sqrt{3}$

【解析】答案是 C.

注意这里点 P 为三角形内任一点，那么在作图时有多种选择，如下图所示，不妨取点 P 与顶点 A 重合，此时点 P 到 AB 和 AC 的距离为 0，只需求点 P 到 BC 边的距离 PF，易知 $PF=\dfrac{\sqrt{3}}{2}BC=\sqrt{3}$，故 $PD+PE+PF=\sqrt{3}$.

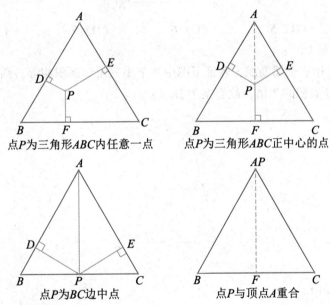

点 P 为三角形 ABC 内任意一点　　点 P 为三角形 ABC 正中心的点

点 P 为 BC 边中点　　点 P 与顶点 A 重合

考点 2　三角形的面积

（一）等高三角形

【例 5】如下图所示，已知 $AE=3AB$，$BF=2BC$，若三角形 ABC 的面积是 2，则三角形 AEF 的面积为

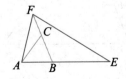

(A) 14　　　　(B) 12　　　　(C) 10　　　　(D) 8　　　　(E) 6

【解析】答案是 B.

根据等积模型得，$AE = 3AB$，则 $S_{\triangle AEF} = 3S_{\triangle ABF}$，$BF = 2BC$，则 $S_{\triangle ABF} = 2S_{\triangle ABC}$. 那么 $S_{\triangle AEF} = 3S_{\triangle ABF} = 6S_{\triangle ABC} = 12$.

【例6】如下图所示，三角形 ABC 的面积为 1，将三边按如下方式延长，使得 $A'C = 2AC$，$B'A = 2BA$，$C'B = 2CB$，则三角形 $A'B'C'$ 的面积是

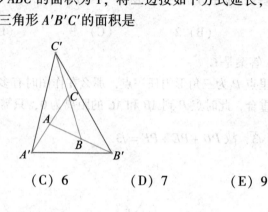

(A) 4　　　　(B) 5　　　　(C) 6　　　　(D) 7　　　　(E) 9

【解析】答案是 D.

如下图所示，作三条辅助线，验证下图中 7 个小三角形面积相等，则三角形 $A'B'C'$ 的面积是三角形 ABC 面积的 7 倍，故答案为 D.

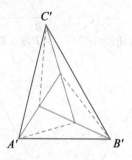

（二）相似三角形

【例7】如下图所示，三角形 ABC 中，DE，FG，BC 互相平行，$AD = DF = FB$. 则四边形 $FBCG$ 的面积为 5.

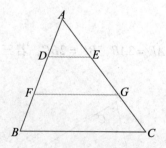

（1）三角形 ADE 的面积为 1.

（2）四边形 $DFGE$ 的面积为3.

【解析】答案是 D.

由题干 $AD = DF = FB$ 可知，所以 D，F 为边 AB 的三等分点，又因为 DE，FG，BC 互相平行，所以 $S_{\triangle ADE} : S_{\triangle AFG} : S_{\triangle ABC} = 1 : 4 : 9$.

条件（1），$S_{\triangle ADE} = 1$，则 $S_{FBCG} = 9 - 4 = 5$，充分.

条件（2），$S_{DFGE} = 3$，则 $S_{\triangle AFG} = 4$，那么 $S_{FBCG} = 5$，充分，选 D.

考点3 四边形的面积

（一）梯形三条面积性质

【例8】如下图所示，$ABCD$ 是平行四边形，E 是 CD 上的点，BE 交 AC 于 F 点，$DE : CE = 1 : 2$，三角形 CEF 的面积是4，则四边形 $ABCD$ 的面积为

(A) 24　　(B) 26　　(C) 28　　(D) 30　　(E) 32

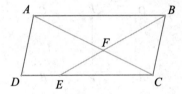

【解析】答案是 D.

如下图所示，连接 AE. 由 $AB = CD$，$DE : CE = 1 : 2$，即 $AB : CE = 3 : 2$，则三角形 ABF 与三角形 CEF 的面积之比为 $9 : 4$，三角形 CEF 的面积是4，则三角形 ABF 的面积是9.

三角形 AEF 和三角形 BCF 面积相等，设为 x，根据梯形的第三条性质有 $x^2 = 4 \times 9$，解得 $x = 6$. 三角形 ABC 的面积是 $9 + 6 = 15$，那么四边形 $ABCD$ 的面积是30.

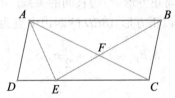

【例9】如下图所示，三角形 ABC，ACD，ABD 面积分别为5、10、6，则三角形 ABO 的面积为

(A) 3　　(B) 2.5　　(C) 2　　(D) 1　　(E) 5

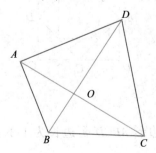

【解析】答案是 C.

记三角形 ABO 的面积为 x，则三角形 BCO 的面积为 $5-x$，三角形 ADO 面积为 $6-x$，三角形 CDO 面积为 $10-(6-x)=4+x$.

根据 $S_{\triangle ABO} \times S_{\triangle CDO} = S_{\triangle ADO} \times S_{\triangle BCO}$，得 $x \times (4+x) = (6-x) \times (5-x)$，解得 $x=2$，即三角形 ABO 面积为 2.

（二）正方形与矩形

【例10】如果一个矩形与它的一半矩形相似，那么该矩形的长宽之比是

(A) $\sqrt{2}:1$　　　(B) $2:1$　　　(C) $2\sqrt{2}:1$　　　(D) $4:1$　　　(E) $1:1$

【解析】答案是 A.

如下图所示，矩形 $ABCD$ 相似于矩形 $ADFE$，则面积之比等于相似比的平方，从而 $\dfrac{S_{\text{矩形} ABCD}}{S_{\text{矩形} ADFE}} = \dfrac{2}{1} = \left(\dfrac{AB}{AD}\right)^2$，则 $AB:AD = \sqrt{2}:1$.

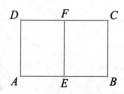

【例11】P 是以 a 为边长的正方形，P_1 是以 P 的四边中点为顶点的正方形，P_2 是以 P_1 的四边中点为顶点的正方形，x 是以 P_{i-1} 的四边中点为顶点的正方形，则 P_6 的面积是

(A) $\dfrac{a^2}{16}$　　(B) $\dfrac{a^2}{32}$　　(C) $\dfrac{a^2}{40}$　　(D) $\dfrac{a^2}{48}$　　(E) $\dfrac{a^2}{64}$

【解析】答案是 E.

本题关键在于找正方形 P 与正方形 P_1 边长间的关系.

如下图所示，$A_1B_1C_1D_1$ 是以正方形 $ABCD$ 的四边中点为顶点的正方形，正方形 $ABCD$ 的边长为 a，在三角形 AA_1B_1 中，$A_1B_1 = \sqrt{2}AA_1 = \dfrac{\sqrt{2}}{2}a$，$S_{P_1} = \left(\dfrac{\sqrt{2}}{2}a\right)^2 = \dfrac{a^2}{2}$，以此类推，$S_{P_{i-1}} = \dfrac{S_{P_i}}{2}$，则 $S_{P_6} = \left(\dfrac{1}{2}\right)^6 \times a^2 = \dfrac{a^2}{64}$.

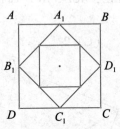

考点4　阴影部分面积

【例12】如下图所示，四边形 $ABCD$ 是边长为 1 的正方形，弧 AOB、BOC、COD、

DOA 均为半圆，则阴影部分的面积为

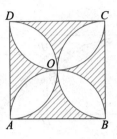

(A) $\dfrac{1}{2}$　　　(B) $\dfrac{\pi}{2}$　　　(C) $1-\dfrac{\pi}{4}$　　　(D) $\dfrac{\pi}{2}-1$　　　(E) $2-\dfrac{\pi}{2}$

【解析】答案是 E.

阴影部分由上、下、左、右 4 部分阴影组成，上、下 2 部分可由正方形面积减去左、右两个半圆的面积解得，即 $S_{阴}=2\left(S_{正}-S_{圆}\right)=2-2\cdot\pi\cdot\left(\dfrac{1}{2}\right)^2=2-\dfrac{\pi}{2}$.

【例 13】如下图所示，正方形边长为 6，以 *A* 为圆心作圆弧 *BD*，以 *AB* 为直径作半圆 *AB*，*M* 是 *AD* 上一点，半圆 *DM* 与半圆 *AB* 相切，则阴影部分面积为

(A) $\dfrac{3\pi}{2}$　　　(B) 3　　　(C) $\dfrac{5\pi}{2}$　　　(D) π　　　(E) 6

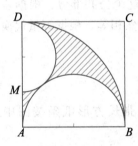

【解析】答案是 C.

本题的阴影面积等于一个扇形减去两个半圆，其中一个半圆的直径也已确定为 6（正方形边长），难点即另一个半圆的直径.

设半圆 *DM* 的半径为 x，则在直角三角形 *PAQ* 中，如下图所示，$(x+3)^2=3^2+(6-x)^2$，解得 $x=2$. 那么 $S_{阴影}=\dfrac{1}{4}\pi\times6^2-\dfrac{1}{2}\pi\times3^2-\dfrac{1}{2}\pi\times2^2=\dfrac{5\pi}{2}$.

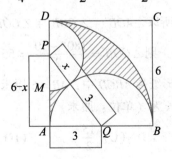

【例14】 如下图所示，有大、小两个正方形，小正方形的边长是4，则三角形 ABC 的面积是

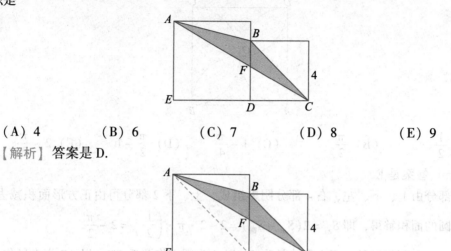

(A) 4　　　　(B) 6　　　　(C) 7　　　　(D) 8　　　　(E) 9

【解析】 答案是 D.

连接 AD（如上图所示），可以看出，三角形 ABD 与三角形 ACD 的底都等于小正方形的边长，高都等于大正方形的边长，所以面积相等. 因为三角形 AFD 是三角形 ABD 与三角形 ACD 的公共部分，所以去掉这个公共部分，根据差不变性质，剩下的两个部分，即三角形 ABF 与三角形 FCD 面积仍然相等. 根据等量代换，求三角形 ABC 的面积等于求三角形 BCD 的面积，即 $4 \times 4 \div 2 = 8$.

考点5　折叠和旋转

【例15】 如下图所示，把一张长方形纸条按图中那样折叠后，$\angle AOB' = 70°$，则 $\angle GOB' =$

(A) 40°　　　(B) 45°　　　(C) 48°　　　(D) 52°　　　(E) 55°

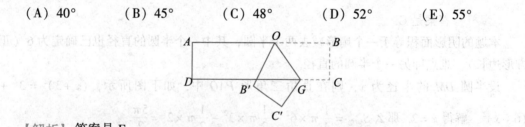

【解析】 答案是 E.

折叠后 $\angle GOB' = \angle GOB$，所以 $\angle AOB' + \angle GOB' + \angle GOB = 180°$，

即 $\angle GOB' = \dfrac{180° - \angle AOB'}{2}$，则 $\angle GOB' = \dfrac{180° - 70°}{2} = 55°$.

【例16】 如下图所示，矩形纸片 $ABCD$ 中，$AB = 6$ 厘米，$BC = 8$ 厘米，将纸片折叠使点 A 与点 C 重合，则折痕 EF 长为（单位：厘米）

(A) $\dfrac{11}{2}$　　　(B) 7　　　(C) $\dfrac{15}{2}$　　　(D) 8　　　(E) 9

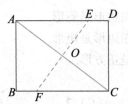

【解析】答案是 C.

易知三角形 EOA 相似于三角形 CDA，那么 $\dfrac{EO}{CD}=\dfrac{AO}{AD}$，即 $EO=\dfrac{AO \times CD}{AD}=\dfrac{5 \times 6}{8}=\dfrac{15}{4}$，所以 $EF=2EO=\dfrac{15}{2}$.

【例 17】如下图所示，在三角形 ABC 中，$\angle ACB=90°$，$\angle ABC=60°$. 以 B 为中心，将 C 旋转至 AB 延长线 D 处，得到圆弧 CD；再以 B 为中心，将 A 旋转至 E 处，使 $\angle ADE=90°$，得到圆弧 AE. 已知 $AB=12$，则阴影面积为

（A）12π　　　（B）24π　　　（C）36π　　　（D）48π　　　（E）50π

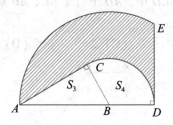

【解析】答案是 C.

本题所求阴影面积显然等于整体减去空白，空白面积很好求，为一个三角形和一个扇形. 其整体似乎有一点难求，但实际上，由于弧线的圆心为 B，整体也是一个三角形和一个扇形. 而且，不难证明，整体和空白中的两个三角形是相等的（如下图所示）.

所以 $S_{阴影}=S_1+S_2-S_3-S_4=S_1-S_4=\dfrac{120°}{360°} \times \pi \times (12^2-6^2)=36\pi$.

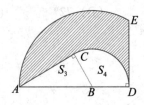 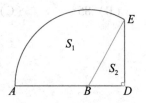

第四节　习题

基础习题

1. 已知下列四个命题：

（1）对角线互相垂直平分的四边形是正方形.

(2) 对角线互相垂直且相等的四边形是菱形.

(3) 对角线相等且互相平分的四边形是矩形.

(4) 四条边长都相等的四边形是正方形.

其中真命题的个数是

(A) 0   (B) 1   (C) 2   (D) 3   (E) 4

2. 到三角形 ABC 的三边距离相等的点是三角形 ABC 的

(A) 三条中线的交点   (B) 三条角平分线的交点

(C) 三条高线的交点   (D) 三条边垂直平分线的交点

(E) 外接圆的圆心

3. 已知四边形 $ABCD$ 中，AB 平行于 CD，且 AB，CD 的长是关于 x 的方程 $x^2 - 3mx + 2m^2 + m - 2 = 0$ 的两个实数根，则四边形 $ABCD$ 是

(A) 矩形   (B) 平行四边形   (C) 梯形

(D) 平行四边形或梯形   (E) 扇形

4. 如下图所示，在直角梯形 $ABCD$ 中，AD 平行于 BC，AB 垂直 BC，三角形 BCD 是等边三角形，若 $BC = 2$，则 $AD =$

(A) 0   (B) 1   (C) 2   (D) 3   (E) 4

5. 在等腰梯形 $ABCD$ 中，AD 平行于 BC，$\angle A = 120°$，若 $AD = 15$，$BC = 49$，则腰 $AB =$

(A) 16   (B) 22   (C) 31   (D) 34   (E) 43

6. 如下图所示，已知 D 为三角形 ABC 边 BC 延长线上一点，DF 垂直 AB 于点 F，交 AC 于点 E，$\angle A = 35°$，$\angle D = 42°$，则 $\angle ACD =$

(A) 87°   (B) 85°   (C) 83°   (D) 72°   (E) 90°

7. 如下图所示，DE 是圆 O 的直径，弦 AB 垂直 DE，垂足为 C，若 $AB = 6$，$CE = 1$，则 $OC =$

(A) 1   (B) 2   (C) 3   (D) 4   (E) 5

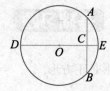

8. 如下图所示，圆 O 的直径为 8，点 O 到 A、B 两点连线的距离为 $2\sqrt{3}$，则图中阴影部分的面积为

(A) $\dfrac{8\pi}{3} - 4\sqrt{3}$　　(B) 4　　(C) $5\sqrt{3} - \pi$　　(D) $\dfrac{4\pi}{3} - \sqrt{3}$　　(E) 8

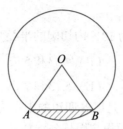

9. 如下图所示，圆 A、B、C 两两不相交，且半径都是 0.5 厘米，则图中三个阴影部分的面积之和是（单位：平方厘米）

(A) $\dfrac{\pi}{12}$　　(B) $\dfrac{\pi}{8}$　　(C) $\dfrac{\pi}{6}$　　(D) $\dfrac{\pi}{4}$　　(E) $\dfrac{\pi}{2}$

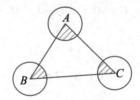

10. 如下图所示，周长为 40 的等腰梯形 $ABCD$ 中，AD 平行于 BC，梯形中位线 $EF = AB$，梯形的高 $AH = 6$，梯形 $ABCD$ 的面积为

(A) 40　　(B) 50　　(C) 60　　(D) 80　　(E) 90

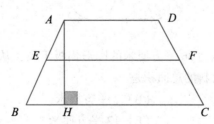

进阶习题

1. 已知三角形 ABC 的三边分别为 a，b，c 且 $a = m^2 - n^2$，$b = 2mn$，$c = m^2 + n^2$（$m > n$，其中 m，n 是正整数），则三角形 ABC 是

(A) 等腰三角形　　　　　(B) 等边三角形　　　　　(C) 直角三角形

(D) 等腰直角三角形　　　(E) 无法确定

2. 如下图所示，将半径为 2 的圆形纸片折叠后，圆弧恰好经过圆心 O，则折痕 AB 的长为

(A) 2　　(B) $\sqrt{3}$　　(C) $2\sqrt{3}$　　(D) $2\sqrt{5}$　　(E) $\sqrt{5}$

3. 已知直角三角形 ABC 的斜边长为 10，内切圆的半径为 2，则两条直线边的长为

(A) 5 和 $5\sqrt{3}$　　　　　(B) $4\sqrt{3}$ 和 $5\sqrt{3}$　　　　　(C) 6 和 8

(D) 5 和 7　　　　　　　(E) $5\sqrt{3}$ 和 $7\sqrt{3}$

4. 已知 S 是边长为 a 的正方形，S_1 是以 S 四边的中点为顶点的正方形，S_2 是以 S_1 四边的中点为顶点的正方形，则 S_2 的面积与周长分别是

(A) $\dfrac{1}{4}a^2$，a　　　　　(B) $\dfrac{1}{4}a^2$，$2a$　　　　　(C) $\dfrac{1}{2}a^2$，$\sqrt{2}a$

(D) $\dfrac{1}{2}a^2$，$2\sqrt{2}a$　　　　(E) $\dfrac{1}{4}a^2$，$\sqrt{2}a$

5. 如下图所示，三角形 ABC 中，$\angle C = 90°$，$BC = 4$，$AC = 3$，圆 O 内切于三角形 ABC，则阴影部分面积为

(A) $12 - \pi$　　　　　　(B) $12 - 2\pi$　　　　　(C) $14 - 4\pi$

(D) $6 - \pi$　　　　　　　(E) $6 - 2\pi$

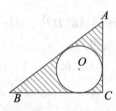

6. 如下图所示，用一块面积为 36 平方厘米的圆形铝板下料，从中裁出了 7 个同样大小的圆铝板．则所余下的边角料的总面积是

(A) 6 平方厘米　　　　　(B) 7 平方厘米　　　　　(C) 8 平方厘米

(D) 10 平方厘米　　　　　(E) 12 平方厘米

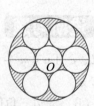

7. 如下图所示，四分之一的圆的半径为 7，则阴影部分的面积为（$\pi \approx \dfrac{22}{7}$）．

(A) 11　　　(B) 12　　　(C) 13　　　(D) 14　　　(E) 15

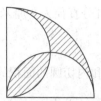

8. 如下图所示，已知 M 是平行四边形 $ABCD$ 的 AB 边的中点，AC 交 DM 于点 E，则图中阴影部分面积与平行四边形 $ABCD$ 的面积之比为

(A) $\dfrac{1}{4}$　　　(B) $\dfrac{2}{3}$　　　(C) $\dfrac{1}{3}$　　　(D) $\dfrac{1}{2}$　　　(E) $\dfrac{1}{5}$

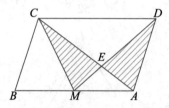

9. 三角形 ABC 内接于圆 O，$\angle A = 30°$，若 $BC = 4$ 厘米，则圆 O 的直径为

(A) 6 厘米　　(B) 8 厘米　　(C) 10 厘米　　(D) 12 厘米　　(E) 14 厘米

10. 如下图所示，直角三角形 ABC 中，$\angle C = 90°$，$AC = 2$，$AB = 4$，分别以 AC，BC 为直径作半圆，则图中阴影的面积为

(A) $2\pi - 3\sqrt{2}$　　　　　　(B) $4\pi - 4\sqrt{2}$　　　　　　(C) $5\pi - 4\sqrt{3}$

(D) $2\pi - 2\sqrt{3}$　　　　　　(E) $4\pi - 3\sqrt{2}$

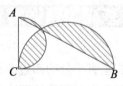

11. 如下图所示，三角形 ABC 中 $AB = BC = 2$，$\angle B = 90°$，以 B 为圆心，$\sqrt{2}$ 为半径作扇形 MBN，以 A 点和 C 点为圆心，$2 - \sqrt{2}$ 为半径作扇形 MAE 与扇形 NCF，则图中阴影部分的面积是

(A) $\dfrac{4 - \pi}{2}$　　　　　　(B) $2 - (2 - \sqrt{2})\pi$　　　　　　(C) $4 - \pi$

(D) $\dfrac{6 - \pi}{2}$　　　　　　(E) $\dfrac{8 - \pi}{2}$

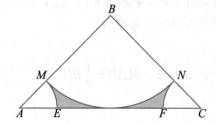

12. 圆的弦与直径相交成30°角，并且分直径为8厘米和2厘米两部分，则弦心距为

(A) $\frac{1}{3}$　　(B) $\frac{3}{2}$　　(C) $\frac{3}{5}$　　(D) 2　　(E) $\frac{4}{3}$

13. 等腰直角三角形的外接圆的面积和内切圆的面积的比值为

(A) $1+\sqrt{2}$　　(B) $\frac{5}{2}$　　(C) 3　　(D) $2+2\sqrt{3}$　　(E) $3+2\sqrt{2}$

14. 如下图所示，边长为 a 的等边三角形 ABC 中，D，E 分别是 BC，AC 的一点，且 $\angle ADE = 60°$，若 $BD : DC = 1 : 2$，则三角形 ADE 的面积为

(A) $\frac{5\sqrt{3}}{54}a^2$　　(B) $\frac{4\sqrt{3}}{27}a^2$　　(C) $\frac{7\sqrt{3}}{52}a^2$　　(D) $\frac{\sqrt{3}}{9}a^2$　　(E) $\frac{7\sqrt{3}}{54}a^2$

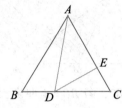

15. 在直角三角形 ABC 中，AD 是斜边 BC 上的高，如果 $AC = a$. 则 $\angle B = 30°$.

(1) $AD = \frac{1}{2}a$.

(2) $AD = \frac{\sqrt{3}}{2}a$.

基础习题详解

1. 【解析】答案是 B.

命题（1）错误，因为对角线互相垂直平分的四边形是菱形.

命题（2）错误，因为对角线互相垂直且相等的四边形可以是梯形.

命题（3）正确.

命题（4）错误，因为四条边长都相等的四边形是菱形.

所以真命题有 1 个.

2. 【解析】答案是 B.

由概念可知，三角形中三条角平分线的交点是三角形的内心，到三边距离相等.

3. 【解析】答案是 C.

由于 $\Delta = 9m^2 - 4(2m^2 + m - 2) = m^2 - 4m + 8 = (m-2)^2 + 4$，显然 $\Delta > 0$，所以 $AB \neq CD$. 又由于 AB 平行 CD，故四边形 $ABCD$ 是梯形.

4. 【解析】答案是 B.

由于 $\angle ADB = \angle BDC = 60°$ 且 $BD = 2$，则 $AD = \frac{1}{2}BD = 1$.

5. 【解析】答案是 D.

作 $AE \perp BC$，$DF \perp BC$，由于 $BE = \dfrac{1}{2}(BC - AD) = 17$ 且 $\angle BAE = 30°$，则有 $AB = 2BE = 34$.

6. 【解析】答案是 C.

在三角形 AEF 和三角形 DEC 中，易知 $\angle A + 90° = \angle ACD + \angle D$.

则 $\angle ACD = \angle A + 90° - \angle D = 83°$.

7. 【解析】答案是 D.

由于直径 DE 垂直 AB，则 C 是 AB 中点，即 $AC = BC = \dfrac{1}{2}AB = 3$，连接 AO，由勾股定理

可知 $(OC + 1)^2 = OC^2 + 3^2$，所以 $OC = 4$.

8. 【解析】答案是 A.

过点 O 作 AB 的垂线 OC，在 Rt$\triangle AOC$ 中，$AO = 4$，$OC = 2\sqrt{3}$，$AC = 2$，

则 $\angle AOC = 30°$，即 $\angle AOB = 60°$，

那么 $S_{阴影} = S_{扇AOB} - S_{\triangle AOB} = \dfrac{\pi \cdot 4^2}{6} - \dfrac{\sqrt{3}}{4} \cdot 4^2 = \dfrac{8\pi}{3} - 4\sqrt{3}$.

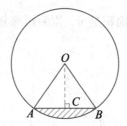

9. 【解析】答案是 B.

将三个小扇形拼成一个大扇形，而扇形的面积仅与圆心角和半径有关，所以 $S_A + S_B +$

$S_C = \dfrac{\pi \times r^2}{360°}(\angle A + \angle B + \angle C) = \dfrac{\pi \times 0.5^2}{360°} \times 180° = \dfrac{\pi}{8}$.

10. 【解析】答案是 C.

$2EF = AD + BC$，$2EF = AB + DC$ 而 $AB + BC + CD + DA = 40$，故 $4EF = 40$，得 $EF = 10$.

又 $AH = 6$，梯形 $ABCD$ 的面积 $S = EF \cdot AH = 10 \times 6 = 60$.

进阶习题详解

1. 【解析】答案是 C.

由题意可知 $a^2 + b^2 = c^2$，无法确定 $a = b$，则三角形 ABC 为直角三角形.

2. 【解析】答案是 C.

由题可知 $AO = 2$，$OD = 1$，则 $AD = \sqrt{3}$，故 $AB = 2\sqrt{3}$.

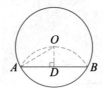

3. 【解析】答案是 C.

设两直角边为 a，b，根据直角三角形内切半径公式以及勾股定理可知 $\begin{cases} \dfrac{a+b-10}{2}=2 \\ a^2+b^2=100 \end{cases}$ 得

$a=6$，$b=8$ 或 $a=8$，$b=6$.

4. 【解析】答案是 B.

由于 S 的边长是 a，则 S_1 的边长是 $\dfrac{a}{2}\times\sqrt{2}=\dfrac{\sqrt{2}}{2}a$，所以 S_2 的边长是 $\dfrac{\sqrt{2}}{4}a\times\sqrt{2}=\dfrac{a}{2}$，则 S_2

的面积是 $\dfrac{a^2}{4}$，周长是 $2a$.

5. 【解析】答案是 D.

设 $\odot O$ 与 BC 边的切点是 M，$\odot O$ 与 AC 边的切点是 N，$\odot O$ 与 AB 边的切点是 P，$\odot O$ 的

半径是 r. 由于四边形 $OMCN$ 是正方形，且圆的切线长相等，则有 $\begin{cases} BM+r=4 \\ AN+r=3 \\ BM+AN=5 \end{cases}$，解得，

$r=\dfrac{1}{2}(4+3-5)=1$. 所以 $\odot O$ 的面积是 π，则阴影部分的面积是 $\dfrac{1}{2}\times4\times3-\pi=6-\pi$.

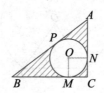

6. 【解析】答案是 C.

设这个面积为 36 平方厘米的圆形铝板的半径为 r，则这 7 个小圆形的半径就是 $\dfrac{1}{3}r$，根

据圆的面积公式可得 $r^2=\dfrac{36}{\pi}$，

所以剩下的边角料的总面积为 $36-7\pi\left(\dfrac{1}{3}r\right)^2=36-7\pi\times\dfrac{1}{9}\times\dfrac{36}{\pi}=8$ 平方厘米.

7. 【解析】答案是 D.

题中的阴影部分面积可以割补如下图，这样只用先求出 $\dfrac{1}{4}$ 大圆的面积，再减去其内的

等腰直角三角形面积即可 . $S=\dfrac{7\times7\pi}{4}-\dfrac{7\times7}{2}\approx38.5-24.5=14$.

8. 【解析】答案是 C.

首先，三角形 AMC 和三角形 AMD 是同底等高的三角形，面积相等，则三角形 EMC 和三角形 EAD 的面积是相等的，以下只求三角形 EMC 的面积即可.

由于三角形 AEM 相似于三角形 CED，所以 $AE:CE=1:2$，即 $S_{\triangle CEM}=2S_{\triangle AEM}$. 以下利用赋值法，设 $S_{\triangle AEM}=1$，则 $S_{\triangle CEM}=2S_{\triangle AEM}=2$，$S_{\triangle CBM}=S_{\triangle CMA}=1+2=3$，$S_{\triangle ABCD}=2S_{\triangle ABC}=2\times(3+1+2)=12$. 所以，答案为 $\dfrac{2+2}{12}=\dfrac{1}{3}$.

9. 【解析】答案是 B.

连接 OB，OC，由于 $\angle A=30°$，则有 $\angle COB=60°$，由于 $OC=OB=r$，则三角形 OBC 是等边三角形，所以 $r=4$，直径是 8 厘米.

10. 【解析】答案是 D.

由题可知，阴影部分的面积 $S=S_{大半圆}+S_{小半圆}-S_{\triangle ABC}=\dfrac{1}{2}\times\pi\times\left(\sqrt{3}\right)^2+\dfrac{1}{2}\times\pi\times1^2-\dfrac{1}{2}\times2\times2\sqrt{3}=2\pi-2\sqrt{3}$.

11. 【解析】答案是 B.

扇形 MAE 与扇形 NCF 拼在一起可得到一个 $\dfrac{1}{4}$ 圆，故 $S_{阴影}=\dfrac{1}{2}\times2\times2-\dfrac{1}{4}\pi\times\left(\sqrt{2}\right)^2-\dfrac{1}{4}\pi\times\left(2-\sqrt{2}\right)^2=2-\left(2-\sqrt{2}\right)\pi$.

12. 【解析】答案是 B.

如下图所示，由于 AB 是直径，所以半径 $OA=5$，$OE=5-2=3$. 由于 $\angle FEO=30°$，所以弦心距 $OF=\dfrac{3}{2}$.

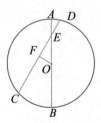

13. 【解析】答案是 E.

如下图所示，圆与圆必然是相似的，只要求出半径比即可. 假设外接圆半径为 1，则 $BP=AP=PC=1$. 设内接圆半径为 x. 以下所求即 $\left(\dfrac{1}{x}\right)^2$. 在正方形 $AMON$ 中，$MO=x$. 这样 $AO=\sqrt{2}x$. 则对于 AP，$AP=AO+OP$，即 $1=\sqrt{2}x+x$，得 $\dfrac{1}{x}=\sqrt{2}+1$，那么 $\left(\dfrac{1}{x}\right)^2=\left(\sqrt{2}+1\right)^2=3+2\sqrt{2}$.

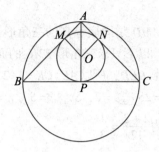

14.【解析】答案是 E.

已知 $\angle ADE = 60°$，则可知 $\angle BAD = \angle CDE$，又 $\angle B = \angle C$，则三角形 ABD 相似于三角形 DCE，由相似三角形对应边成比例有 $\dfrac{AB}{CD} = \dfrac{BD}{CE}$，即 $AB \cdot CE = CD \cdot BD$，$\dfrac{2}{3}a \cdot \dfrac{1}{3}a = a \cdot CE$，得 $CE = \dfrac{2}{9}a$. 又 $AC = a$，则 $AE = \dfrac{7}{9}a$. 等边三角形 ABC 的面积为 $\dfrac{\sqrt{3}}{4}a^2$，则三角形 ACD 的面积为 $\dfrac{2}{3} \times \dfrac{\sqrt{3}}{4}a^2 = \dfrac{\sqrt{3}}{6}a^2$，则三角形 ADE 的面积为 $\dfrac{7}{9} \times \dfrac{\sqrt{3}}{6}a^2 = \dfrac{7\sqrt{3}}{54}a^2$.

15.【解析】答案是 B.

由题干入手，可知 $\angle B = 30°$，即 $BC = 2a$，$AB = \sqrt{3}a$，则 $AD = \dfrac{\sqrt{3}}{2}a$，故条件（1）不充分，条件（2）充分，选 B.

第八章　解析几何

第一节　知识要点

一、平面直角坐标系

1. 平面直角坐标系

（1）定义：在平面内画两条互相垂直且原点重合的数轴，即建立了平面直角坐标系.

（2）两轴：水平的数轴叫作 x 轴或横轴，取向右为正方向，垂直的数轴叫作 y 轴或纵轴，取向上为正方向.

（3）原点：两轴的交点 O 为平面直角坐标系的原点.

（4）坐标平面：坐标系所在的平面叫作坐标平面.

2. 象限

x 轴和 y 轴把坐标平面分成四个部分，称为四个象限，按逆时针顺序依次叫第一象限、第二象限、第三象限、第四象限，其中，坐标轴不属于任何象限，如右图.

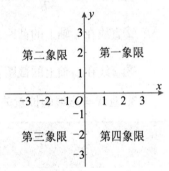

3. 点的坐标

对于坐标平面内的任意一点 A，过 A 点分别向 x 轴、y 轴作垂线，垂足在 x 轴、y 轴上对应的数 a、b 分别叫作点 A 的横坐标和纵坐标，有序数对 (a,b) 叫作点 A 的坐标，记作 $A(a,b)$，如图.

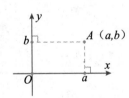

二、直线

1. 直线倾斜角和斜率

（1）倾斜角

直线向上的方向与 x 轴正方向所形成的最小正角，称为直线的倾斜角，倾斜角的取值范围是 $[0°，180°)$，如果直线与 x 轴平行或重合，规定直线的倾斜角是 $0°$.

（2）斜率

①如果直线的倾斜角是 α，且 $\alpha \neq 90°$，那么直线的斜率 $k = \tan \alpha$，如果 $\alpha = 90°$，那么直线的斜率不存在.

②如果直线上任意两点的坐标是 $A(x_1，y_1)$，$B(x_2，y_2)$，且 $x_1 \neq x_2$，那么直线的斜率

$k = \dfrac{y_2 - y_1}{x_2 - x_1}$，如果 $x_1 = x_2$，那么直线的斜率不存在.

2. 直线方程的五种形式

（1）点斜式：已知点 $P(x_1，y_1)$，直线的斜率 k，则直线方程是 $y - y_1 = k(x - x_1)$；

（2）斜截式：已知直线的斜率 k，直线在 y 轴上的截距 b（即直线与 y 轴交点的纵坐标 b），则直线方程是 $y = kx + b$；

（3）两点式：已知直线上两点的坐标 $P_1(x_1，y_1)$，$P_2(x_2，y_2)(y_1 \neq y_2$ 且 $x_1 \neq x_2)$，则直线方程是 $\dfrac{y - y_1}{y_2 - y_1} = \dfrac{x - x_1}{x_2 - x_1}$；

（4）截距式：已知直线在 x 轴上的截距 a（即直线与 x 轴交点的横坐标 a），直线在 y 轴上的截距 b（即直线与 y 轴交点的纵坐标 b）（$a \neq 0$ 且 $b \neq 0$），则直线方程是 $\dfrac{x}{a} + \dfrac{y}{b} = 1$；

（5）一般式：$Ax + By + C = 0$，对于该直线

①斜率：$k = -\dfrac{A}{B}(B \neq 0)$；

②直线在 x 轴上的截距：$-\dfrac{C}{A}(A \neq 0)$；

③直线在 y 轴上的截距：$-\dfrac{C}{B}(B \neq 0)$.

3. 直线与直线的位置关系

	$l_1: y = k_1 x + b_1$ $l_2: y = k_2 x + b_2$	$l_1: A_1 x + B_1 y + C_1 = 0$ $l_2: A_2 x + B_2 y + C_2 = 0$
相交	$k_1 \neq k_2$	$\dfrac{A_1}{A_2} \neq \dfrac{B_1}{B_2}$
垂直	$k_1 \cdot k_2 = -1$	$A_1 A_2 + B_1 B_2 = 0$
平行	$k_1 = k_2$ 且 $b_1 \neq b_2$	$\dfrac{A_1}{A_2} = \dfrac{B_1}{B_2} \neq \dfrac{C_1}{C_2}$
重合	$k_1 = k_2$ 且 $b_1 = b_2$	$\dfrac{A_1}{A_2} = \dfrac{B_1}{B_2} = \dfrac{C_1}{C_2}$

4. 常用公式

（1）中点公式：点 $(x_1，y_1)$ 与点 $(x_2，y_2)$ 的中点坐标为 $\left(\dfrac{x_1 + x_2}{2}，\dfrac{y_1 + y_2}{2} \right)$.

（2）两点间的距离公式：已知点 $A(x_1，y_1)$，$B(x_2，y_2)$，AB 之间的距离 $|AB| = \sqrt{(x_1 - x_2)^2 + (y_1 - y_2)^2}$.

（3）点到直线的距离公式：已知点 $P(x_0，y_0)$，直线 $l: Ax + By + C = 0$，则点 P 到直

线 l 的距离 $d = \dfrac{|Ax_0 + By_0 + C|}{\sqrt{A^2 + B^2}}$.

（4）两条平行线间的距离公式：已知 $l_1 : Ax + By + C_1 = 0$，$l_2 : Ax + By + C_2 = 0$，则两条

平行线间的距离 $d = \dfrac{|C_1 - C_2|}{\sqrt{A^2 + B^2}}$.

三、圆

1. 圆的标准方程

已知圆心是 (a, b)，半径是 r，则圆的标准方程是 $(x - a)^2 + (y - b)^2 = r^2$

2. 圆的一般方程

$x^2 + y^2 + Dx + Ey + F = 0 \ (D^2 + E^2 - 4F > 0)$，

配方得：$\left(x + \dfrac{D}{2}\right)^2 + \left(y + \dfrac{E}{2}\right)^2 = \dfrac{D^2 + E^2 - 4F}{4}$，当 $D^2 + E^2 - 4F > 0$ 时，方程表示圆心为

$\left(-\dfrac{D}{2}, \ -\dfrac{E}{2}\right)$，半径 $r = \dfrac{1}{2}\sqrt{D^2 + E^2 - 4F}$ 的圆.

（1）圆的一般方程体现了其代数特点：x^2，y^2 的系数相等且不为零，没有含 xy 的项；

（2）当 $D^2 + E^2 - 4F = 0$ 时，方程表示：点 $\left(-\dfrac{D}{2}, \ -\dfrac{E}{2}\right)$；当 $D^2 + E^2 - 4F < 0$ 时，方

程不表示任何图形.

3. 点与圆的位置关系

已知点 $P(x_0, \ y_0)$，圆 $O : (x - a)^2 + (y - b)^2 = r^2$，则

$$(x_0 - a)^2 + (y_0 - b)^2 \begin{cases} < r^2, & \text{点 } P \text{ 在圆内} \\ = r^2, & \text{点 } P \text{ 在圆上} \\ > r^2, & \text{点 } P \text{ 在圆外} \end{cases}$$

已知点 $P(x_0, \ y_0)$，圆 $O : x^2 + y^2 + Dx + Ey + F = 0 (D^2 + E^2 - 4F > 0)$，则

$$x_0^2 + y_0^2 + Dx_0 + Ey_0 + F \begin{cases} < 0, & \text{点 } P \text{ 在圆内} \\ = 0, & \text{点 } P \text{ 在圆上} \\ > 0, & \text{点 } P \text{ 在圆外} \end{cases}$$

四、直线与圆

1. 直线和圆的位置关系

已知圆 $O : (x - a)^2 + (y - b)^2 = r^2$，直线 $l : Ax + By + C = 0$，如下图所示，则圆心 O 到

直线 l 的距离 $d = \dfrac{|Aa + Bb + C|}{\sqrt{A^2 + B^2}} \begin{cases} > r, & \text{直线与圆相离} \\ = r, & \text{直线与圆相切} \\ < r, & \text{直线与圆相交} \end{cases}$

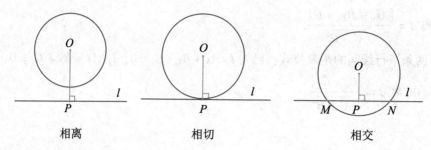

相离　　　　　　　　相切　　　　　　　　相交

2. 求直线与圆相交的弦长

已知圆 O：$(x-a)^2 + (y-b)^2 = r^2$，直线 l：$Ax + By + C = 0$，若直线 l 与圆 O 相交于 M，N 两点，求弦长 $|MN|$。

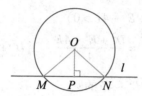

（1）先求圆心 O 到直线 l 的距离：$|OP| = \dfrac{|Aa + Bb + C|}{\sqrt{A^2 + B^2}}$；

（2）再求弦长的一半：$|MP| = \sqrt{r^2 - |OP|^2}$；

（3）则弦长 $|MN| = 2|MP|$。

3. 求圆的切线方程

已知点 $P(x_0, y_0)$，圆 O：$(x-a)^2 + (y-b)^2 = r^2$，求过点 P 圆的切线方程。

首先判断点 P 与圆 O 的位置关系，

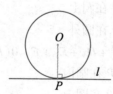

（1）若点 P 在圆上，

①先求直线 OP 的斜率：$k_{OP} = \dfrac{y_0 - b}{x_0 - a}$；

②再求切线 l 的斜率：$k_l = -\dfrac{1}{\dfrac{y_0 - b}{x_0 - a}} = \dfrac{x_0 - a}{b - y_0}$；

③则切线 l 的方程：$y - y_0 = \dfrac{x_0 - a}{b - y_0}(x - x_0)$。

（2）若点 P 在圆外，

①设切线 l 的方程是 $y - y_0 = k(x - x_0)$，即 $kx - y + y_0 - kx_0 = 0$；

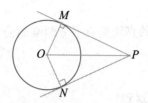

②由于圆心 O 到切线 l 的距离等于圆的半径，即 $d = \dfrac{|ka - b + y_0 - kx_0|}{\sqrt{k^2 + 1}} = r$；

③移项，两侧平方解方程求出切线的斜率 k，则切线 l 的方程可求．由于点在圆外，切线方程一定有两条，若解方程只求得一个 k 的值，则另一条切线是不存在的情形，即 $x = x_0$．

五、圆与圆

1. 圆与圆的位置关系

已知圆 O_1：$(x - a_1)^2 + (y - b_1)^2 = r^2$，圆 O_2：$(x - a_2)^2 + (y - b_2)^2 = R^2$，则两圆的圆心距：$d = |O_1O_2| = \sqrt{(a_1 - a_2)^2 + (b_1 - b_2)^2}$．

	图像	d 与 R、r 关系	公切线
相离		$d > R + r$	4 条
外切		$d = R + r$	3 条
相交		$R - r < d < R + r$	2 条
内切		$d = R - r$	1 条
内含		$d < R - r$	无

2. 公共弦定理

若两圆相交，则过两圆圆心的直线垂直平分两圆的公共弦.

六、对称问题

1. 关于点的对称（也叫中心对称）

已知点 $P(x_0, y_0)$，对称中心为 $A(a, b)$，则点 P 关于点 A 的对称点 $P_1(2a - x_0, 2b - y_0)$.

2. 关于直线的对称（也叫轴对称）

（1）点关于直线的对称

已知点 $P(x_0, y_0)$，关于直线 $y = kx + b$ 的对称点为 $P_1(x_1, y_1)$，则有

$$\begin{cases} \dfrac{y_0 - y_1}{x_0 - x_1} \cdot k = -1, \\ \dfrac{y_0 + y_1}{2} = k \cdot \dfrac{x_0 + x_1}{2} + b, \end{cases} \quad 即可求出 P_1(x_1, y_1).$$

（2）圆关于直线的对称

已知圆 $(x - x_0)^2 + (y - y_0)^2 = r^2$，通过上述方式求出圆心 $O(x_0, y_0)$ 的对称点 $O_1(x_1, y_1)$，则关于直线 $y = kx + b$ 的对称圆为 $(x - x_1)^2 + (y - y_1)^2 = r^2$.

3. 关于特殊点或特殊直线对称

特殊点或特殊直线	点 (x, y)	直线 $Ax + By + C = 0$
x 轴	$(x, -y)$	$Ax + B(-y) + C = 0$
y 轴	$(-x, y)$	$A(-x) + By + C = 0$
原点	$(-x, -y)$	$A(-x) + B(-y) + C = 0$
直线 $y = x$	(y, x)	$Ay + Bx + C = 0$
直线 $y = -x$	$(-y, -x)$	$A(-y) + B(-x) + C = 0$
直线 $x = a$	$(2a - x, y)$	$A(2a - x) + By + C = 0$
直线 $y = b$	$(x, 2b - y)$	$Ax + B(2b - y) + C = 0$
直线 $y = x + b$	$(y - b, x + b)$	$A(y - b) + B(x + b) + C = 0$
直线 $y = -x + b$	$(-y + b, -x + b)$	$A(-y + b) + B(-x + b) + C = 0$

七、图像与区域

1. 直线相关

不妨设 $B > 0$，则不等式 $Ax + By + C \geq 0$ 表示的区域是直线 $Ax + By + C = 0$ 及其上方；不等式 $Ax + By + C \leq 0$ 表示的区域是直线 $Ax + By + C = 0$ 及其下方；若不等式中 y 的系数为负，将其化为正即可.

2. 圆相关

(1) $(x-a)^2 + (y-b)^2 \begin{cases} \geq r^2, & \text{表示圆及圆的外部} \\ \leq r^2, & \text{表示圆及圆的内部} \end{cases}$.

(2) 半圆：记圆 O 为 $(x-a)^2 + (y-b)^2 = r^2$，则

$x - a = \sqrt{r^2 - (y-b)^2}$ 表示圆 O 的右半部分；

$x - a = -\sqrt{r^2 - (y-b)^2}$ 表示圆 O 的左半部分；

$y - b = \sqrt{r^2 - (x-a)^2}$ 表示圆 O 的上半部分；

$y - b = -\sqrt{r^2 - (x-a)^2}$ 表示圆 O 的下半部分.

3. 其他

(1) $|ax-b| + |cy-d| = e(ac \neq 0, e > 0)$ 表示以 A_1，A_2，B_1，B_2 为顶点的菱形，其中

$A_1\left(\dfrac{b}{a}, \dfrac{d-e}{c}\right)$，$A_2\left(\dfrac{b}{a}, \dfrac{d+e}{c}\right)$，$B_1\left(\dfrac{b-e}{a}, \dfrac{d}{c}\right)$，$B_2\left(\dfrac{b+e}{a}, \dfrac{d}{c}\right)$，菱形的面积等于 $\dfrac{2e^2}{ac}$.

　① $|ax-b| + |cy-d| = e(ac \neq 0, e > 0)$ 所围面积与 $|ax| + |cy| = e(ac \neq 0, e > 0)$ 所围面积相等.

　② $|ax-b| + |cy-d| \leq e(ac \neq 0, e > 0)$ 表示菱形及其内部.

　③ $|ax-b| + |cy-d| = e(a = c \neq 0, e > 0)$ 表示的图形为正方形.

(2) $|xy| - n|x| - m|y| + mn = (|x| - m)(|y| - n) = 0(m > 0, n > 0)$ 的图像为 4 条直线 $x = m$、$x = -m$、$y = n$、$y = -n$.

　① $|xy| - n|x| - m|y| + mn = 0$ 所围图形面积为 $4mn$.

　② $m \neq n$ 时，所围图形为矩形；$m = n$ 时，所围图形为正方形.

第二节　基础例题

题型 1　关于直线的一般问题

【例 1】已知直线 l 的斜率 $k = 2$，$P_1(3, 5)$，$P_2(x_2, 7)$，$P_3(-1, y_3)$ 是直线 l 上的三点，则 x_2，y_3 依次是

(A) -3，4　　(B) 2，-3　　(C) 4，-3　　(D) 4，3　　(E) 3，-2

【解析】答案是 C.

由于三点共线，所以任意两点之间的斜率都是直线的斜率，即 $k_{P_1P_2} = k_{P_1P_3} = k$，所以 $\dfrac{7-5}{x_2-3} = \dfrac{y_3-5}{-1-3} = 2$，解得 $x_2 = 4$，$y_3 = -3$.

【例 2】已知直线 l 经过点 $M(2, 1)$，且在两坐标轴上的截距相等，则直线 l 的方程为

(A) $2x + y - 3 = 0$　　　　　(B) $x - 2y = 0$　　　　　(C) $x + y + 2 = 0$

(D) $x + y - 1 = 0$　　　　　(E) $x + y - 3 = 0$ 或 $x - 2y = 0$

【解析】答案是 E.

若截距不等于 0，设直线 l：$\dfrac{x}{a} + \dfrac{y}{a} = 1$，由于 $\dfrac{2}{a} + \dfrac{1}{a} = 1$，解得 $a = 3$，所以直线 l 的方程为 $x + y - 3 = 0$.

若截距等于 0，此时直线 l 过原点，设直线 l：$y = kx$，由于 $1 = 2k$，解得 $k = \dfrac{1}{2}$，直线 l 的方程为 $x - 2y = 0$.

综上，直线 l 的方程为 $x + y - 3 = 0$ 或 $x - 2y = 0$.

【例 3】已知直线 l 的斜率为 6，与两坐标轴围成的三角形面积为 12，则直线 l 的方程为

(A) $6x - y - 12 = 0$ 　　　　　　　(B) $6x - y - 12 = 0$ 或 $6x - y + 12 = 0$

(C) $6x + y - 12 = 0$ 或 $6x - y + 12 = 0$ 　(D) $6x + y - 12 = 0$

(E) $6x - y + 12 = 0$

【解析】答案是 B.

设直线 l 与 x 轴交于点 A，与 y 轴交于点 B，直线 l：$y = kx + b$，由于 $y = 6x + b$，所以 $A\left(-\dfrac{b}{6},\ 0\right)$，$B(0,\ b)$. 又因为 $\dfrac{1}{2} \times \left| -\dfrac{b}{6} \right| \times |b| = 12$，所以 $b = \pm 12$. 可知直线 l 的方程：$6x - y - 12 = 0$ 或 $6x - y + 12 = 0$.

题型 2　直线与直线的位置关系

【例 4】若直线 $y = -\dfrac{1}{m}x - \dfrac{m}{6}$ 和直线 $y = \dfrac{2 - m}{3}x - \dfrac{2}{3}m$ 平行，则 $m =$

(A) -1 或 3 　　(B) 1 或 -3 　　(C) 3 　　(D) -1 　　(E) -3

【解析】答案是 A.

由于 $-\dfrac{1}{m} = \dfrac{2 - m}{3}$ 且 $-\dfrac{m}{6} \neq -\dfrac{2}{3}m$，所以 $m = 3$ 或 -1.

【例 5】若直线 $mx + 4y - 2 = 0$ 与 $2x - 5y + n = 0$ 互相垂直，垂足为 $(1,\ p)$，则 $m - n + p =$

(A) 24 　　(B) 20 　　(C) 0 　　(D) -4 　　(E) 8

【解析】答案是 B.

由于直线 $mx + 4y - 2 = 0$ 的斜率是 $-\dfrac{m}{4}$，直线 $2x - 5y + n = 0$ 的斜率是 $\dfrac{2}{5}$，且两直线互相垂直，所以 $\left(-\dfrac{m}{4}\right) \cdot \left(\dfrac{2}{5}\right) = -1$，解得 $m = 10$. 由于点 $(1,\ p)$ 在直线 $10x + 4y - 2 = 0$ 上，所以 $p = -2$. 由于点 $(1,\ -2)$ 在直线 $2x - 5y + n = 0$ 上，所以 $n = -12$. 综上，$m - n + p = 20$.

【例 6】直线 l：$3x - 2y - 4 = 0$.

(1) 直线 l 过点 $(4,\ 4)$ 且与 $2x + 3y + 3 = 0$ 平行.

(2) 直线 l 过点 $(4,\ 4)$ 且与 $2x + 3y + 3 = 0$ 垂直.

【解析】答案是 B.

条件（1），设所求直线为 $2x+3y+C=0$. 将点 $(4，4)$ 代入后知 $C=-20$，得 $2x+3y-20=0$，不充分.

条件（2），设所求直线为 $3x-2y+C=0$. 将点 $(4，4)$ 代入后知 $C=-4$，得 $3x-2y-4=0$，充分，选 B.

【例 7】若三条直线 $ax+2y+8=0$，$4x+3y=10$，$2x-y=10$ 相交于一点，则 $a=$

(A) -2　　　(B) -1　　　(C) 0　　　(D) 1　　　(E) 2

【解析】答案是 B.

设三条直线交于点 P，由于 $\begin{cases}4x+3y=10\\2x-y=10\end{cases}$，解得 $\begin{cases}x=4\\y=-2\end{cases}$，即 $P(4，-2)$. 又因为点 $P(4，-2)$ 在直线 $ax+2y+8=0$ 上，所以 $a=-1$.

题型 3 关于圆的一般问题

【例 8】若方程 $x^2+y^2-2(t+3)x+2(1-4t^2)y+16t^4+9=0(t\in\mathbb{R})$ 表示圆，则 t 的取值范围是

(A) $-1<t<\dfrac{1}{7}$　　　(B) $-1<t<\dfrac{1}{2}$　　　(C) $-\dfrac{1}{7}<t<1$

(D) $1<t<2$　　　(E) $-1<t<-\dfrac{1}{7}$

【解析】答案是 C.

方程 $x^2+y^2+Dx+Ey+F=0$ 表示圆，需要满足 $D^2+E^2-4F>0$，则

$4(t+3)^2+4(1-4t^2)^2-4(16t^4+9)>0$，所以 $-7t^2+6t+1>0$，即 $-\dfrac{1}{7}<t<1$.

【例 9】若点 $P(5a+1，12a)$ 在圆 $(x-1)^2+y^2=1$ 的内部，则 a 的取值范围是

(A) $|a|<1$　　(B) $|a|<\dfrac{1}{5}$　　(C) $a<\dfrac{1}{13}$　　(D) $|a|<\dfrac{1}{13}$　　(E) $a<\dfrac{1}{5}$

【解析】答案是 D.

由题可知，点 P 在圆内，即 $(5a+1-1)^2+(12a)^2<1$，所以 $(13a)^2<1$，解得 $|a|<\dfrac{1}{13}$.

【例 10】已知圆经过 $P(2，2)$，$Q(4，2)$ 两点，且圆心在直线 $y=x$ 上，则圆的方程为

(A) $(x-3)^2+(y-3)^2=2$　　　(B) $(x+3)^2+(y-3)^2=2$

(C) $(x+3)^2+(y+3)^2=2$　　　(D) $(x-3)^2+(y+3)^2=2$

(E) $(x-3)^2+(y-3)^2=4$

【解析】答案是 A.

设圆的方程：$(x-a)^2+(y-a)^2=r^2$，圆心为 O，由于 $|OP|=|OQ|$，所以 $\sqrt{2(a-2)^2}=\sqrt{(a-4)^2+(a-2)^2}$，解得：$a=3$. 由于 $r=|OP|=\sqrt{2}$，所以圆的方程为 $(x-3)^2+$

$(y-3)^2 = 2.$

题型 4　直线与圆的位置关系

【例 11】 已知直线 $y = k(x+2)$ 与圆 $x^2 + y^2 = 1$ 相切，则 $k =$

(A) $\dfrac{\sqrt{3}}{3}$　　(B) $\pm \dfrac{\sqrt{3}}{3}$　　(C) $-\dfrac{\sqrt{3}}{3}$　　(D) $\pm \dfrac{\sqrt{2}}{2}$　　(E) $\dfrac{\sqrt{2}}{2}$

【解析】 答案是 B.

直线与圆相切，即圆心到直线的距离等于半径，可列方程为 $d = \dfrac{|2k|}{\sqrt{k^2+1}} = 1 = r$，解得

$k = \pm \dfrac{\sqrt{3}}{3}$. 故选 B.

【例 12】 已知圆 $x^2 + y^2 - ax = 0$ 与直线 $y = 2$ 有交点，则 a 的取值范围为

(A) $a \geqslant 4$　　　　　　　(B) $a \leqslant -4$　　　　　　　(C) $a < 4$

(D) $a \geqslant 4$ 或 $a \leqslant -4$　　　(E) $a \geqslant 2$ 或 $a \leqslant -2$

【解析】 答案是 D.

直线与圆有交点，即联立方程后得到的一元二次方程有根.

联立方程可得 $\begin{cases} x^2 + y^2 - ax = 0 & ① \\ y = 2 & ② \end{cases}$，将式②直接代入式①可得 $x^2 - ax + 4 = 0$，即

$\Delta = a^2 - 16 \geqslant 0$，解得 $a \geqslant 4$ 或 $a \leqslant -4$. 故选 D.

【例 13】 已知点 $P(1, 2)$ 和圆 $C: x^2 + y^2 + kx + 2y + k^2 = 0$，过 P 作圆 C 的切线有两条，则 k 的取值范围是

(A) $k \in \mathbf{R}$　　　　　　(B) $k < \dfrac{2\sqrt{3}}{3}$　　　　　　(C) $-\dfrac{2\sqrt{3}}{3} < k < 0$

(D) $-\dfrac{2\sqrt{3}}{3} < k < \dfrac{2\sqrt{3}}{3}$　　(E) $k > \dfrac{2\sqrt{3}}{3}$

【解析】 答案是 D.

由于 $x^2 + y^2 + kx + 2y + k^2 = 0$ 表示圆，所以 $k^2 + 4 - 4k^2 > 0$，解得 $-\dfrac{2\sqrt{3}}{3} < k < \dfrac{2\sqrt{3}}{3}$；由

于点 P 在圆 C 外，所以 $1 + 4 + k + 4 + k^2 > 0$，解得 $k \in \mathbf{R}$；综上，k 的取值范围是 $-\dfrac{2\sqrt{3}}{3} <$

$k < \dfrac{2\sqrt{3}}{3}$.

【例 14】 已知点 $A(1, -3)$，那么过点 A 与圆 $C: x^2 + y^2 - 4x + 2y = 0$ 相切的直线方程是

(A) $x - 2y - 3 = 0$　　　　(B) $2x + y - 5 = 0$　　　　(C) $x + 2y + 5 = 0$

(D) $3x - 2y + 5 = 0$　　　　(E) $x - 2y + 3 = 0$

【解析】 答案是 C.

由于 $1^2 + (-3)^2 - 4 \times 1 + 2 \times (-3) = 0$，可得点 $A(1, -3)$ 在圆上，由于圆心是 $C(2, -1)$，则直线 AC 的斜率是 $k_{AC} = 2$，所以切线的斜率 $k = -\dfrac{1}{2}$，则切线方程是 $y + 3 = -\dfrac{1}{2}(x-1)$，即 $x + 2y + 5 = 0$.

【例15】 圆 C：$x^2 + y^2 - 4x + 4y + 6 = 0$ 截直线 $x - y - 5 = 0$ 所得的弦长等于

(A) $\sqrt{6}$ (B) $\dfrac{5\sqrt{2}}{2}$ (C) 1   (D) 5   (E) 6

【解析】 答案是 A.

由于圆心 $C(2, -2)$ 到直线 $x - y - 5 = 0$ 的距离是 $d = \dfrac{\sqrt{2}}{2}$，且圆的半径 $r = \sqrt{2}$，所以弦长为 $2 \times \sqrt{2 - \dfrac{1}{2}} = \sqrt{6}$.

题型 5　圆与圆的位置关系

【例16】 若两圆 $x^2 + y^2 = r^2$ 与 $(x-3)^2 + (y+1)^2 = 9r^2 (r > 0)$ 相切，则 r 的值为

(A) $\dfrac{\sqrt{10}}{4}$ (B) $\sqrt{10}$ (C) $\sqrt{5}$ (D) $\dfrac{\sqrt{10}}{2}$ (E) $\dfrac{\sqrt{10}}{4}$ 或 $\dfrac{\sqrt{10}}{2}$

【解析】 答案是 E.

由于两圆的圆心为 $(0, 0)$，$(3, -1)$，两圆半径为 r，$3r$.

两圆外切时，$r + 3r = \sqrt{9+1}$，解得 $r = \dfrac{\sqrt{10}}{4}$.

两圆内切时，$3r - r = \sqrt{9+1}$，解得 $r = \dfrac{\sqrt{10}}{2}$，所以 r 的值是 $\dfrac{\sqrt{10}}{4}$ 或 $\dfrac{\sqrt{10}}{2}$.

【例17】 两圆相交于点 $A(1, 3)$ 和点 $B(m, -1)$，两圆圆心都在直线 l：$x - y + c = 0$ 上，则 $m + c =$

(A) 1   (B) 2   (C) 3   (D) 4   (E) 5

【解析】 答案是 C.

设 A 点和 B 点的中点是 P，由于直线 AB 垂直 l，所以 $\dfrac{3+1}{1-m} = -1$，解得 $m = 5$. 由于点 P 在直线 l：$x - y + c = 0$ 上，所以 $\left(\dfrac{m+1}{2}\right) - \left(\dfrac{3-1}{2}\right) + c = 0$，则有 $c = -2$. 综上，$m + c = 3$.

题型 6　对称问题

【例18】 直线 $y = 3x + 2$ 关于直线 $x = 2$ 的对称直线是

(A) $y = -3x + 14$ (B) $y = -3x + 8$ (C) $y = 3x + 14$

(D) $y = -3x - 14$ (E) $y = 3x - 14$

【解析】答案是 A.

点 (x, y) 关于直线 $x=2$ 的对称点为 $(4-x, y)$，那么直线 $y=3x+2$ 关于直线 $x=2$ 的对称直线是 $y=3 \times (4-x) + 2 = -3x + 14$，选 A.

第三节　进阶例题

考点1　直线

【例1】直线 $ax + by + c = 0$ 经过第一象限.

(1) $ab > 0$.　　　　　　　　(2) $bc < 0$.

【解析】答案是 B.

条件 (1)，我们可以举出反例 $a = b = c = 1$，此时直线为 $x + y + 1 = 0 \Leftrightarrow y = -x - 1$，显然直线不经过第一象限，不充分.

条件 (2)，显然 $b \neq 0$，则直线为 $y = -\dfrac{a}{b}x - \dfrac{c}{b}$，斜率为 $-\dfrac{a}{b}$，截距为 $-\dfrac{c}{b}$，由 $bc < 0$ 知直线截距为正，作图易知，无论直线斜率如何，直线必过第一象限，充分，选 B.

变式1：直线 $ax + by + c = 0$ 经过第一象限.

(1) $ab < 0$.　　　　　　　　(2) $bc > 0$.

变式2：直线 $ax + by + c = 0$ 经过第二象限.

(1) $ab \leqslant 0$.　　　　　　　(2) $bc \leqslant 0$.

变式3：直线 $ax + by + c = 0$ 经过第三象限.

(1) $abc < 0$.　　　　　　　　(2) $ac \leqslant 0$.

变式4：直线 $ax + by + c = 0$ 经过第四象限.

(1) $abc \leqslant 0$.　　　　　　　(2) $ac < 0$.

【解析】答案依次为是 A，E，E，B.

【要点】直线 $ax + by + c = 0$ 过象限状况如下：

(1) 若斜率为正，则一定经过第一、三象限；若斜率为负，则一定经过第二、四象限；

(2) 若 y 轴截距为正，则一定经过第一、二象限；若 y 轴截距为负，则一定经过第三、四象限；

(3) 若 x 轴截距为正，则一定经过第一、四象限；若 x 截距为负，则一定经过第二、三象限；

其中斜率与系数 a，b 相关，y 轴截距与系数 b，c 相关；x 轴截距与系数 a，c 相关.

【例2】直线 $(m-1)x + (2m+1)y + 3 = 0$ 经过第四象限.

(1) $-\sqrt{17} < m < 0$.　　　　(2) $0 < m < \sqrt{17}$.

【解析】答案是 D.

方法一：根据题意，当 $-\sqrt{17} < m < 0$ 时，$ac = 3 \times (m-1) < 0$，则横截距 $-\dfrac{c}{a}$ 为正，

直线必经过一、四象限；当 $0<m<\sqrt{17}$ 时，$bc=3\times(2m+1)>0$，则纵截距 $-\dfrac{c}{b}$ 为负，直线必然经过三、四象限；则两条件都充分.

方法二：$(m-1)x+(2m+1)y+3=0$，即 $m(x+2y)+(-x+y+3)=0$，令 $\begin{cases} x+2y=0 \\ -x+y+3=0 \end{cases}$，得 $\begin{cases} x=2 \\ y=-1 \end{cases}$，即直线必过点 $(2,-1)$，故直线必经过第四象限，选 D.

考点2　直线与圆

（一）直线与圆的位置关系

【例3】若直线 $y=ax$ 与圆 $(x-a)^2+y^2=1$ 相切，则 $a^2=$

(A) $\dfrac{1+\sqrt{3}}{2}$　　(B) $1+\dfrac{\sqrt{3}}{2}$　　(C) $\dfrac{\sqrt{5}}{2}$　　(D) $1+\dfrac{\sqrt{5}}{3}$　　(E) $\dfrac{1+\sqrt{5}}{2}$

【解析】答案是 E.

根据圆的标准方程得出圆心为 $(a,0)$，半径 $r=1$.

圆心到直线的距离 $d=\dfrac{|a^2-0|}{\sqrt{a^2+1}}=1$（圆心到直线的距离等于半径）.

所以 $a^4-a^2-1=0$，解出 $a^2=\dfrac{1+\sqrt{5}}{2}$ 或 $\dfrac{1-\sqrt{5}}{2}$，选 E.

【例4】直线与圆 $x^2+4x+y^2-2y+1=0$ 相交.

(1) 直线 $ax-y+2a+1=0$.

(2) 直线 $ax-y+a+1=0$.

【解析】答案是 D.

条件（1），所给直线恒过 $(-2,1)$，点 $(-2,1)$ 在圆内，所以直线必与圆相交.

条件（2），所给直线恒过点 $(-1,1)$，点 $(-1,1)$ 在圆内，所以直线必与圆相交，故两个条件都充分，选 D.

（二）求圆的切线

【例5】若圆 $C:(x+1)^2+(y-1)^2=1$ 与 x 轴交于 A 点，与 y 轴交于 B 点，则与此圆相切于劣弧 AB 中点 M（注：小于半圆的弧称为劣弧）的切线方程是

(A) $y=x+2-\sqrt{2}$　　(B) $y=x+1-\dfrac{1}{\sqrt{2}}$　　(C) $y=x-1+\dfrac{1}{\sqrt{2}}$

(D) $y=x-2+\sqrt{2}$　　(E) $y=x+1-\sqrt{2}$

【解析】答案是 A.

方法一：根据题干信息画图如下，直线 l 为圆 C 过点 M 的切线，那么切线 l 的纵截距 b 满足 $0<b<1$，因此，选项 B，C，D 即可排除. 验证选项 A 和 B 中的直线是否与圆相

切，相切即为正确答案，验证可得 A 选项正确，故选 A.

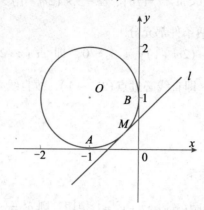

方法二：观察图像可知切线 l 的斜率为 1，设切线的方程为 $y = x + b$，圆心（-1，1）到切线的距离等于 1，即 $\dfrac{|-1-1+b|}{\sqrt{1+1}} = 1$，$|b-2| = \sqrt{2}$，解得 $b = 2 + \sqrt{2}$（舍去）或 $b = 2 - \sqrt{2}$，故切线方程为 $y = x + b = x + 2 - \sqrt{2}$.

【例 6】过原点向圆 $x^2 + y^2 - 12y + 27 = 0$ 作两条切线，则该圆夹在两条切线间的劣弧长为

（A）π　　　　（B）2π　　　　（C）3π　　　　（D）4π　　　　（E）6π

【解析】答案是 B.

如下图所示，该圆圆心为（0，6），半径长度为 3，显然任一切线与 y 轴的夹角为 30°. 所以两条切线间的夹角为 60°，即 $\dfrac{\pi}{3}$，因此所求的劣弧长 $l = \dfrac{\pi}{3} \times 2r = 2\pi$.

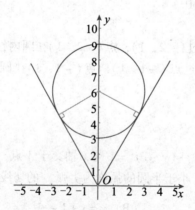

（三）圆上的点到直线的距离

【例 7】已知 P 为圆 $O : x^2 + y^2 = 1$ 上的动点，则点 P 到直线 $3x - 4y - 10 = 0$ 的距离的最小值为

（A）1　　　　（B）2　　　　（C）3　　　　（D）4　　　　（E）5

【解析】答案是 A.

过圆心 $O(0, 0)$ 作 OC 垂直于直线 $3x-4y-10=0$, 交圆于点 P, 此时 $|PC|$ 即为距离的最小值, 由于 $|OC|=\dfrac{|-10|}{5}=2$, $|OP|=r=1$, 所以 $|PC|=|OC|-|OP|=1$.

(四) 求圆的弦长

【例8】直线 $x-y+3=0$ 截圆 $(x-a)^2+(y-2)^2=4\,(a>0)$ 的弦长为 $2\sqrt{3}$, 则 $a=$

(A) 1　　　　(B) $\sqrt{2}+1$　　　(C) $\sqrt{2}$　　　　(D) $\pm\sqrt{2}-1$　　(E) $\sqrt{2}-1$

【解析】答案是 E.

由勾股定理可知, 圆心到直线的距离 $d=\dfrac{|a-2+3|}{\sqrt{1^2+1^2}}=\sqrt{2^2-\left(\dfrac{2\sqrt{3}}{2}\right)^2}$, 解得 $a=\pm\sqrt{2}-1$

且 $a>0$, 所以 $a=\sqrt{2}-1$.

考点3　圆与圆

【例9】圆 $x^2+y^2-6x+8y=1$ 与圆 $x^2+y^2=r^2\,(r>0)$ 有两个交点.

(1) $r\in(0, 9)$.

(2) $r\in[1, 10)$.

【解析】答案是 B.

将圆方程化为标准方程, 可得 $(x-3)^2+(y+4)^2=26$, 圆心为 $(3, -4)$, 半径为 $\sqrt{26}$.

考虑两圆心的距离和半径和的绝对值与半径差的绝对值的大小关系,

$\big|\sqrt{26}-r\big|<5<\big|\sqrt{26}+r\big|$, 解得 $\sqrt{26}-5<r<\sqrt{26}+5$, 条件 (1) 不充分, 条件 (2) 充分, 选 B.

考点4　对称问题

(一) 关于特殊点、直线对称

【例10】若直线 l_1 与直线 l_2 关于 x 轴对称, l_1 的斜率是 $-\sqrt{7}$, 则 l_2 的斜率是

(A) $\sqrt{7}$　　　　(B) $-\dfrac{\sqrt{7}}{7}$　　　(C) $\dfrac{\sqrt{7}}{7}$　　　　(D) $-\sqrt{7}$　　　(E) $2\sqrt{7}$

【解析】答案是 A.

设直线 l_1 的倾斜角是 α_1, 直线 l_2 的倾斜角是 α_2, 由于 $\alpha_1+\alpha_2=180°$, 所以 $\tan\alpha_1=-\tan\alpha_2$, 即 $k_1=-k_2$, 则 $k_2=\sqrt{7}$.

【例11】圆 C: $x^2+y^2-6x+4y+12=0$ 关于直线 $y=-x$ 对称的圆的方程是

(A) $x^2+y^2+6x+4y+12=0$　　(B) $x^2+y^2-6x-4y+12=0$

(C) $x^2+y^2+4x-6y+12=0$　　(D) $x^2+y^2+6x-4y+12=0$

(E) $x^2 + y^2 - 4x + 6y + 12 = 0$

【解析】答案是 E.

由于点(x, y)关于直线$y = -x$对称的点是$(-y, -x)$，则圆 C：$x^2 + y^2 - 6x + 4y + 12 = 0$ 关于直线$y = -x$对称的圆的方程是$(-y)^2 + (-x)^2 - 6(-y) + 4(-x) + 12 = 0$，即 $x^2 + y^2 - 4x + 6y + 12 = 0$.

【例12】圆 $x^2 + y^2 - 6x + 4y = 0$ 上到原点距离最远的点是

(A) $(-3, 2)$ (B) $(3, -2)$ (C) $(6, 4)$ (D) $(-6, 4)$ (E) $(6, -4)$

【解析】答案是 E.

圆方程化标准式：$(x - 3)^2 + (y + 2)^2 = 13$，由圆方程可知原点 $(0, 0)$ 在圆上.

则到圆上点的最远距离点为图中 B 点，OB 为过圆心 A 的直径，已知 $O(0, 0)$，$A(3, -2)$，且 A 为 OB 的中点，设 B 点 (x_0, y_0). 那么 $\begin{cases} \dfrac{0 + x_0}{2} = 3 \\ \dfrac{0 + y_0}{2} = -2 \end{cases}$，解得 $\begin{cases} x_0 = 6 \\ y_0 = -4 \end{cases}$.

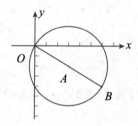

（二）关于一般点/直线对称

【例13】点$(0, 4)$关于直线$2x + y + 1 = 0$的对称点为

(A) $(2, 0)$ (B) $(-3, 0)$ (C) $(-6, 1)$ (D) $(4, 2)$ (E) $(-4, 2)$

【解析】答案是 E.

设对称点为(x_0, y_0)，点$(0, 4)$和点(x_0, y_0)形成的直线与直线$2x + y + 1 = 0$垂直，故点$(0, 4)$和点(x_0, y_0)形成的直线斜率为$\dfrac{1}{2}$，且两点的中点在$2x + y + 1 = 0$上，代入选项进行验证，只有选项 E 符合.

考点5 图像与区域

【例14】x, y均为实数. 则$x^2 + y^2 \geqslant 4$.

(1) $(x - 1)^2 + (y - 2)^2 \leqslant 1$. (2) $x + 2y - 5 \geqslant 0$.

【解析】答案是 B.

$x^2 + y^2 \geqslant 4$表示的区域是圆$x^2 + y^2 = 4$及圆的外部；$(x - 1)^2 + (y - 2)^2 \leqslant 1$表示的区域是圆$(x - 1)^2 + (y - 2)^2 = 1$及圆的内部；$x + 2y - 5 \geqslant 0$表示的是直线$x + 2y - 5 = 0$及直线的上方.

条件（1），圆 $x^2+y^2=4$ 与圆 $(x-1)^2+(y-2)^2=1$ 圆心距 $d_1=\sqrt{5}$，与两圆半径关系有 $2-1<\sqrt{5}<2+1$，故两圆相交，图像如下，则圆 $(x-1)^2+(y-2)^2=1$ 及其内部不是圆 $x^2+y^2=4$ 及其外部的子集，故条件（1）不充分.

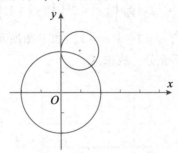

条件（2），圆 $x^2+y^2=4$ 的圆心到直线 $x+2y-5=0$ 的距离 $d_2=\sqrt{5}$，与半径的关系有 $\sqrt{5}>2$，故圆与直线相离，图像如下，则直线 $x+2y-5=0$ 及直线的上方是圆 $x^2+y^2=4$ 及圆的外部的子集，从而条件（2）充分，选 B.

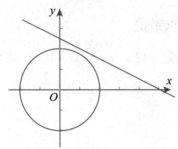

【例15】已知平面区域 $D_1=\{(x,y)|x^2+y^2\leq 9\}$，$D_2=\{(x,y)|(x-x_0)^2+(y-y_0)^2\leq 9\}$. 则 D_1 和 D_2 覆盖区域的边界长度为 8π.

（1）$x_0^2+y_0^2=9$. 　　　　（2）$x_0+y_0=3$.

【解析】答案是 A.

由于 $D_1=\left\{(x,y)\Big|x^2+y^2\leq 9\right\}$ 表示圆心是 $C_1(0,0)$，半径是 3 的圆及其内部，$D_2=\left\{(x,y)\Big|(x-x_0)^2+(y-y_0)^2\leq 9\right\}$ 表示圆心是 $C_2(x_0,y_0)$，半径是 3 的圆及其内部. 由条件（1）可知，点 C_2 在圆 D_1 上，点 C_1 在圆 D_2 上，所以 D_1 和 D_2 覆盖区域的边界长度为定值：$2\times 2\pi\times 3-2\times\dfrac{120°\times\pi\times 2\times 3}{360°}=8\pi$，条件（1）充分.

由条件（2）可知，点 C_2 在直线 $x+y=3$ 上运动，所以 D_1 和 D_2 覆盖区域是一个变量，此时边界长度不确定，条件（2）不充分，选 A.

【例16】曲线 C 所围成的封闭区域的面积为 4.

（1）曲线 C 的方程是 $|x-2|+|2y-1|=2$.

（2）曲线 C 的方程是 $|xy|+2=|x|+|2y|$.

【解析】答案是 A.

条件（1），菱形 $|ax-b|+|cy-d|=e(ac\neq0,\ e>0)$ 的面积等于 $\dfrac{2e^2}{ac}$，直接计算知条件（1）充分.

条件（2），$|xy|+2=|x|+|2y|$ 即 $\big(|x|-2\big)\big(|y|-1\big)=0$，表示的曲线是四条直线的并集，分别是 $x=2$、$x=-2$、$y=1$、$y=-1$，如下图所示，所围成的封闭区域是长方形，易知该长方形面积为 8，不充分，故选 A.

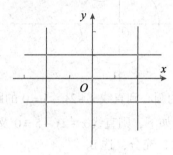

考点 6　利用解析几何求最值

【例 17】已知实数 x，y 满足方程 $x^2+y^2-4x+1=0$. 则 $z=7+4\sqrt{3}$.

（1）z 为 $\dfrac{y}{x}$ 的最大值.

（2）z 为 x^2+y^2 的最大值.

【解析】答案是 B.

条件（1），设点 $P(x,\ y)$，由于 $x^2+y^2-4x+1=0$ 表示圆心 $C(2,\ 0)$，半径 $r=\sqrt{3}$ 的圆，则点 $P(x,\ y)$ 为圆上的任意一点，令 $\dfrac{y}{x}=\dfrac{y-0}{x-0}=k_{OP}$，即表示圆上任意一点 $P(x,\ y)$ 与原点 $O(0,\ 0)$ 连线的斜率. 设直线 OP 的方程：$y=kx$.

由于点 P 既在圆 C 上，也在直线 OP 上，则圆 C 与直线 OP 有交点，那么 $d=\dfrac{|2k|}{\sqrt{k^2+1}}\leqslant$ $\sqrt{3}$，解得 $-\sqrt{3}\leqslant k\leqslant\sqrt{3}$，所以 $\dfrac{y}{x}$ 的最大值是 $\sqrt{3}$，最小值是 $-\sqrt{3}$，不充分.

条件（2），由于 $x^2+y^2=\Big(\sqrt{(x-0)^2+(y-0)^2}\,\Big)^2$，所以 x^2+y^2 表示：圆上任意一点 $P(x,\ y)$ 与原点 $O(0,\ 0)$ 之间距离的平方. 又原点 O 在圆外，原点 O 到圆上点的最大值为 $d+r=2+\sqrt{3}$，最小值为 $d-r=2-\sqrt{3}$，其中 $d=2$ 为圆心到原点的距离.

综上，可得 z 的最大值为 $\big(2+\sqrt{3}\big)^2=7+4\sqrt{3}$，最小值为 $\big(2-\sqrt{3}\big)^2=7-4\sqrt{3}$，充分，选 B.

【要点】若已知一条直线的方程式，例如 $2x+y+5=0$，则形如 $\sqrt{x^2+y^2}$ 的式子表示某点到直线上的点的距离. 例如 $\sqrt{x^2+y^2}$ 的最小值，表示原点到上述直线的最短距离，而 x^2-

$2x + y^2 + 1$ 的最小值表示点 (1, 0) 到上述直线的最短距离的平方.

第四节　习题

基础习题

1. 若直线 $ax + 3my + 2a = 0$ ($m \neq 0$) 过点 $(1, -1)$，则斜率 $k =$

　(A) -3　　　(B) 3　　　(C) $\dfrac{1}{3}$　　　(D) $-\dfrac{1}{3}$　　　(E) $\dfrac{1}{2}$

2. 已知直线 $y + (m^2 - 2)x + 1 = 0$ 与直线 $y - x + m = 0$ 有公共点，那么 m 的取值范围是

　(A) $m \neq 1$　(B) $m \neq \pm 1$　(C) $m \neq -1$　(D) $m \in \mathbb{R}$　(E) $m \neq 0$

3. 在 y 轴上的截距为 -3，且与直线 $2x + y + 3 = 0$ 垂直的直线方程是

　(A) $x - 2y - 6 = 0$　　　　(B) $2x - y + 3 = 0$　　　　(C) $x - 2y + 3 = 0$

　(D) $x + 2y + 6 = 0$　　　　(E) $2x - y + 6 = 0$

4. 若直线 $x + y = 1$ 与圆 $x^2 + y^2 - 2ay = 0$ $(a > 0)$ 没有公共点，则 a 的取值范围是

　(A) $(0, \sqrt{2} - 1)$　　　　　(B) $(\sqrt{2} - 1, \sqrt{2} + 1)$

　(C) $(-\sqrt{2} - 1, \sqrt{2} - 1)$　　　(D) $(0, \sqrt{2} + 1)$

　(E) $(-\sqrt{2} - 1, 0)$

5. 若直线 $3x + y + a = 0$ 过圆 $x^2 + y^2 + 2x - 4y = 0$ 的圆心，则 a 的值为

　(A) 1　　　　(B) -1　　　　(C) 2　　　　(D) -3　　　(E) 3

6. 已知直线 $x = a$ 和圆 $(x - 1)^2 + y^2 = 4$ 相切，则 $a =$

　(A) 3 或 -1　　(B) -3 或 -1　(C) 3 或 -3　　(D) -3 或 1　(E) -1 或 1

7. 若直线 $x + y = 1$ 与圆 $x^2 + y^2 = 4$ 交于 A，B 两点，则 $|AB| =$

　(A) $2\sqrt{7}$　　　(B) $\sqrt{14}$　　　(C) $7\sqrt{2}$　　　(D) $\dfrac{\sqrt{14}}{2}$　　　(E) 8

8. 曲线 $F(x, y) = 0$ 关于原点对称的曲线方程是

　(A) $F(-x, y) = 0$　　　　(B) $F(x, -y) = 0$　　　　(C) $F(y, x) = 0$

　(D) $F(-x, -y) = 0$　　　　(E) $F(-y, -x) = 0$

9. 已知两圆的圆心距 $d = 3$，两圆的半径分别为方程 $x^2 - 5x + 3 = 0$ 的两个根，那么两圆的位置关系是

　(A) 相交　　　(B) 相离　　　(C) 外切　　　(D) 内含　　　(E) 内切

10. $a = 4$，$b = 2$.

　(1) 点 $A(a + 2, b + 2)$ 与点 $B(b - 4, a - 6)$ 关于直线 $4x + 3y - 11 = 0$ 对称.

　(2) 直线 $y = ax + b$ 垂直于直线 $x + 4y - 1 = 0$，在 x 轴上的截距为 $-\dfrac{1}{2}$.

进阶习题

1. 点 $(-3, -1)$ 关于直线 $3x + 4y - 12 = 0$ 的对称点是

   (A) $(2, -8)$　(B) $(1, 3)$　(C) $(-4, 6)$　(D) $(3, 7)$　(E) $(2, 4)$

2. 已知点 $M(a, b)$ 与点 N 关于 x 轴对称，点 P 与点 N 关于 y 轴对称，点 Q 与点 P 关于直线 $x + y = 0$ 对称，则点 Q 的坐标为

   (A) (a, b)　　　　　　(B) (b, a)　　　　　　(C) $(-a, -b)$

   (D) $(-b, -a)$　　　　(E) $(b, -a)$

3. 若直线 $x - 2y + 2k = 0$ 与两坐标轴围成的三角形面积不大于 1，则 k 的取值范围是

   (A) $k \geqslant -1$　　　　　　　　　(B) $k \leqslant 1$

   (C) $-1 \leqslant k \leqslant 1$ 且 $k \neq 0$　　(D) $k \leqslant -1$ 或 $k \geqslant 1$

   (E) $k \geqslant 1$

4. 若直线 $ax + (a+1)y + 2 = 0$ 的倾斜角大于 $60°$，则 a 的取值范围是

   (A) $(0, +\infty) \cup \left(-\infty, -\dfrac{\sqrt{3}}{1+\sqrt{3}}\right)$　(B) $(0, +\infty)$

   (C) $\left[-1, -\dfrac{\sqrt{3}}{1+\sqrt{3}}\right)$　　　　(D) $(-\infty, -1]$

   (E) $\left(-\infty, -\dfrac{\sqrt{3}}{1+\sqrt{3}}\right)$

5. 已知 $A = \left\{(x, y) \left| \dfrac{y-3}{x-1} = 3\right.\right\}$，$B = \{(x, y) \mid 4x + ay = 16\}$，若 $A \cap B = \varnothing$，则实数 a 的值为

   (A) $-\dfrac{4}{3}$　　(B) 4　　(C) $\dfrac{4}{3}$　　(D) $-\dfrac{4}{3}$ 或 4　　(E) -4

6. 过点 $P(-2, 3)$ 且与原点的距离为 2 的直线有

   (A) 0 条　　(B) 1 条　　(C) 2 条　　(D) 3 条　　(E) 4 条

7. 曲线 $|xy| - |x| - |y| + 1 = 0$ 所围成的封闭区域的面积为

   (A) 8　　(B) 7　　(C) 6　　(D) 5　　(E) 4

8. 若圆 $x^2 + y^2 + 2k^2x - y + k + \dfrac{1}{4} = 0$ 关于 $y + 2x + 1 = 0$ 对称，则 k 的值为

   (A) $\dfrac{\sqrt{3}}{2}$　　(B) $-\dfrac{\sqrt{3}}{2}$　　(C) $\pm\dfrac{\sqrt{3}}{2}$　　(D) $\pm\sqrt{3}$　　(E) $\sqrt{3}$

9. 已知圆 C_1：$(x+1)^2 + (y-1)^2 = 1$，圆 C_2 与 C_1 关于直线 $x - y - 1 = 0$ 对称，则圆 C_2 的方程是

   (A) $(x+2)^2 + (y-2)^2 = 1$　　(B) $(x-2)^2 + (y+2)^2 = 1$

   (C) $(x+3)^2 + (y+2)^2 = 1$　　(D) $(x-2)^2 + (y-3)^2 = 1$

   (E) $(x+2)^2 + (y-3)^2 = 1$

10. 如果直线 l 将圆 $C: x^2 + y^2 - 2x - 4y = 0$ 平分，且不通过第四象限，那么 l 的斜率的取值范围是

    (A) $[0, 2]$　　(B) $[0, 1]$　　(C) $\left[0, \dfrac{1}{2}\right]$　　(D) $[1, 2]$　　(E) $(0, 2]$

11. 已知动点 P 在圆 $x^2 + y^2 = 1$ 上移动，则点 P 与定点 $(3, 0)$ 连线的中点轨迹方程是

    (A) $(x + 3)^2 + y^2 = 4$ 　　　　(B) $(x - 3)^2 + y^2 = 1$

    (C) $(2x - 3)^2 + 4y^2 = 1$ 　　　(D) $\left(x + \dfrac{3}{2}\right)^2 + y^2 = \dfrac{1}{2}$

    (E) $\left(x + \dfrac{3}{2}\right)^2 + \left(y - \dfrac{1}{2}\right)^2 = 1$

12. 若直线 $ax + by + c = 0\,(abc \neq 0)$ 与圆 $x^2 + y^2 = 1$ 相切，则三条边长分别为 $|a|$，$|b|$，$|c|$ 的三角形是

    (A) 锐角三角形　　　　(B) 直角三角形　　　　(C) 钝角三角形

    (D) 等腰三角形　　　　(E) 有多种可能

13. 已知圆 $C_1: x^2 + y^2 - 4x + 6y = 1$ 与圆 $C_2: x^2 + y^2 - 6x = 0$ 交于 A，B 两点，那么 AB 的垂直平分线的方程是

    (A) $x + 3y - 1 = 0$ 　　　　(B) $3x - y - 9 = 0$ 　　　　(C) $2x + 3y + 9 = 0$

    (D) $x - 3y + 5 = 0$ 　　　　(E) $3x - y + 9 = 0$

14. 方程 $x(x^2 + y^2 - 4) = 0$ 与 $x^2 + (x^2 + y^2 - 4)^2 = 0$ 表示的曲线是

    (A) 都表示一条直线和一个圆

    (B) 都表示两个点

    (C) 前者是一条直线和一个圆，后者是两个点

    (D) 前者是两个点，后者是一直线和一个圆

    (E) 以上均不正确

15. 直线 $ax + by + c = 0$ 被 $x^2 + y^2 = 1$ 所截的弦长为 $\sqrt{2}$.

    (1) $a^2 + b^2 - 2c^2 = 0$.　　　　(2) $a^2 + b^2 - 3c^2 = 0$.

基础习题详解

1. 【解析】答案是 D.

   由于 $a - 3m + 2a = 0$，则 $a = m$，所以 $k = -\dfrac{a}{3m} = -\dfrac{1}{3}$.

2. 【解析】答案是 C.

   两条直线有公共点即两条直线不平行，若两条直线平行或重合，则 $2 - m^2 = 1$，解得 $m = \pm 1$. 当 $m = 1$ 时，两直线重合，显然有公共点. 所以，两直线无公共点等价于 $m \neq -1$.

3. 【解析】答案是 A.

   由于直线 $2x + y + 3 = 0$ 的斜率是 -2，则与它垂直的直线 l 的斜率 $k_l = \dfrac{1}{2}$，由于 $b = -3$，

则直线 l 的方程是 $y = \frac{1}{2}x - 3$，即 $x - 2y - 6 = 0$.

4. 【解析】 答案是 A.

由于直线与圆相离，则圆心到直线的距离 $d > r$，且圆心是 $(0, a)$，半径是 $r = a$，直线方程是 $x + y - 1 = 0$，则 $d = \frac{|a-1|}{\sqrt{2}} > a$，解得 $a < -\sqrt{2} - 1$ 或 $a < \sqrt{2} - 1$，由于 $a > 0$，所以 a 的取值范围是 $0 < a < \sqrt{2} - 1$.

5. 【解析】 答案是 A.

由于圆心是 $(-1, 2)$，则 $-3 + 2 + a = 0$，解得 $a = 1$.

6. 【解析】 答案是 A.

由于圆心 $(1, 0)$，半径 $r = 2$，直线方程是 $x - a = 0$，则圆心到直线的距离 $d = \frac{|1-a|}{\sqrt{1}} = 2$，解得：$a = 3$ 或 $a = -1$.

7. 【解析】 答案是 B.

作 OC 垂直 AB，连接 OA，由于圆心 $(0, 0)$，半径 $r = 2$，直线方程是 $x + y - 1 = 0$，则圆心到直线的距离 $|OC| = \frac{1}{\sqrt{2}} = \frac{\sqrt{2}}{2}$，$|OA| = 2$，所以 $|AC| = \sqrt{4 - \frac{1}{2}} = \frac{\sqrt{14}}{2}$，那么 $|AB| = 2|AC| = \sqrt{14}$.

8. 【解析】 答案是 D.

由于 (x, y) 关于原点的对称点是 $(-x, -y)$，则曲线 $F(x, y) = 0$ 关于原点对称的曲线是 $F(-x, -y) = 0$.

9. 【解析】 答案是 D.

设两圆的半径是 r_1，r_2，由于 $r_1 + r_2 = 5$，$|r_1 - r_2| = \sqrt{(r_1 + r_2)^2 - 4r_1 r_2} = \sqrt{25 - 12} = \sqrt{13}$，且两圆的圆心距 $d = 3$，则 $d < |r_1 - r_2|$，所以两圆的位置关系是内含.

10. 【解析】 答案是 D.

此题可采用代入 a，b 的值验证的方法，经验证两条件都充分，选 D.

进阶习题详解

1. 【解析】 答案是 D.

设对称点的坐标是 (x_0, y_0)，则可列式 $\begin{cases} 3\left(\frac{x_0 - 3}{2}\right) + 4\left(\frac{y_0 - 1}{2}\right) - 12 = 0 \\ \left(\frac{y_0 + 1}{x_0 + 3}\right) \cdot \left(-\frac{3}{4}\right) = -1 \end{cases}$，解得 $\begin{cases} x_0 = 3 \\ y_0 = 7 \end{cases}$，所以对称点是 $(3, 7)$.

2. 【解析】 答案是 B.

由于点 $M(a, b)$ 关于 x 轴的对称点是 $N(a, -b)$，点 $N(a, -b)$ 关于 y 轴的对称点是

$P(-a, -b)$，所以点 $P(-a, -b)$ 关于直线 $x + y = 0$ 的对称点是 $Q(b, a)$.

3. 【解析】答案是 C.

令 $x = 0$，$y = k$，令 $y = 0$，$x = -2k$，所以直线与两坐标轴围成的三角形面积是 $S_\triangle = \dfrac{1}{2} \cdot |k| \cdot |-2k| = k^2$，由于 $k^2 \leqslant 1$，则 $-1 \leqslant k \leqslant 1$. 若 $k = 0$，直线 $x - 2y = 0$ 过原点，此时三角形不存在. 综上，k 的范围为 $-1 \leqslant k \leqslant 1$ 且 $k \neq 0$.

4. 【解析】答案是 A.

（1）若 k 不存在，$\alpha = 90°$，此时 $a = -1$；

（2）若 k 存在，当 α 为锐角时，$60° < \alpha < 90°$，$k = -\dfrac{a}{a+1} > \sqrt{3}$，解得 $-1 < a < -\dfrac{\sqrt{3}}{1+\sqrt{3}}$；当 α 为钝角时，$90° < \alpha < 180°$，$k = -\dfrac{a}{a+1} < 0$，解得 $a > 0$ 或 $a < -1$.

综上，a 的取值范围为 $(0, +\infty) \cup \left(-\infty, -\dfrac{\sqrt{3}}{1+\sqrt{3}}\right)$.

5. 【解析】答案是 D.

由于集合 A 表示直线 l_1：$y - 3 = 3x - 3$，且 $x \neq 1$，即不含点 $(1, 3)$；

集合 B 表示直线 l_2：$4x + ay - 16 = 0$. $A \cap B = \varnothing$ 包括两种情况：

（1）集合 B 过点 $(1, 3)$，$a = 4$；

（2）l_1 与 l_2 平行，$\dfrac{3}{4} = \dfrac{-1}{a} \neq 0$，则 $a = -\dfrac{4}{3}$.

综上，a 的值是 4 或 $-\dfrac{4}{3}$.

6. 【解析】答案是 C.

（1）若 k 不存在，则 $x = -2$，显然到原点的距离是 2.

（2）若 k 存在，设直线方程是 $y - 3 = k(x + 2)$，即 $kx - y + 2k + 3 = 0$，由于 $\dfrac{|2k + 3|}{\sqrt{k^2 + 1}} = 2$，解得 $k = -\dfrac{5}{12}$. 综上，直线有 2 条.

7. 【解析】答案是 E.

由于 $|x| \times |y| + 1 - |x| - |y| = 0$，所以 $|x| \times \left(|y| - 1\right) - \left(|y| - 1\right) = 0$，即 $\left(|y| - 1\right) \times \left(|x| - 1\right) = 0$，

所以 $y = \pm 1$ 或 $x = \pm 1$，此时曲线所围成的图形是边长为 2 的正方形，所以面积是 4.

8. 【解析】答案是 B.

由于 $x^2 + y^2 + 2k^2 x - y + k + \dfrac{1}{4} = 0$ 表示圆，所以 $(2k^2)^2 + 1^2 - 4\left(k + \dfrac{1}{4}\right) > 0$，解得 $k^4 - k > 0$，由于圆关于直径对称，则直线 $y + 2x + 1 = 0$ 通过圆心 $\left(-k^2, \dfrac{1}{2}\right)$，所以

$\dfrac{1}{2} - 2k^2 + 1 = 0$，解得 $k = \pm \dfrac{\sqrt{3}}{2}$. 综上，$k = -\dfrac{\sqrt{3}}{2}$.

9. 【解析】答案是 B.

圆 C_2 的圆心是 (a, b)，由于圆 C_1 的圆心是 $(-1, 1)$，则有 $\begin{cases} \dfrac{a-1}{2} - \dfrac{b+1}{2} - 1 = 0 \\ \dfrac{b-1}{a+1} = -1 \end{cases}$，解得

$a = 2$，$b = -2$，所以圆 C_2 的方程是 $(x-2)^2 + (y+2)^2 = 1$.

10. 【解析】答案是 A.

由于直线 l 将圆 $C: x^2 + y^2 - 2x - 4y = 0$ 平分，那么直线 l 通过圆心 $C: (1, 2)$，由于直线 l 不通过第四象限，所以当直线经过原点 $(0, 0)$ 和点 $C(1, 2)$ 时，直线的倾斜角最大，即此时直线 l 的斜率最大：$k_{max} = 2$，当直线 l 平行于 x 轴时，直线的倾斜角最小，即此时直线 l 的斜率最小：$k_{min} = 0$. 综上，斜率的取值范围是 $0 \le k \le 2$.

11. 【解析】答案是 C.

设中点坐标是 $A(x, y)$，则 P 点的横坐标是 $2x - 3$，P 点的纵坐标是 $2y$，由于 P 点在圆 $x^2 + y^2 = 1$ 上移动，则 $(2x-3)^2 + 4y^2 = 1$，即为中点的轨迹方程.

12. 【解析】答案是 B.

由题可知，圆心到直线的距离 $d = \dfrac{|c|}{\sqrt{a^2 + b^2}} = 1$，即 $c^2 = a^2 + b^2$，所以三条边长分别为 $|a|$，$|b|$，$|c|$ 的三角形是直角三角形.

13. 【解析】答案是 B.

连接两圆圆心 $C_1 C_2$，则直线 $C_1 C_2$ 垂直平分直线 AB，由于 $C_1(2, -3)$，$C_2(3, 0)$，所以直线 $C_1 C_2$ 的方程是 $\dfrac{y+3}{0+3} = \dfrac{x-2}{3-2}$，即 $3x - y - 9 = 0$.

14. 【解析】答案是 C.

由于 $x(x^2 + y^2 - 4) = 0$，则 $x = 0$ 或 $x^2 + y^2 - 4 = 0$，所以 $x = 0$ 表示的曲线是一条直线 y 轴，$x^2 + y^2 - 4 = 0$ 表示的曲线是圆.

由于 $x^2 + (x^2 + y^2 - 4)^2 = 0$，则 $x = 0$ 且 $x^2 + y^2 - 4 = 0$，即 $x = 0$ 且 $y = \pm 2$，所以 $x^2 + (x^2 + y^2 - 4)^2 = 0$ 表示的曲线是 $(0, 2)$，$(0, -2)$ 两个点.

15. 【解析】答案是 A.

圆心坐标、半径、弦长已知，由点到直线距离公式和勾股定理列方程即可，则 $d =$

$\dfrac{|c|}{\sqrt{a^2 + b^2}} = \sqrt{1^2 - \left(\dfrac{\sqrt{2}}{2}\right)^2} = \dfrac{\sqrt{2}}{2}$，即 $a^2 + b^2 - 2c^2 = 0$，条件（1）充分，条件（2）不充分，选 A.

第九章　立体几何

第一节　知识要点

1. 基本公式

【长方体】

设长方体的 3 条有同一顶点的棱长分别为 a，b，c，则

体积 $V = abc$

表面积 $S = 2(ab + bc + ac)$

体对角线长 $d = \sqrt{a^2 + b^2 + c^2}$

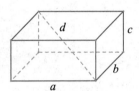

【正方体】

设正方体的棱长为 a，则

体积 $V = a^3$

表面积 $S = 6a^2$

体对角线长 $d = \sqrt{3}a$

【柱体】

任意柱体的体积等于高乘以底面积，即 $V = S_{底} h$

设圆柱体的高为 h，底面半径为 r，则

体积 $V = \pi r^2 h$

侧面积 $S_{侧} = 2\pi rh$

表面积 $F = 2S_{底} + S_{侧} = 2\pi r^2 + 2\pi rh$

轴截面对角线长 $d = \sqrt{h^2 + 4r^2}$

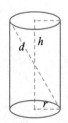

【球体】

设球体的半径为 r，则

体积 $V = \dfrac{4}{3}\pi r^3$

表面积 $S = 4\pi r^2$

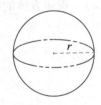

2. 几何体的外接与内切

（1）长方体的外接球

设长方体的 3 条有同一顶点的棱长分别为 a，b，c，球的半径为 R，则 $\sqrt{a^2 + b^2 + c^2} = 2R$.

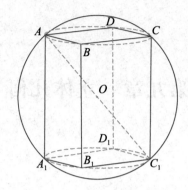

（2）正方体的外接球

设正方体的棱长为 a，球的半径为 R，则 $\sqrt{3}a = 2R$.

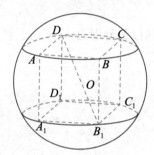

（3）圆柱的外接球

设圆柱体的高为 h，底面半径为 r，则 $\sqrt{h^2 + (2r)^2} = 2R$.

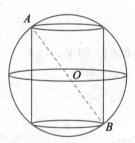

（4）正方体的内切球

设正方体的棱长为 a，球的半径为 R，则 $a = 2R$.

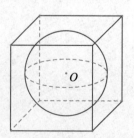

（5）等边圆柱的内切球模型

设圆柱的母线长为 l，圆柱的半径为 r，球的半径为 R，则 $l = 2r = 2R$.

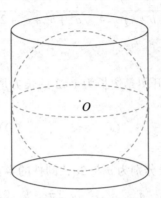

第二节　基础例题

题型 1　长方体

【例1】 如下图所示，正方体的棱长为 6，E 点为 AA' 的三等分点，即 $AE = 2$，F 点是 $C'D'$ 的中点，则 EF 的长度为

（A）$\sqrt{61}$ 　　（B）8 　　（C）5 　　（D）$\sqrt{76}$ 　　（E）3

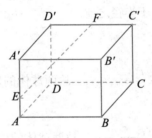

【解析】 答案是 A.

构造直角三角形 $A'EF$，而 $A'F = \sqrt{3^2 + 6^2} = 3\sqrt{5}$，$A'E = 4$，则 $EF = \sqrt{\left(3\sqrt{5}\right)^2 + 4^2} = \sqrt{61}$.

【例2】 能确定长方体所有棱长之和.

（1）已知长方体体对角线的长度.

（2）已知长方体的表面积.

【解析】 答案是 C.

设长方体的长宽高分别是 a，b，c，长方体所有棱长之和为 $4(a + b + c)$.

条件（1），长方体体对角线的长度为 $\sqrt{a^2 + b^2 + c^2}$，无法确定 $4(a + b + c)$ 的值.

条件（2），长方体的表面积是 $2(ab+bc+ca)$，无法确定 $4(a+b+c)$ 的值.

联合条件（1）和条件（2），

易知 $4(a+b+c)=4\sqrt{(a+b+c)^2}=4\sqrt{a^2+b^2+c^2+2(ab+bc+ca)}$，充分，选 C.

题型 2　圆柱体

【例3】一个圆柱的侧面展开图是边长为 $1:2$ 的长方形，则它的侧面积与下底面积的比值为

(A) 2π　　　(B) 4π　　　(C) 8π　　　(D) 2π 或 4π　　(E) 2π 或 8π

【解析】答案是 E.

设侧面展开图的长方形边长分别为 a 与 $2a$，圆柱的半径和高分别记为 r 和 h.

当 $h=a$ 时，$2\pi r=2a$，即 $r=\dfrac{a}{\pi}$，此时 $\dfrac{S_{\text{侧}}}{S_{\text{底}}}=\dfrac{2\pi r\cdot h}{\pi r^2}=\dfrac{2h}{r}=\dfrac{2a}{\frac{a}{\pi}}=2\pi$；

当 $h=2a$ 时，$2\pi r=a$，即 $r=\dfrac{a}{2\pi}$，此时 $\dfrac{S_{\text{侧}}}{S_{\text{底}}}=\dfrac{2\pi r\cdot h}{\pi r^2}=\dfrac{2h}{r}=\dfrac{4a}{\frac{a}{2\pi}}=8\pi$.

题型 3　球体

【例4】两球体的体积相等.

（1）两球体的体积之比等于半径之比.

（2）两球体的表面积之比等于半径之比.

【解析】答案是 D.

条件（1），$\dfrac{V_1}{V_2}=\dfrac{\frac{4}{3}\pi r_1^3}{\frac{4}{3}\pi r_2^3}=\dfrac{r_1^3}{r_2^3}=\dfrac{r_1}{r_2}\Rightarrow r_1=r_2$，故两球体的体积相等，充分.

条件（2），$\dfrac{S_1}{S_2}=\dfrac{4\pi r_1^2}{4\pi r_2^2}=\dfrac{r_1^2}{r_2^2}=\dfrac{r_1}{r_2}\Rightarrow r_1=r_2$，故两球体的体积相等，充分，选 D.

【例5】有两个球形容器，若将大球中四分之一的溶液倒入小球之中，则恰可装满小球. 则大、小两容器的内径之比为

(A) $2:1$　　　(B) $\sqrt[3]{4}:1$　　　(C) $3:1$　　　(D) $4:3$　　　(E) $\pi:1$

【解析】答案是 B.

由题意，体积比为 $4:1$，则内径（长度）比为其立方根，所以答案为 $\sqrt[3]{4}:1$.

题型 4　表面积和体积

【例6】一个高为 $3r$，底面半径为 $2r$ 的无盖圆柱体容器内装有水，水面高为 $2r$. 则水能从容器内溢出.

（1）向桶内放入 30 颗半径为 $\dfrac{r}{2}$ 的实心钢球.

（2）向桶内放入一个棱长为 r 的实心正方体钢块.

【解析】答案是 A.

无盖圆柱体容器的体积为 $V_a = \pi \times (2r)^2 \times 3r = 12\pi r^3$，

容器内水体积为 $V_b = \pi \times (2r)^2 \times 2r = 8\pi r^3$.

条件（1），30 颗实心钢球的体积为 $V_c = 30 \times \dfrac{4}{3}\pi \left(\dfrac{r}{2} \right)^3 = 5\pi r^3$，

因为 $V_b + V_c = 13\pi r^3 > 12\pi r^3 = V_a$，所以水可以从容器中溢出，充分.

条件（2），桶内实心正方体钢块的体积为 $V_d = r^3$，

因为 $V_b + V_d = 8\pi r^3 + r^3 < 12\pi r^3 = V_a$，所以水不可以从容器中溢出，不充分，选 A.

【例 7】体积相等的正方体、等边圆柱（轴截面是正方形）和球，它们的表面积分别是 S_1，S_2，S_3，则

（A）$S_1 < S_2 < S_3$ 　　　　（B）$S_1 > S_2 > S_3$ 　　　　（C）$S_2 < S_1 < S_3$

（D）$S_2 > S_1 > S_3$ 　　　　（E）$S_1 > S_3 > S_2$

【解析】答案是 B.

设正方体边长为 a，等边圆柱半径为 r，则其高为 $2r$，球的半径为 R. 由体积相等，

有 $a^3 = \pi r^2 \cdot 2r = \dfrac{4}{3}\pi R^3$，即 $r = \dfrac{a}{\sqrt[3]{2\pi}}$，$R = \sqrt[3]{\dfrac{3}{4\pi}} a$，所以 $S_1 = 6a^2$.

$S_2 = 2 \cdot \pi r^2 + 2\pi r \cdot 2r = 6\pi r^2 = 6a^2 \cdot \sqrt[3]{\dfrac{\pi}{4}}$，$S_3 = 4\pi R^2 = 6a^2 \cdot \sqrt[3]{\dfrac{\pi}{6}}$，从而 $S_1 > S_2 > S_3$.

题型 5 　内切球与外接球

【例 8】将一个半径 $R = 3$ 厘米的木质球体，刨成一个正方体，则正方体的最大体积为（单位：立方厘米）

（A）1 　　　（B）$12\sqrt{3}$ 　　　（C）$12\sqrt{3}\pi$ 　　　（D）$24\sqrt{3}$ 　　　（E）$24\sqrt{3}\pi$

【解析】答案是 D.

当该球是正方体的外接球时，正方体的体积最大，设正方体棱长为 a，

则 $\sqrt{3}a = 2R = 6$，$a = 2\sqrt{3}$，则正方体的体积为 $a^3 = 24\sqrt{3}$ 立方厘米.

【例 9】一个正方体容器，刚好能够放进 8 个半径为 1 厘米的球体（容器每个面均与 4 个球相切），则该容器的体积是（单位：立方厘米）

（A）8 　　　（B）16 　　　（C）24 　　　（D）32 　　　（E）64

【解析】答案是 E.

下图是上述立体图形的俯视图，则正方体容器的棱长为 4 厘米，体积为 $4^3 = 64$ 立方厘米.

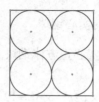

第三节　进阶例题

考点 1　表面积和体积

【例 1】将体积为 4π 立方厘米和 32π 立方厘米的两个实心金属球熔化后铸成一个实心大球，则大球的表面积是（单位：平方厘米）

(A) 32π　　　(B) 36π　　　(C) 38π　　　(D) 40π　　　(E) 42π

【解析】答案是 B.

设实心大球的半径为 R，由熔化前后体积不变可知，$V = \dfrac{4}{3}\pi R^3 = 36\pi$，解得 $R = 3$，故大球的表面积为 $S = 4\pi R^2 = 36\pi$ 平方厘米.

【例 2】某工厂在半径为 5 厘米的球形工艺品上镀一层装饰金属，厚度为 0.01 厘米，已知装饰金属的原料是棱长为 20 厘米的正方体锭子，则加工 10000 个该工艺品需要的锭子数量最少为（不考虑加工损耗，$\pi \approx 3.14$）

(A) 2　　　(B) 3　　　(C) 4　　　(D) 5　　　(E) 20

【解析】答案是 C.

加工 1 个工艺品所需要的体积可以用球体的表面积乘以金属厚度来近似计算，故体积为 $V = S \times 0.01 = 4\pi \times 5^2 \times 0.01 = \pi$，则 10000 个工艺品的总体积为 10000π，每个正方体锭子的体积为 $20^3 = 8000$，故正方体锭子个数为 $10000\pi \div 800 \approx 3.9$，取 4 个.

【例 3】某种机器人可搜索到的区域是半径为 1 米、高为 3 米的圆柱，若机器人沿直线行走 5 米，则其搜索过的区域的体积为（单位：立方米）

(A) $3\pi + 30$　　　　　　(B) $3\pi + 15$　　　　　　(C) $3\pi + 10$

(D) $1.5\pi + 30$　　　　　(E) $1.5\pi + 15$

【解析】答案是 A.

机器人搜索过的区域如下图所示，该区域左右两部分合在一起是一个半径为 1 米、高为 3 米的圆柱，中间部分是一个长为 5 米、宽为 2 米、高为 3 米的长方体，则机器人搜索过的区域体积为 $\pi \times 1^2 \times 3 + 5 \times 2 \times 3 = 3\pi + 30$ 立方米.

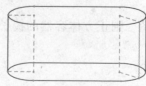

【例4】 如图，一个铁球沉入水池中．则能确定铁球的体积．

(1) 已知铁球露出水面的高度．

(2) 已知水深及铁球与水面交线的周长．

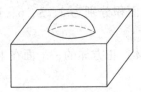

【解析】答案是 B.

铁球体积 $V = \frac{1}{3}\pi R^3$，若确定铁球体积，只要确定半径 R 即可.

条件 (1)，已知 AC 的长度，显然无法确定 R.

条件 (2)，已知水深 h 及铁球与水面周长 $C = 2\pi r$，已经确定 h，r. 如图，

在直角三角形 AOB 中，$(h - R)^2 + r^2 = R^2$，可求得 $R = \dfrac{h^2 + r^2}{2h}$，即可确定铁球体积，充

分，选 B.

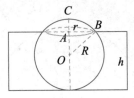

考点2　内切与外接

【例5】 如图，在半径为 10 厘米的球体上开一个底面半径是 6 厘米的圆柱形洞，则洞

的内壁面积为（单位：平方厘米）

(A) 48π　　　(B) 288π　　　(C) 96π　　　(D) 576π　　　(E) 192π

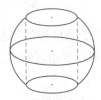

【解析】答案是 E.

如图所示，洞的内壁面积即为圆柱体的侧面积，由圆柱体为球体的内接圆柱体可得，

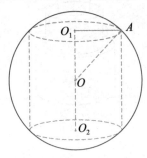

$|O_1A| = 6$，$|OA| = 10$，得 $|OO_1| = 8$，即 $|O_1O_2| = 16$，

则 $S_{圆侧} = 2\pi rh = 2\pi \cdot |O_1A| \cdot |O_1O_2| = 2\pi \times 16 \times 6 = 192\pi$.

【例6】体积 $V = 18\pi$.

（1）长方体的三个相邻面的面积分别为 2、3、6，这个长方体的顶点都在同一球面上，则这个球的体积为 V.

（2）半球内有一个内接正方体，正方体的一个面在半球的底面圆内，正方体的边长为 $\sqrt{6}$，半球的体积为 V.

【解析】答案是 B.

条件（1），由题可知，长方体的体对角线 $= \sqrt{1^2 + 2^2 + 3^2} = \sqrt{14}$，长方体的顶点都在球上，则球为长方体的外接球，$2R = \sqrt{14}$，球的体积为 $V = \dfrac{4}{3}\pi R^3 = \dfrac{7\sqrt{14}}{3}\pi$，不充分.

条件（2），将整个立体图形复制，放到底下，如图所示，则转变为长方体的外接球问题，长方体的长和宽为 $\sqrt{6}$，高为 $2\sqrt{6}$，则 $2R = \sqrt{\left(\sqrt{6}\right)^2 + \left(\sqrt{6}\right)^2 + \left(2\sqrt{6}\right)^2}$，$R = 3$，故 $V_{半球} = \dfrac{2}{3}\pi R^3 = 18\pi$，充分，选 B.

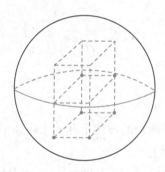

考点3　切割与拼接

【例7】某商店制作蛋糕如图，三个圆柱体的半径分别为 5 厘米、10 厘米、15 厘米，高分别为 5 厘米、8 厘米、12 厘米，现在要给蛋糕表面涂上奶酪，蛋糕底部无须涂，则所涂面积为（单位：平方厘米）

（A）570π　　（B）795π　　（C）800π　　（D）820π　　（E）920π

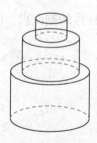

【解析】答案是 B.

第一个蛋糕露出的圆形、第二个和第三个蛋糕露出的环形，三者面积之和等于蛋糕底部圆形的面积 $\pi \times 15^2 = 225\pi$，三个蛋糕侧面积分别为 $2\pi \times 5 \times 5 = 50\pi$、$2\pi \times 10 \times 8 = 160\pi$、$2\pi \times 15 \times 12 = 360\pi$，故奶酪所涂面积等于 $225\pi + 50\pi + 160\pi + 360\pi = 795\pi$ 平方厘米.

【例 8】长宽高分别为 12、9、6 的长方体木制模具，各个面均涂上红色油漆，将该长方体切成棱长为 1 的若干个小正方体木块，则这些小正方体木块中

（1）每个面均没有涂油漆的小正方体有多少个？

（2）仅有一个面涂有油漆的小正方体有多少个？

（3）恰有两个面涂有油漆的小正方体有多少个？

（4）恰有三个面涂有油漆的小正方体有多少个？

【解析】答案是 280 个；276 个；84 个；8 个.

每个面均没有涂油漆的小正方体有 $10 \times 7 \times 4 = 280$ 个；仅有一个面涂有油漆的小正方体有 $2 \times (10 \times 7 + 7 \times 4 + 4 \times 10) = 276$ 个；恰有两个面涂有油漆的小正方体有 $4 \times (10 + 7 + 4) = 84$ 个；恰有三个面涂有油漆的小正方体有 8 个.

【例 9】已知 $L > l$，一个棱长为 L 的正方体木块. 则经过一定操作后，表面积不发生变化.

（1）在它的一个角上割去一个棱长为 l 的小正方体.

（2）在它的一个面中心割去一个棱长为 l 的小正方体.

【解析】答案是 A.

条件（1），在大正方体的一个角上割去一个小正方体后，大正方体原来三个面上去掉的三个小正方形面积（如左下图，小正方体的上、前、右三个面），等于多出来的三个小正方形面积（如左下图，小正方体的下、后、左三个面），故大正方体的表面积不发生变化，充分.

条件（2），在大正方体的一个面中心割去一个棱长为 l 的小正方体，则大正方体一个面少了一个小正方形（如右下图，小正方体的右面），却多出了五个小正方形（如右下图，小正方体的上、下、前、后、左五个面），故表面积增加了，不充分，选 A.

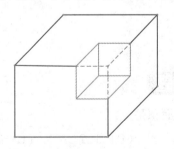 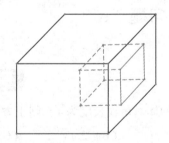

考点 4　均值不等式的应用

【例 10】边长为 10 米的正方形铁皮，按如下图方式剪去四个小正方形，然后折叠成一个长方体无盖容器，要使得容器体积最大，则剪去的小正方形边长应为

(A) 2 米   (B) 3 米   (C) 1 米   (D) $\dfrac{4}{3}$ 米   (E) $\dfrac{5}{3}$ 米

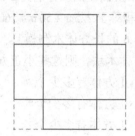

【解析】答案是 E.

不妨设剪去的小正方形边长为 x 米，上图正中间的小正方形边长为 y 米，

则 $2x + y = 10$，容器体积为 $xy^2 = 2 \times 2x \cdot \dfrac{y}{2} \cdot \dfrac{y}{2} \leqslant 2 \times \left(\dfrac{2x + \dfrac{y}{2} + \dfrac{y}{2}}{3}\right)^3 = 2 \times \left(\dfrac{10}{3}\right)^3$，

当 $2x = \dfrac{y}{2}$ 时，取得最大值，此时 $x = \dfrac{5}{3}$ 米.

【例 11】一个半径 $R = 3$ 厘米的木质球体，刨成一个长方体，则长方体的最大体积为（单位：立方厘米）

(A) 1   (B) $12\sqrt{3}$ (C) $12\sqrt{3}\pi$ (D) $24\sqrt{3}$ (E) $24\sqrt{3}\pi$

【解析】答案是 D.

要使得长方体的体积最大，首先要保证该球是长方体的外接球，

设长方体的长宽高分别是 a，b，c，则 $\sqrt{a^2 + b^2 + c^2} = 2R = 6$，$a^2 + b^2 + c^2 = 36$，

则长方体的体积 $abc = \sqrt{a^2 b^2 c^2} \leqslant \sqrt{\left(\dfrac{a^2 + b^2 + c^2}{3}\right)^3} = \sqrt{\left(\dfrac{36}{3}\right)^3} = 24\sqrt{3}$ 立方厘米.

当 $a = b = c = 2\sqrt{3}$ 厘米时，长方体的体积最大，体积为 $24\sqrt{3}$ 立方厘米.

第四节　习题

基础习题

1. 若正方体的体对角线长度为 1，则正方体的表面积是

    (A) $2\sqrt{2}$ (B) $2\sqrt{3}$ (C) 2   (D) $3\sqrt{2}$ (E) 3

2. 若长方体三条棱长的比是 $3:2:1$，表面积是 88，则最长的一条棱长是

    (A) 8   (B) 11   (C) 12   (D) 23   (E) 6

3. 若圆柱体的底面积为 1，侧面展开图是一个正方形，则其侧面积与底面积的比是

    (A) 4π (B) 3π (C) 2π (D) $\dfrac{3}{2}\pi$ (E) $\dfrac{\pi}{2}$

4. 已知正方体的表面积是 a 平方米，它的顶点都在某个球面上，那么这个球的表面积是（单位：平方米）

(A) $\dfrac{a\pi}{4}$ (B) $\dfrac{a\pi}{2}$ (C) $a\pi$ (D) $2a\pi$ (E) $4a\pi$

5. 两个球体容器，若将大球中的 $\dfrac{2}{5}$ 溶液倒入小球中，正巧可装满小球，那么大球与小球的半径之比等于

(A) $5:3$ (B) $8:3$ (C) $\sqrt[3]{5}:\sqrt[3]{2}$ (D) $\sqrt[3]{20}:\sqrt[3]{5}$ (E) $5:2$

6. 将表面积分别为 54、96 和 150 的三个铁质正方体熔成一个大正方体（不记耗损），这个大正方体的体积为

(A) 196   (B) 216   (C) 226   (D) 224   (E) 289

7. 一个长方体容器内装满水，现在有大、中、小三个铁球，第一次把小球沉入水中，第二次把小球取出，把中球沉入水中，第三次把中球取出，把小球和大球一起沉入水中. 已知每次从容器中溢出的水量情况是：第二次是第一次的 3 倍，第三次是第一次的 2.5 倍. 则大球的体积是小球的

(A) 3.5 倍   (B) 4 倍   (C) 4.5 倍   (D) 5 倍   (E) 5.5 倍

8. 三个球中，最大球的体积是另两个球体积和的 3 倍.

(1) 三个球的半径之比为 $1:2:3$.

(2) 大球的半径是另两个球的半径之和.

9. 已知两个圆柱体的侧面积相等. 则体积之比为 $3:2$.

(1) 两个圆柱体的底面半径分别是 6 和 4.

(2) 两个圆柱体的底面半径分别是 3 和 2.

10. 圆柱体体积增加到原来的 118.3%.

(1) 圆柱体的高减少到原来的 70%，底面半径增加到原来的 130%.

(2) 圆柱体的高增加到原来的 130%，底面半径减少到原来的 75%.

进阶习题

1. 把一段长 20 的圆柱形木头沿着底面直径劈开，则表面积增加了 80，那么原来这段圆柱形木头的表面积是

(A) 40π (B) 42π (C) 80π (D) 120π (E) 125π

2. 如图，在一个正方体的顶点锯掉一个小长方体，则它的

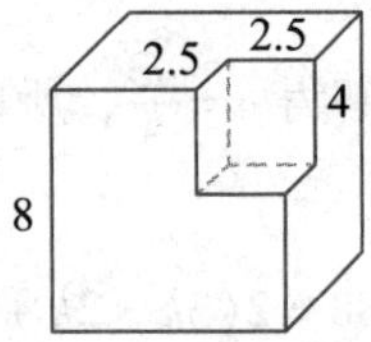

(A) 体积表面积都不变   (B) 体积变小，表面积不变

(C) 体积不变，表面积变小   (D) 体积和表面积都变小

（E）体积变小，表面积变大

3. 一个棱长为 6 厘米的正方体木块，如果把它锯成棱长为 2 厘米的小正方体，表面积增加

（A）360 平方厘米   （B）382 平方厘米   （C）288 平方厘米

（D）432 平方厘米   （E）482 平方厘米

4. 一个长方体的长、宽、高分别是 6 厘米，5 厘米，4 厘米，若把它切割成三个体积相等的小长方体，这三个小长方体的表面积的和最大是

（A）248 平方厘米   （B）268 平方厘米   （C）286 平方厘米

（D）306 平方厘米   （E）326 平方厘米

5. 圆柱体的轴截面的对角线长为 $6\sqrt{2}$，则圆柱体的侧面积最大时，圆柱体的体积为

（A）27π （B）72π （C）36π （D）45π （E）54π

6. 有一根圆柱形铁管，管壁厚度为 0.1 米，内径为 1.8 米，长度为 2 米，若将该铁管熔化后浇铸成长方体，则该长方体的体积大约为（单位：立方米，$\pi \approx 3.14$）

（A）0.38   （B）0.59   （C）1.19   （D）5.09   （E）6.28

7. 一个无盖的圆柱形容器中放有一个长为 15 厘米的细棒，当细棒下端与容器下底接触时，细棒上端最少露出杯口边缘 2 厘米，最多露出 10 厘米，则这个容器的容积为（单位：立方厘米）

（A）180π （B）180   （C）45π （D）45   （E）30

8. 把一个正方体和一个等底面积的长方体拼成一个新的长方体，拼成的长方体的表面积比原来的长方体的表面积增加了 50 平方厘米．原正方体的表面积是

（A）50 平方厘米   （B）60 平方厘米

（C）62.5 平方厘米   （D）65 平方厘米

（E）75 平方厘米

9. 把一根长 2 米的长方体木料锯成 1 米长的两段，表面积增加了 0.02 平方米，则这根木料原来的体积为（单位：立方米）

（A）0.01   （B）0.02   （C）0.03   （D）0.04   （E）0.06

10. 一个半径 $R = 3$ 厘米的木质球体刨成一个圆柱，则圆柱的最大体积为（单位：立方厘米）

（A）1   （B）$12\sqrt{3}$ （C）$12\sqrt{3}\pi$ （D）$24\sqrt{3}$ （E）$24\sqrt{3}\pi$

基础习题详解

1.【解析】答案是 C.

设正方体的棱长是 a，则 $\sqrt{3}a = 1$，解得 $a = \dfrac{\sqrt{3}}{3}$，所以正方体的表面积 $S = 6a^2 = 2$.

2.【解析】答案是 E.

设长方体的棱长为 $3k$，$2k$，k，则 $88 = 2(3k \cdot 2k + 2k \cdot k + 3k \cdot k)$，解得 $k = 2$，所以最长的棱长 $3k = 6$.

3.【解析】答案是 A.

设圆柱的母线长是 l，底面半径是 r，由于侧面展开图是正方形，则 $l = 2\pi r$，所以圆柱的侧面积 $S_{侧} = 2\pi r \cdot l = 4\pi \cdot \pi r^2$；由于 $S_{底} = \pi r^2 = 1$，则 $S_{侧} = 4\pi \cdot 1 = 4\pi$，所以 $S_{侧} : S_{底} = 4\pi$.

4. 【解析】答案是 B.

设正方体的棱长是 x，球的半径是 R，由于正方体内接于球，$\sqrt{3}x = 2R$，所以 $R = \dfrac{\sqrt{3}}{2}x$，

且 $6x^2 = a$，则球的表面积 $S = 4\pi R^2 = 4\pi \cdot \dfrac{3}{4}x^2 = 3\pi x^2 = \dfrac{1}{2}a\pi$.

5. 【解析】答案是 C.

设大球的半径为 R，小球的半径为 r. 根据题目要求和球的体积公式，得 $\dfrac{2}{5} \times \dfrac{4}{3}\pi R^3 = \dfrac{4}{3}$

πr^3，所以 $\dfrac{R^3}{r^3} = \dfrac{5}{2}$，从而 $R : r = \sqrt[3]{5} : \sqrt[3]{2}$.

6. 【解析】答案是 B.

因为正方体的每个面的面积相等，所以这三个正方体每个面的面积分别为 9、16、25.
故三个正方体的棱长分别为 3、4、5，体积分别为 27、64、125，则大正方体的体积为 $27 + 64 + 125 = 216$.

7. 【解析】答案是 E.

设小球的体积为单位 1，则第一次溢出的水的体积也为单位 1，根据第二次溢出的水是第一次的 3 倍，可知第二次溢出的水是 3 单位. 因为取出小球后容器中空出的体积为单位 1，所以中球的体积是 $3 + 1 = 4$ 单位. 第三次溢出的水为 2.5 单位. 因为取出中球后容器中空出的体积是 4，所以大球和小球的体积是 $4 + 2.5 = 6.5$ 单位，从而可以求出大球的体积为 $6.5 - 1 = 5.5$ 单位，所以大球的体积是小球的 5.5 倍.

8. 【解析】答案是 A.

条件（1），设三个球的半径分别为 r、$2r$ 和 $3r$. 则最大球的体积为 $\dfrac{4}{3}\pi (3r)^3 = 36\pi r^3$，

其他两个球的体积之和为 $\dfrac{4}{3}\pi r^3 + \dfrac{4}{3}\pi (2r)^3 = 12\pi r^3$，充分.

条件（2），设三个球的半径 a，b，c，并且 $a + b = c$，此时最大球与其他两个球的体积

比为 $\dfrac{\dfrac{4}{3}\pi (a+b)^3}{\dfrac{4}{3}\pi (a^3 + b^3)} = \dfrac{(a+b)^3}{a^3 + b^3}$，不充分，故选 A.

9. 【解析】答案是 D.

圆柱的侧面积相等，则 $2\pi r_1 h_1 = 2\pi r_2 h_2$，即 $r_1 h_1 = r_2 h_2$.

条件（1），$r_1 = 6$，$r_2 = 4$，则可设 $h_1 = 4k$，$h_2 = 6k$，则 $\dfrac{V_1}{V_2} = \dfrac{\pi r_1^2 h_1}{\pi r_2^2 h_2} = \dfrac{3}{2}$，充分.

条件（2），同理可得 $\dfrac{V_1}{V_2} = \dfrac{3}{2}$，充分，选 D.

10. 【解析】答案是 A.

条件（1），若原体积为 $V = \pi r^2 h$，则变化后的体积为 $V' = \pi \times (130\% \times r)^2 \times 70\% \times h = $

$118.3\%V$，充分.

条件（2），同理 $V' \approx 73.13\%$，不充分，选 A.

进阶习题详解

1. 【解析】答案是 B.

设圆柱的底面半径是 r，由于沿着底面直径劈开，则增加了 2 个横截面的面积，所以 $80 = 2 \times 2r \times 20$，解得 $r = 1$. 则圆柱的表面积 $S = 2\pi r l + 2\pi r^2 = 42\pi$.

2. 【解析】答案是 B.

由于锯掉一个小长方体，显然体积变小，在锯掉的小长方体中，上下、前后、左右的表面积分别相同，所以表面积不变.

3. 【解析】答案是 D.

每切一刀表面积增加 72 平方厘米，切成棱长为 2 厘米的小正方体，需要 6 刀，表面积增加了 432 平方厘米.

4. 【解析】答案是 B.

解析：这个长方体的原表面积为 148 平方厘米，每切割一刀，增加两个面，切成三个体积相等的小长方体要切两刀，一共增加四个面. 要求增加面积最大，应增加 4 个 30 平方厘米的面. 所以三个小长方体的表面积和最大为 $148 + 6 \times 5 \times 4 = 268$ 平方厘米.

5. 【解析】答案是 E.

设圆柱体的底面半径为 r，高为 h，根据题意其轴截面的对角线 $l = \sqrt{(2r)^2 + h^2} = 6\sqrt{2}$，则 $(2r)^2 + h^2 = 72$. 圆柱体的侧面积 $S = 2\pi r h = \dfrac{\pi}{2} \times 2 \times (2r) \times h$. 又 $2 \times (2r) \times h \leqslant (2r)^2 + h^2$，当且仅当 $2r = h$ 时成立. 所以当侧面积取得最大值时，$r = 3$，$h = 6$，这时圆柱体的体积 $V = \pi r^2 h = 54\pi$.

6. 【解析】答案是 C.

由于圆柱形铁管的体积 $V = \pi \times (0.9 + 0.1)^2 \times 2 - \pi \times 0.9^2 \times 2 = 0.38\pi$，且浇铸前后体积不变，所以长方体的体积 $V = 0.38 \times 3.14 = 1.1932$.

7. 【解析】答案是 A.

下图是容器的一个轴截面. 当细棒竖直时露出部分最多，则容器的高 $h = 15 - 10 = 5$ 厘米；当细棒经过轴截面对角线方向时露出部分最少，则 $15 - 2 = \sqrt{h^2 + (2r)^2} = \sqrt{5^2 + (2r)^2}$，$r = 6$ 厘米；故容器的体积为 $V = \pi r^2 \cdot h = 180\pi$ 平方厘米.

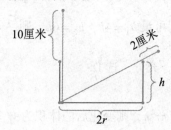

8. 【解析】答案是 E.

把一个正方体和一个等底面积的长方体拼成一个新的长方体, 拼成的长方体的表面积比原来的长方体的表面积增加了 4 个正方形的面积, 每块正方形的面积是 $50 \div 4 = 12.5$ 平方厘米, 那么正方体的表面积是 $12.5 \times 6 = 75$ 平方厘米.

9. 【解析】答案是 B.

由题可知, 原长方体的体积 $V = 2 \times S_侧 = 0.02$ 平方米.

10. 【解析】答案是 C.

要使得圆柱的体积最大, 首先要保证该球是圆柱的外接球, 设圆柱的半径和高分别是 r, h, 则 $\sqrt{(2r)^2 + h^2} = 2R = 6$, $4r^2 + h^2 = 36$, 则圆柱的体积 $\pi r^2 \cdot h = \frac{\pi}{2} \times \sqrt{2r^2 \cdot 2r^2 \cdot h^2} \leqslant \frac{\pi}{2} \times \sqrt{\left(\frac{2r^2 + 2r^2 + h^2}{3}\right)^3} = \frac{\pi}{2} \times \sqrt{\left(\frac{36}{3}\right)^3} = 12\sqrt{3}\pi$. 当 $h = \sqrt{2}r$ 时, 圆柱体的体积最大, 此时 $4r^2 + h^2 = 36$, 即 $6r^2 = 36$, 得 $r = \sqrt{6}$, $h = 2\sqrt{3}$, 圆柱体的体积为 $12\sqrt{3}\pi$.

第十章　排列组合

第一节　知识要点

一、两大原理

1. 分类计数原理（加法原理）

做一件事，完成它有 n 类办法，在第一类办法中有 m_1 种不同的方法，在第二类办法中有 m_2 中不同的方法，$\cdots$，在第 n 类办法中有 m_n 种不同的方法，那么完成这件事共有 $N = m_1 + m_2 + \cdots + m_n$ 种不同的方法.

2. 分步计数原理（乘法原理）

做一件事，完成它需要分成 n 个步骤，做第一步有 m_1 种不同的方法，做第二步有 m_2 种不同的方法，$\cdots$，做第 n 步有 m_n 种不同的方法，那么完成这件事情共有 $N = m_1 \times m_2 \times \cdots \times m_n$ 种不同的方法.

二、排列、组合

1. 组合的概念

从 n 个不同元素中，任取 m（$m \leqslant n$，m 与 n 均为自然数）个元素不论顺序成为一组，称为从 n 个不同元素中取出 m 个元素的一个组合，从 n 个不同元素中取出 $m(m \leqslant n)$ 个元素的所有组合的个数，称为从 n 个不同元素中取出 m 个元素的组合数，记作：C_n^m.

2. 排列的概念

从 n 个不同元素中，任取 m（$m \leqslant n$，m 与 n 均为自然数）个元素按照一定的顺序排成一列，称为从 n 个不同元素中取出 m 个元素的一个排列，从 n 个不同元素中取出 m（$m \leqslant n$）个元素的所有排列的个数，称为从 n 个不同元素中取出 m 个元素的排列数，记作：A_n^m.

3. 排列、组合的相关公式

（1）全排列：$n! = n \times (n-1) \times (n-2) \times \cdots \times 1$

规定：$0! = 1$，$1! = 1$

（2）$C_n^m = \dfrac{n!}{(n-m)!m!}$（$m \leqslant n$）

其中：$C_n^0 = 1$，$C_n^n = 1$，$C_n^1 = n$

（3）$A_n^m = \dfrac{n!}{(n-m)!}(m \leqslant n)$

其中：$A_n^0 = 1$，$A_n^n = n!$，$A_n^1 = n$

（4）$C_n^m = C_n^{n-m}(m \leqslant n)$

若 $C_n^p = C_n^q$，则 $p = q$ 或 $p + q = n$

三、排列组合典型问题

1. 站队问题

（1）相邻问题

方法：捆绑法

步骤：先特殊后整体，即先把要求相邻的元素捆成一个整体当作一个元素，再和其他元素放在一起从整体角度考虑，最后考虑捆绑元素内部的排序问题.

（2）不相邻问题

方法：插空法

步骤：先其他后特殊，即排除要求不相邻的元素，先把剩下的其他元素排好位置，形成若干个空位，再把要求不相邻的元素插入这些空位当中.

（3）特殊要求问题

方法：特权优先，即哪些元素或位置要求比较特殊，先处理特殊的，再处理一般的.

（4）定序问题

公式：$\dfrac{n!}{m!}$

方法：当把 n 个元素进行排序，其中 m 个元素不计顺序或者顺序已定，对这 m 个元素进行内部消序.

2. 全错位排列问题

2 个元素：1 种排列方法.

3 个元素：2 种排列方法.

4 个元素：9 种排列方法.

5 个元素：44 种排列方法.

3. 投信问题

把 m 封不同的信投入 n 个不同的信箱，共有 n^m 种不同的投信方法.

4. 不同元素分组分配问题

（1）完全平均分组模型：$\dfrac{分法}{组数!}$

（2）局部平均分组模型：$\dfrac{分法}{相同组数!}$

（3）完全不平均分组模型：分法

5. 相同元素分组问题

方法：隔板法

公式：

（1）C_{n-1}^{m-1}：把 n 个相同的元素放进 m 个不同的位置，每个位置至少放一个的方法数.

（2）C_{n+m-1}^{m-1}：把 n 个相同的元素放进 m 个不同的位置，每个位置允许空放的方法数.

6. 二项式定理

$(a+b)^n = C_0^0 a^n + C_n^1 a^{n-1}b + C_n^2 a^{n-2}b^2 + \cdots + C_n^{n-1}ab^{n-1} + C_n^n b^n.$

其中 $C_n^0 a^n + C_n^1 a^{n-1}b + C_n^2 a^{n-2}b^2 + \cdots + C_n^{n-1}ab^{n-1} + C_n^n b^n$ 称为 $(a+b)^n$ 的二项展开式.

C_n^0，C_n^1，C_n^2，$\cdots$，C_n^n 称为二项式系数.

通项公式：$T_{r+1} = C_n^r \cdot a^{n-r} \cdot b^r$ $(r=0，1，2，\cdots，n)$.

性质：

（1）项数：$n+1$ 项.

（2）指数：各项中的 a 的指数由 n 到 0 依次减少，b 的指数由 0 到 n 依次增加，每项中 a 与 b 的指数之和均为 n.

（3）二项式系数：各奇数项的二项式系数之和等于各偶数项的二项式系数之和.

即 $C_n^0 + C_n^2 + C_n^4 + \cdots = C_n^1 + C_n^3 + C_n^5 + \cdots = 2^{n-1}$.

第二节　基础例题

题型 1　两大原理的应用

【例 1】某学校食堂备有 5 种素菜、3 种荤菜、2 种汤．现要配成一荤一素一汤的套餐.则可以配制出的不同的套餐有

（A）24 种　　　（B）26 种　　　（C）28 种　　　（D）30 种　　　（E）32 种

【解析】答案是 D.

完成这件事需要分步进行，第一步：配一个荤菜有 3 种选择，第二步：配一个素菜有 5 种选择，第三步：配一个汤有 2 种选择．那么配成一荤一素一汤的套餐共有 $N = 3 \times 5 \times 2 = 30$ 种.

【例 2】十字路口来往的车辆，如果不允许掉头，则不同的行车路线有

（A）24 种　　　（B）16 种　　　（C）12 种　　　（D）10 种　　　（E）9 种

【解析】答案是 C.

第一步：先确定车辆的一个入口，即有 4 种.

第二步：再确定车辆的一个出口，由于不允许掉头，则有 3 种.

所以不同的行车路线有 $4 \times 3 = 12$ 种.

题型2 排列组合公式的应用

【例3】现有 5 幅不同的国画，2 幅不同的油画，7 幅不同的水彩画，从这些画中选出 2 幅不同种类的画布置房间，则不同的选法共有

（A）245 种　　（B）35 种　　（C）45 种　　（D）59 种　　（E）72 种

【解析】答案是 D.

从 3 类画中选 2 幅不同种类的画，先确定种类，再选具体的画. 可分为 3 类：国画与油画、国画与水彩画、油画与水彩画. 所以选法有 $C_5^1 C_2^1 + C_5^1 C_7^1 + C_2^1 C_7^1 = 59$ 种.

【例4】从 4 名男生和 3 名女生中选出 4 人参加某个座谈会，若这 4 人中必须既有男生又有女生，则不同的选法共有

（A）140 种　　（B）120 种　　（C）34 种　　（D）24 种　　（E）18 种

【解析】答案是 C.

第一类：从男生中选出 3 人，女生中选出 1 人，即 $C_4^3 \times C_3^1 = 12$ 种.

第二类：从男生中选出 2 人，女生中选出 2 人，即 $C_4^2 \times C_3^2 = 18$ 种.

第三类：从男生中选出 1 人，女生中选出 3 人，即 $C_4^1 \times C_3^3 = 4$ 种.

所以不同的选法 $12 + 18 + 4 = 34$ 种.

【例5】某外语组有 9 个人，每人至少会英语和日语中的一门，其中 7 人会英语，3 人会日语，从中选取会英语和日语的各一人，则不同的选法有

（A）12 种　　（B）16 种　　（C）24 种　　（D）18 种　　（E）20 种

【解析】答案是 E.

由于外语组共有 9 个人，且 7 人会英语 3 人会日语，则说明其中有 1 人既会说英语又会说日语，有 6 人只会说英语，有 2 人只会说日语.

第一类：从只会说英语的 6 人中选取 1 人，只会说日语的 2 人中选取 1 人，即 $C_6^1 \times C_2^1 = 12$ 种.

第二类：让既会说英语又会说日语的人讲英语，从只会说日语的 2 人中选取 1 人，即 $C_1^1 \times C_2^1 = 2$ 种.

第三类：让既会说英语又会说日语的人讲日语，从只会说英语的 6 人中选取 1 人，即 $C_1^1 \times C_6^1 = 6$ 种.

所以不同的选法有 $12 + 2 + 6 = 20$ 种.

题型3 站队问题

【例6】7 人照相，要求甲、乙两人相邻，则不同的排法有

（A）$A_2^2 A_6^6$ 种　　（B）$A_2^2 A_5^5$ 种　　（C）$C_2^2 A_5^5$ 种　　（D）$A_2^2 A_7^7$ 种　　（E）$C_2^2 A_6^6$ 种

【解析】答案是 A.

捆绑甲乙两个元素共有 A_2^2 种，作为一个整体元素与其他元素全排列，总排法为 $N = A_2^2 A_6^6$ 种.

【例7】3 个三口之家一起观看演出，他们购买了同一排的 9 张连座票，则每一家的人都坐在一起的不同坐法有

(A) $(3!)^2$ 种　　　　　　(B) $(3!)^3$ 种　　　　　　(C) $3(3!)^3$ 种

(D) $(3!)^4$ 种　　　　　　(E) $9!$ 种

【解析】答案是 D.

先把每一家当成 1 个元素，则共有 3 个元素，共有 $3!$ 种.

且每一家的 3 个人内部排序，共有 $3!$ 种.

所以不同的坐法有 $(3!)(3!)(3!)(3!) = (3!)^4$ 种.

【例8】3 个人坐在一排 8 个座位上，若每人的两边都要有空位，则不同的坐法有

(A) 12 种　　(B) 24 种　　(C) 36 种　　(D) 48 种　　(E) 60 种

【解析】答案是 B.

由于第一个座位和最后一个座位不能坐人，即 3 个人去坐中间的 6 个座位，且每人的两边都要有空位，此时相当于人坐下之后，人和人不能相邻，所以选择插空法.

即先把剩下的 3 个座位放好，就形成了 4 个空，再把 3 个人连同坐下的座位插入 4 个空中，所以不同的坐法有 $A_4^3 = 24$ 种.

【例9】有 5 个成人带领 2 个小孩排队上山，小孩不排在一起也不排在头尾，则不同的排法有

(A) $A_5^5 \cdot A_4^2$ 种　　　　　(B) $A_5^5 \cdot A_5^2$ 种　　　　　(C) $A_5^5 \cdot A_6^2$ 种

(D) $A_7^7 - 4A_6^6$ 种　　　　　(E) $A_4^2 \cdot A_5^2$ 种

【解析】答案是 A.

先排成人，有 A_5^5 种排法，此时 5 个成人形成了 6 个空，因为小孩不能排在头尾，所以只有中间 4 个空可用. 再排小孩，把 2 个小孩插入中间的 4 个空中，有 A_4^2 种排法.

所以不同的排法有 $A_5^5 \cdot A_4^2$ 种.

【例10】书架上原来有 5 本不同的书，现放入 3 本不同的书，同时保持原来书的顺序不变，则不同的放法有

(A) 42 种　　(B) 56 种　　(C) 80 种　　(D) 120 种　　(E) 336 种

【解析】答案是 E.

先将 8 本不同的书进行全排列，共 A_8^8 种方法，其中 5 本书的排序已定，需把 5 本书的顺序消掉，即共有 $\dfrac{A_8^8}{A_5^5} = 8 \times 7 \times 6 = 336$ 种不同放法.

题型 4　全错位排列问题

【例11】某单位决定对四个部门的经理进行轮岗，要求每个部门经理必须换到四个部门中的其他部门任职，则不同的轮岗方案有

(A) 3 种　　(B) 6 种　　(C) 8 种　　(D) 9 种　　(E) 10 种

【解析】答案是 D.

由于每个部门经理必须换到其他部门任职, 即为 4 个元素全错位排列问题, 共有 9 种.

题型 5 数字问题

【例 12】 从 0, 1, 2, 3, 4, 5 中任取 3 个数字, 组成没有重复数字的三位数, 其中能被 5 整除的三位数共有

(A) 16 个　　　(B) 20 个　　　(C) 36 个　　　(D) 48 个　　　(E) 125 个

【解析】 答案是 C.

第一类: 末位是 0 的三位数, 共有 $A_5^2 = 20$ 个.

第二类: 末位是 5 的三位数, 由于首位不能是 0, 则首位有 C_4^1 种方法, 此时还剩 4 个数字, 十位有 C_4^1 种方法, 共有 $C_4^1 \times C_4^1 = 16$ 个. 所以这样的三位数共有 $20 + 16 = 36$ 个.

【例 13】 从 0, 1, 2, 3, 4, 5, 6, 7, 8, 9 中取出不同的 5 个数字组成一个 5 位偶数, 则可组成的偶数有

(A) 2688 个　(B) 3024 个　(C) 13776 个　(D) 10752 个　(E) 11088 个

【解析】 答案是 C.

特殊位置为首位和个位, 特殊元素为 0, 2, 4, 6, 8, 故分为 2 类讨论:

第一类: 个位 0, 剩下 4 位无特殊要求, 那么形成的 5 位偶数有 $C_9^4 \times A_4^4 = 3024$ 个.

第二类: 个位 2 或 4 或 6 或 8, 需先从 2, 4, 6, 8 中选择一个放在个位, 再从剩下的非零的 8 个数中选 1 个放在首位, 特殊位置均解决, 剩下的中间 3 个位置无特殊要求, 那么形成的 5 位偶数有 $C_4^1 \times C_8^1 \times C_8^3 \times A_3^3 = 10752$ 个,

所以可组成的 5 位偶数有 $3024 + 10752 = 13776$ 个.

题型 6 投信原理的应用

【例 14】 现将 5 封不同的信投到 6 个不同的邮筒, 每个邮筒里面信的数量不限, 则不同的投信方式有

(A) A_6^5 种　　(B) 5^6 种　　(C) 6^5 种　　(D) C_6^5 种　　(E) A_5^5 种

【解析】 答案是 C.

每封信在投到邮筒时, 均有 6 种方法, 根据分步乘法原理可知, 不同的投信方式有 $6 \times 6 \times 6 \times 6 \times 6 = 6^5$ 种.

【例 15】 现有 5 名运动员争夺 3 个项目的冠军, 每个项目只设 1 个冠军, 则不同的冠军得法有

(A) 15 种　　(B) 30 种　　(C) 125 种　　(D) 250 种　　(E) 64 种

【解析】 答案是 C.

由于 5 名运动员不能同时获得 1 个冠军, 但 3 个冠军可以由 1 人获得, 由投信原理可知, 不同得奖方法有 $5^3 = 125$ 种.

题型 7 分堆分配问题

【例 16】 现有 6 本不同的书全部送给 5 个人, 每人至少 1 本书, 则不同的分法有

(A) 36 种　　　(B) 120 种　　　(C) 1800 种　　　(D) 3600 种　　　(E) 4800 种

【解析】答案是 C.

第一步：先把 6 本不同的书分成 5 堆，即一堆 2 本，其余 4 堆各 1 本.

则有 $\dfrac{C_6^2 \cdot C_4^1 \cdot C_3^1 \cdot C_2^1 \cdot C_1^1}{4!} = 15$ 种不同分法.

第二步：把 5 堆书分配给 5 个人，即有 $A_5^5 = 120$ 种分法.

所以不同的分法有 $15 \times 120 = 1800$ 种.

【例 17】一个年级有 3 个不同的班，现转入 6 个学生，每个班至少转入 1 个人，则不同的分法有

(A) 90 种　　　(B) 180 种　　　(C) 270 种　　　(D) 540 种　　　(E) 480 种

【解析】答案是 D.

第一类：每班转入 2 个人，则有 $\dfrac{C_6^2 C_4^2 C_2^2}{3!} \times A_3^3 = 90$ 种.

第二类：一班转入 4 个人，两班各转入 1 个人，则有 $\dfrac{C_6^4 C_2^1 C_1^1}{2!} \times A_3^3 = 90$ 种.

第三类：一班转入 1 个人，一班转入 2 个人，一班转入 3 个人，则有 $C_6^1 C_5^2 C_3^3 \times A_3^3 = 360$ 种.

所以不同的分法有 $90 + 90 + 360 = 540$ 种.

题型 8　隔板插空问题

【例 18】某校准备参加全国高中数学联赛，把 10 个名额分配给高三年级 5 个班，每班至少 1 人，则不同的分配方案有

(A) 84 种　　　(B) 126 种　　　(C) 756 种　　　(D) 210 种　　　(E) 64 种

【解析】答案是 B.

由于名额都是相同的，10 个名额，形成了 9 个可用的空，在 9 个空中插入 4 块隔板就把 10 个名额分成了 5 部分，则不同的分配方案共有 $C_9^4 = 126$ 种.

题型 9　其他问题

【例 19】5 双不同的鞋子，从中任取 4 只，则 4 只鞋子没有成双的抽取方法有

(A) 8 种　　　(B) 40 种　　　(C) 80 种　　　(D) 120 种　　　(E) 160 种

【解析】答案是 C.

先从 5 双鞋子中选出 4 双，有 C_5^4 种方法，再从选出的 4 双鞋子中，每双选出 1 只鞋子，有 $C_2^1 \times C_2^1 \times C_2^1 \times C_2^1 = 16$ 种方法. 则 4 只鞋子没有成双的抽取方法共有 $C_5^4 \times 16 = 80$ 种.

【例 20】5 双不同的鞋子，从中任取 4 只，则 4 只鞋子恰成 2 双的抽取方法有

(A) 5 种　　　(B) 10 种　　　(C) 15 种　　　(D) 20 种　　　(E) 40 种

【解析】答案是 B.

4 只鞋子恰成 2 双, 即从 5 双鞋中选出 2 双, 有 $C_5^2 = 10$ 种方法.

【例21】从正方体的 6 个面中选取 3 个面, 其中有 2 个面不相邻的选法共有

(A) 8 种　　　(B) 12 种　　　(C) 16 种　　　(D) 20 种　　　(E) 24 种

【解析】答案是 B.

由于在正方体中, 面与面只有两种位置关系: 相邻和相对, 所以 2 个面不相邻即为 2 个面相对. 第一步: 先从 6 个面中选出 2 个相对的面, 有 3 种选法. 第二步: 再从剩下的 4 个面中任意选出 1 个面, 有 4 种选法. 所以共有 $3 \times 4 = 12$ 种不同的选法.

第三节　进阶例题

考点1　两大原理的应用

【例1】某委员会由三个不同专业的人员构成, 三个专业的人数分别为 2, 3, 4, 从中选派 2 位不同专业的委员外出调研, 则不同的选派方式有

(A) 36 种　　　(B) 26 种　　　(C) 12 种　　　(D) 8 种　　　(E) 6 种

【解析】答案是 B.

设 3 个专业分别为 A, B, C, 那么从 3 个专业 9 名人员中选派 2 名不同专业的方法有

三类 $\begin{cases} A+B \\ B+C \\ C+A \end{cases}$, 所以不同的选派方法有 $N = C_2^1 C_3^1 + C_3^1 C_4^1 + C_4^1 C_2^1 = 26$ 种.

【例2】某学生要在 4 门不同课程中选修 2 门课程, 这 4 门课程中的 2 门各开设一个班, 另外 2 门各开设 2 个班, 该学生不同的选课方式共有

(A) 6 种　　　(B) 8 种　　　(C) 10 种　　　(D) 13 种　　　(E) 15 种

【解析】答案是 D.

假设有 A, B, C, D 四门课程, 其中有 A_1, B_1, C_1, C_2, D_1, D_2 六个班级, 则该学生从四门课程中选 2 门课程的不同方法数为 C_6^2 种 (其中所有方法数中包括选同一课程的 2 种情况), 所以共有 $N = C_6^2 - 2 = 13$ 种不同选课方式.

【例3】确定两人从 A 地出发经过 B 地和 C 地, 沿逆时针方向行走一圈回到 A 地的方案 (如图), 若从 A 地出发时每人均可选大路或山道, 经过 B 地和 C 地时, 至多有一人可以更改道路, 则不同的方案有

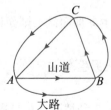

(A) 16 种　　(B) 24 种　　(C) 36 种　　(D) 48 种　　(E) 64 种

【解析】答案是 C.

第一步：从 A 地到 B 地：两个人都有两条路选择：$2 \times 2 = 4$ 种.

第二步：从 B 地到 C 地：至多有一人改道包括：两个人都不改道，其中一人改道一人不改道（2 种），共有 3 种选择.

第三步：从 C 地到 A 地：与第二步相同，共有 3 种选择.

所以不同的方案有 $4 \times 3 \times 3 = 36$ 种.

考点 2　组合公式的应用

【例 4】在一次聚会上，参加聚会的人两两彼此握手，已知全部握手次数为 66 次，则参加聚会的人数为

(A) 9　　　　(B) 10　　　　(C) 11　　　　(D) 12　　　　(E) 13

【解析】答案是 D.

设聚会总人数为 n，两两握手的握手次数 $C_n^2 = 66$，根据组合数的定义得，

$\dfrac{n(n-1)}{2} = 66$，所以 $n = 12$.

【例 5】某商店经营 15 种商品，每次在橱窗内陈列 5 种，若每两次陈列的商品不完全相同，则最多可陈列

(A) 3000 次　　(B) 3003 次　　(C) 4000 次　　(D) 4003 次　　(E) 4300 次

【解析】答案是 B.

由于每个组合的元素就是不完全相同的，所以最多可陈列 $C_{15}^5 = 3003$ 次.

【例 6】三个科室的人数分别为 6、3 和 2，因工作需要，每晚要安排 3 人值班. 则在两个月中，可以使每晚的值班人员不完全相同.

(1) 值班人员不能来自同一科室.

(2) 值班人员来自三个不同科室.

【解析】答案是 A.

条件（1），先求对立事件：3 人来自同一科室，即 $C_6^3 + C_3^3 = 21$ 种.

所以 3 人不能来自同一科室，即 $C_{11}^3 - 21 = 144 > 60$，充分.

条件（2），3 人来自不同科室，即 $C_6^1 \cdot C_3^1 \cdot C_2^1 = 36 < 60$，不充分，选 A.

考点 3　站队问题

【例 7】现有 3 名男生和 2 名女生参加面试. 则面试不同的顺序有 24 种.

(1) 第一位面试的是女生.

(2) 第二位面试的是指定的某位男生.

【解析】答案是 B.

条件（1），先排第一位，即 $C_2^1 = 2$ 种情况，再排剩下的 4 个人，即 $A_4^4 = 24$ 种情况.

所以面试的排法有 $2 \times 24 = 48$ 种，不充分.

条件（2），由于第二位已经指定某位男生，所以只排剩下的 4 个人即可，$A_4^4 = 24$ 种，充分，选 B.

【例8】 有两排座位，前排 6 人，后排 7 人，前排中间两个座位不能坐人，安排两人就座，且 2 人不能相邻的方法数为

(A) 92   (B) 91   (C) 93   (D) 94   (E) 95

【解析】 答案是 D.

当正面分析类别较多时，可以考虑从对立面进行分析：

当前排中间不能坐人，从剩余的 11 个位置中任取两个位置坐下，则共有 $A_{11}^2 = 110$ 种方法.

甲乙相邻的情况：（1）甲乙相邻同在前排，有 $N_1 = 4$ 种.

（2）甲乙同在后排，有 $N_2 = 6 \times 2 = 12$ 种.

则共有方法数为 $N = 110 - 4 - 12 = 94$ 种.

【例9】 安排甲、乙、丙、丁、戊 5 人的演出顺序，要求甲不能第一个出场，乙不能最后一个出场，则不同的排法有

(A) 78 种   (B) 36 种   (C) 43 种   (D) 50 种   (E) 64 种

【解析】 答案是 A.

由于正面求解比较复杂，所以先从反面求解：甲不第一且乙不最后的对立面是甲第一或者乙最后. 5 人任意顺序共有 $A_5^5 = 120$ 种.

对立面：（1）甲第一个出场，其他四人任意顺序，有 $A_4^4 = 24$ 种.

（2）乙最后一个出场，其他四人任意顺序，有 $A_4^4 = 24$ 种.

以上两类情况中有一种情况重复了，即甲第一个出场且乙最后一个出场，其他三人任意顺序，有 $A_3^3 = 6$ 种.

所以对立面共有 $24 + 24 - 6 = 42$ 种，最后所有不同的排法有 $120 - 42 = 78$ 种.

考点4 错位排列问题

【例10】 标号为①②③④⑤的五封信，装入到编号为①②③④⑤的五个信封中，每个信封中只能装一封信，其中恰好有两封信与其编号一致，则不同的方法有

(A) 20 种   (B) 30 种   (C) 50 种   (D) 60 种   (E) 120 种

【解析】 答案是 A.

第一步：先找出 2 封信与其信封的编号一致，有 $C_5^2 = 10$ 种.

第二步：剩下的 3 封信全错位排列，有 2 种，所以共有方法 $10 \times 2 = 20$ 种.

考点5 数字问题

【例11】 由数字 0~5 组成无重复数字的六位数，其中个位数小于十位数，十位数小于百位数的数字个数为

（A）160 　　（B）124 　　（C）130 　　（D）100 　　（E）80

【解析】答案是 D.

此六位数后三位有数字大小顺序的要求，属于元素的定序问题.

$0 \sim 5$ 这 6 个元素进行排序，其中后三位定序的方法数为 $N_1 = C_6^3 A_3^3 = 120$.

其中首位为 0 的情况不满足题意，则有 $N_2 = C_5^3 A_2^2 = 20$ 种.

则满足题意的数字个数为 $N = 100$ 种.

考点6　投信原理的应用

【例15】有 5 人报名参加 3 项不同的培训，每人都只报一项，则不同的报名方法有

（A）125 种 　　（B）243 种 　　（C）15 种 　　（D）250 种 　　（E）64 种

【解析】答案是 B.

每人只报一项，但 5 个人可以参加同一项培训，由投信原理可知，不同的报名方法有 $3^5 = 243$ 种.

考点7　分堆分配问题

【例16】某大学派出 5 名志愿者到西部 4 所中学支教，若每所中学至少有一名志愿者，则不同的分配方案共有

（A）240 种 　　（B）144 种 　　（C）120 种 　　（D）60 种 　　（E）24 种

【解析】答案是 A.

先把 5 名志愿者分成 4 堆有 $\dfrac{C_5^2 \cdot C_3^1 \cdot C_2^1 \cdot C_1^1}{3!} = 10$ 种分法，再把 4 堆志愿者分配给 4 所中学有 $A_4^4 = 24$ 种分法，所以不同的分配方案有 $10 \times 24 = 240$ 种.

【例17】现有 10 名选手中有 2 名种子选手，将他们分成不加区分的两组，每组 5 人，则 2 名种子选手不同组的分法共有

（A）50 种 　　（B）60 种 　　（C）70 种 　　（D）80 种 　　（E）120 种

【解析】答案是 C.

分步分析：第一步，先将 8 名非种子选手分为 2 组，每组 4 人，则不同的分法为 $N_1 = \dfrac{C_8^4 C_4^4}{2!} = 35$ 种. 第二步：将 2 名种子选手给每个小组分一个，共有 2 种分法.

故共有 $N = 35 \times 2 = 70$ 种不同分法.

考点8　隔板插空问题

【例18】若将 10 只相同的球随机放入编号为 1，2，3，4 的四个盒子中，则每个盒子不空的投放方法有

（A）72 种 　　（B）84 种 　　（C）96 种 　　（D）108 种 　　（E）120 种

【解析】答案是 B.

在 10 只相同的球形成的 9 个空里，插入 3 块隔板，把 10 只球分成 4 组即可，所以不同的投放方法有 $C_9^3 = 84$ 种.

考点9 几何问题

【例19】平面上有 5 条平行直线与另外一组 n 条平行直线垂直，若两组平行直线共构成 280 个矩形，则 $n =$

(A) 5   (B) 6   (C) 7   (D) 8   (E) 9

【解析】答案是 D.

由于 $C_n^2 \cdot C_5^2 = 280$，则 $n^2 - n - 56 = 0$，解得 $n = 8$.

【例20】湖中有四个小岛，它们的位置恰好近似构成正方形的四个顶点，若要修建起三座桥将这四个小岛连接起来，则不同的建桥方案有

(A) 12 种   (B) 16 种   (C) 18 种   (D) 20 种   (E) 24 种

【解析】答案是 B.

由于 2 个岛之间建一座桥，共有 4 个小岛，所以共有 $C_4^2 = 6$ 座桥. 先求对立事件：即 3 座桥不能连接 4 个小岛，共有 4 种. 所以 3 座桥将 4 个小岛连接起来，不同的方案有 $C_6^3 - 4 = 16$ 种.

考点10 其他问题

【例21】从 1，2，3，4，5 中随机取 3 个数（允许重复）组成一个三位数. 则可组成 19 个不同的三位数.

(1) 取出的三位数的各位数字之和等于 9.

(2) 取出的三位数的各位数字之和等于 7.

【解析】答案是 A.

条件 (1)，显然满足条件的有 (3，3，3)、(1，4，4)、(2，2，5)、(1，3，5)、(2，3，4) 这五组，然后考虑各组的顺序，则共有 $N = 1 + 2 \times 3 + 2 \times 3! = 19$ 个不同的三位数，充分.

条件 (2)，满足条件的有 (1，3，3) (2，2，3) (1，1，5) (1，2，4)，考虑顺序，共有 $N = 3 \times 3 + 3! = 15$ 个不同的三位数，不充分，选 A.

【例22】从 $\{1，2，3，\cdots，20\}$ 中任取 3 个不同的数，使得这三个数成为等差数列，这样的等差数列有

(A) 180 个   (B) 121 个   (C) 102 个   (D) 132 个   (E) 165 个

【解析】答案是 A.

分为多种情况：

公差为 1 时，共有 (1，2，3) (2，3，4) $\cdots$ (18，19，20) 这 18 组.

公差为 2 时，共有 (1，3，5) $\cdots$ (16，18，20) 这 16 组.

$\vdots$

公差为 9 时，共有 (1, 10, 19) (2, 11, 20) 这 2 组.

当公差为 -1，-2，-3，…，-9 时也符合题意.

从而共有 $N = 2 \times (2 + 4 + 6 + \cdots + 18) = 180$ 个.

【例 23】从集合{1, 2, 3, …, 10}中，选出由 5 个数字组成的子集，使得这 5 个数字中的任意两个数字的和不等于 11，这样的子集共有

(A) 24 个　　　(B) 32 个　　　(C) 48 个　　　(D) 60 个　　　(E) 120 个

【解析】答案是 B.

先把 1，2，3，…，10 这十个数字分成 5 对，即：① (1, 10)，② (2, 9)，③ (3, 8)，④ (4, 7)，⑤ (5, 6).

要使得 5 个数字的集合中，任意两个数字的和不等于 11，只要选取的数字不来自于同一对即可，所以从每一对中选出 1 个数字，组成一个集合.

第一步：从①中选出 1 个数字：$C_2^1 = 2$ 种.

第二步：从②中选出 1 个数字：$C_2^1 = 2$ 种.

第三步：从③中选出 1 个数字：$C_2^1 = 2$ 种.

第四步：从④中选出 1 个数字：$C_2^1 = 2$ 种.

第五步：从⑤中选出 1 个数字：$C_2^1 = 2$ 种.

所以子集共有 $2 \times 2 \times 2 \times 2 \times 2 = 2^5 = 32$ 个.

第四节　习题

基础习题

1. 某办公室有男职工 5 人，女职工 4 人，欲从中抽调 3 人支援其他工作，但至少有两位是男士，则不同的抽调方案共有

(A) 50　　　(B) 40　　　(C) 30　　　(D) 20　　　(E) 10

2. 从 5 名男医生，4 名女医生中选 3 名医生组成一个医疗小分队，要求其中男、女医生都有，则不同的组队方案共有

(A) 70 种　　　(B) 80 种　　　(C) 100 种　　　(D) 140 种　　　(E) 156 种

3. 有英语翻译 3 名，俄语翻译 5 名，法语翻译 7 名，从中选出翻译 2 名，要求语种不同，不同的选法有

(A) 105 种　　　(B) 71 种　　　(C) 68 种　　　(D) 15 种　　　(E) 12 种

4. 若 A，B，C，D，E，F，G 七人排成一列，A，B，C 三人必相邻，则不同的排法有

(A) 120 种　　　(B) 180 种　　　(C) 360 种　　　(D) 720 种　　　(E) 800 种

5. 某次文艺汇演，要将 A，B，C，D，E，F 这六个不同节目编排成节目单，如下表：

序号	1	2	3	4	5	6
节目						

如果 A，B 两个节目要相邻，且都不排在第 3 号位置，那么节目单上不同的排序方式有

(A) 192 种　　(B) 144 种　　(C) 96 种　　(D) 72 种　　(E) 36 种

6. 身高互不相同的五个人排成一排，则排在最中间的人最高，排在两端的人比相邻的人矮的排法种数为

(A) 6　　　　(B) 12　　　　(C) 24　　　　(D) 36　　　　(E) 120

7. 在 1，2，3，4，5 这五个数字组成的没有重复数字的三位数中，各位数字之和为偶数的共有

(A) 36 个　　(B) 24 个　　(C) 18 个　　(D) 6 个　　(E) 4 个

8. 有 5 名老师，分别是 5 个班的班主任，期末考试时，每个老师监考一个班，且不能监考自己任班主任的班级，则不同的监考方案有

(A) 6 种　　　(B) 9 种　　　(C) 24 种　　　(D) 36 种　　　(E) 44 种

9. 4 个人参加 3 项比赛．则不同的报名方法有 3^4 种．

(1) 每人至多报两项且至少报一项．

(2) 每人报且只报 1 项．

10. 有甲、乙、丙三项任务，现从 10 人中选 4 人承担这三项任务．则不同的选派方法共有 2520 种．

(1) 甲项任务需 2 人承担，乙和丙任务各需 1 人承担．

(2) 乙项任务需 2 人承担，甲和丙任务各需 1 人承担．

进阶习题

1. 数字 1，2，3，4，5 组成的没有重复数字，且比 20000 大的五位偶数有

(A) 48 个　　(B) 36 个　　(C) 24 个　　(D) 18 个　　(E) 12 个

2. 口袋内装有 4 个不同的红球，6 个不同的白球，若取出一个红球记 2 分，取出一个白球记 1 分，从口袋中取 5 个球，总分不小于 7 分的取法有

(A) 180 种　　(B) 186 种　　(C) 196 种　　(D) 206 种　　(E) 236 种

3. 四个不同的小球放入编号为 1，2，3，4 的四个盒中，则恰有一个空盒的放法有

(A) 64 种　　(B) 94 种　　(C) 144 种　　(D) 231 种　　(E) 268 种

4. 由数字 0，1，2，3，4，5 可以组成无重复数字且奇偶数字相间的六位数的个数为

(A) 72　　　(B) 60　　　(C) 48　　　(D) 52　　　(E) 58

5. 从 6 人中选出 4 人分别到巴黎、伦敦、悉尼、莫斯科四个城市游览，要求每个城市有一人游览，每人只游览一个城市，且这 6 人中甲、乙两人不去巴黎游览，则不同的选择方案有

(A) 300 种　　　(B) 240 种　　　(C) 144 种　　　(D) 96 种　　　(E) 56 种

6. 有 3 面相同的红旗，2 面相同的蓝旗，2 面相同的黄旗，将它们排成一排，则不同的排法有

　　(A) 105 种　　　(B) 210 种　　　(C) 240 种　　　(D) 420 种　　　(E) 480 种

7. 有 4 位同学参加某种形式的竞赛，竞赛规则规定：每位同学必须从甲、乙两道题中任选一题作答，选甲题答对得 100 分，答错得 −100 分；选乙题答对得 90 分，答错得 −90 分，若 4 位同学的总分为 0 分，则这 4 位同学不同得分情况的种数是

　　(A) 48　　　(B) 36　　　(C) 24　　　(D) 18　　　(E) 9

8. 将 4 个颜色互不相同的球全部放入编号为 1 和 2 的两个盒子里，使得放入每个盒子里的球的个数不小于该盒子的编号，则不同的放球方法有

　　(A) 10 种　　　(B) 20 种　　　(C) 36 种　　　(D) 52 种　　　(E) 72 种

9. 已知 x，y，z 为正整数，则方程 $x + y + z = 10$ 不同的解有

　　(A) 36 组　　　(B) 84 组　　　(C) 96 组　　　(D) 108 组　　　(E) 12 组

10. 在不大于 1000 的正整数中，不含数字 3 的个数是

　　(A) 680　　　(B) 720　　　(C) 729　　　(D) 832　　　(E) 913

11. 某栋楼从二楼到三楼的楼梯共 11 级，上楼可以一步上一级，也可以一步上两级，则不同的上楼方法共有

　　(A) 34 种　　　(B) 55 种　　　(C) 89 种　　　(D) 130 种　　　(E) 144 种

12. 在 $(x^2 + 3x + 2)^5$ 的展开式中 x 的系数为

　　(A) 160　　　(B) 240　　　(C) 360　　　(D) 480　　　(E) 800

13. $N = 125$.

　　(1) 有 5 本不同的书，从中选出 3 本送给 3 个人，每人一本，共有 N 种不同的送法.

　　(2) 有 5 种不同的书，每种书数量较多，从中选出 3 本送给 3 个人，每人一本，共有 N 种不同的送法.

14. 从 0，1，2，⋯，9 这十个数字中任取五个不同的数字. 则不同的取法有 126 种.

　　(1) 正好两个奇数，三个偶数.

　　(2) 至多有两个奇数.

15. $N = 36$.

　　(1) 安排 3 名支教教师去 4 所学校任教，每校至多 2 人，不同的分配方案共有 N 种.

　　(2) 安排 5 名工作人员在 5 月 1 日至 5 月 5 日值班一天，其中甲乙两人都不安排在 5 月 1 日和 2 日，不同的安排方案共有 N 种.

基础习题详解

1. 【解析】答案是 A.

分为 2 类：2 男 1 女，有 $C_5^2 \times C_4^1 = 40$ 种不同的方案；3 男，有 $C_5^3 = 10$ 种不同的方案；故共有 50 种不同的方案.

2. 【解析】答案是 A.

先求对立事件：（1）3 名都是女医生，有 $C_4^3 = 4$ 种情况.

（2）3 名都是男医生，有 $C_5^3 = 10$ 种情况.

所以男、女医生都有，不同的组队方案有 $C_9^3 - (4 + 10) = 70$ 种.

3. 【解析】答案是 B.

第一类：1 名英语翻译 1 名俄语翻译，则有 $C_3^1 \times C_5^1 = 15$ 种选法.

第二类：1 名俄语翻译 1 名法语翻译，则有 $C_5^1 \times C_7^1 = 35$ 种选法.

第三类：1 名英语翻译 1 名法语翻译，则有 $C_3^1 \times C_7^1 = 21$ 种选法.

则不同的选法有 $15 + 35 + 21 = 71$ 种.

4. 【解析】答案是 D.

先把 A，B，C 当成一个整体元素，内部排序有 $A_3^3 = 6$ 种方法，再把这一个整体和 D，E，F，G 进行全排列有 $A_5^5 = 120$ 种方法，所以 A，B，C 相邻有 $6 \times 120 = 720$ 种方法.

5. 【解析】答案是 B.

第一步：先排 3 号位置的节目，有 $C_4^1 = 4$ 种.

第二步：由于 A，B 两个节目相邻，则 A，B 只能排在 1 和 2，4 和 5，5 和 6 位置上，即 $3 \times A_2^2 = 6$.

第三步：最后排剩余的三个节目有 $A_3^3 = 6$ 种.

所以节目单上不同的排序方式有 $4 \times 6 \times 6 = 144$ 种.

6. 【解析】答案是 A.

将这五个人从矮到高看成 $1 \sim 5$ 这 5 个数，大小代表身高. 根据题意，5 在最中间，$1 \sim 4$ 中选 2 个放在 5 的左面两个位置，有大小之分，位置确定；剩下的 2 个在 5 的右面确定位置，则总的排法 $N = C_4^2 = 6$ 种.

7. 【解析】答案是 A.

由于偶数有 2 个，奇数有 3 个，若组成没有重复数字的三位数，各位数字之和是偶数，只能是 2 个奇数 1 个偶数，所以共有 $C_3^2 \times C_2^1 \times A_3^3 = 36$ 个.

8. 【解析】答案是 E.

5 个班主任都不能监考自己的班级，即为 5 个元素的全错位排列问题，根据全错位排列的相关结论，共有 44 种方法.

9. 【解析】答案是 B.

条件（1），由于每个人有报名方法 $C_3^2 + C_3^1 = 6$ 种，则 4 个人有不同的报名方法 $6 \times 6 \times 6 \times 6 = 6^4$ 种，不充分.

条件（2），4 个人参加 3 项比赛，每人报且只报 1 项，即为投信原理，则不同的报名方法有 3^4 种，充分，选 B.

10. 【解析】答案是 D.

条件（1），甲项需要 2 人，乙项需要 1 人，丙项需要 1 人，则不同的选派方法有 $C_{10}^2 \times C_8^1 \times C_7^1 = 2520$ 种，充分.

条件 (2)，乙项需要 2 人，甲项需要 1 人，丙项需要 1 人，则有不同的选派方法有 $C_{10}^2 \times C_8^1 \times C_7^1 = 2520$ 种，充分，选 D.

进阶习题详解

1. 【解析】答案是 B.

第一类：若末位是 2，则首位只能从 3，4，5 中任选一个数字，即 $C_3^1 = 3$，中间三位数字有 $A_3^3 = 6$ 种排法，所以共有偶数 $3 \times 6 = 18$ 个.

第二类：若末位是 4，则首位只能从 2，3，5 中任选一个数字，即 $C_3^1 = 3$，中间三位数字有 $A_3^3 = 6$ 种排法，所以共有偶数 $3 \times 6 = 18$ 个.

所以比 20000 大的五位偶数共有 $18 + 18 = 36$ 个.

2. 【解析】答案是 B.

设取出红球 x 个，则取出白球 $5 - x$ 个，所以总分是 $2x + (5 - x) \geqslant 7$，解得 $x \geqslant 2$.

先求对立事件：若 $x < 2$，则取出红球 0 个或 1 个.

(1) 取出红球 0 个，则取出白球 5 个，则有 $C_6^5 = 6$ 种取法.

(2) 取出红球 1 个，则取出白球 4 个，则有 $C_4^1 \times C_6^4 = 60$ 种取法.

所以总分不小于 7 分的取法有 $C_{10}^5 - (6 + 60) = 186$ 种.

3. 【解析】答案是 C.

第一步：先选出一个空盒，则有 $C_4^1 = 4$ 种选法.

第二步：再把 4 个不同的球放入 3 个不同的盒子中，则有 $\dfrac{C_4^2 C_2^1 C_1^1}{2!} \times A_3^3 = 36$.

所以恰有一个空盒的放法共有 $4 \times 36 = 144$ 种.

4. 【解析】答案是 B.

由于偶数有 0、2、4，奇数有 1、3、5.

(1) 若首位是奇数，则有 $A_3^3 \times A_3^3 = 36$ 个.

(2) 若首位是偶数，由于 0 不能在首位，则有 $C_2^1 \times A_3^3 \times A_2^2 = 24$ 个.

所以共有 $36 + 24 = 60$ 个.

5. 【解析】答案是 B.

由于甲、乙两人不去巴黎，先从另外 4 个人中选出 1 人去巴黎，有 $C_4^1 = 4$ 种选法.

再从剩下的 5 个人中选出 3 人去伦敦、悉尼、莫斯科三个城市，则有 $A_5^3 = 60$ 种情况.

所以不同的选择方案有 $4 \times 60 = 240$ 种.

6. 【解析】答案是 B.

这个问题可以先看作不同的元素排列，再消除每组相同元素的顺序，则不同的排法有

$$N = \frac{A_7^7}{A_3^3 A_2^2 A_2^2} = 210 \text{ 种.}$$

7. 【解析】答案是 B.

(1) 若 4 个人选的是同一道题：由于 4 人总分为 0，则 2 人答对，2 人答错，有 $2 \times$

$C_4^2 \times C_2^2 = 12$ 种情况.

（2）若 4 个人选的是不同的题：由于 4 人总分为 0，则甲题一对一错，乙题一对一错，有 $A_4^4 = 24$ 种情况.

所以 4 人不同得分情况共有 $12 + 24 = 36$ 种.

8. 【解析】答案是 A.

（1）若 1 号盒子里有 1 个球，则 2 号盒子里有 3 个球，有 $C_4^1 \times C_3^3 = 4$ 种放法.

（2）若 1 号盒子里有 2 个球，则 2 号盒子里有 2 个球，有 $C_4^2 \times C_2^2 = 6$ 种放法.

所以不同的放球法有 $4 + 6 = 10$ 种.

9. 【解析】答案是 A.

相同元素的分配问题，不仅仅是分"相同的球"，只要待分配元素相同即可，此题可以认为将 10 个相同的 1 分给 x，y，z 三个对象，每个对象至少分到一个 1，使用隔板法，则总的方法数为 $C_9^2 = 36$ 种.

10. 【解析】答案是 C.

此题分类考虑 $1 \sim 1000$ 以内的正整数：

一位数不含 3，共有 8 个；

两位数不含 3，十位不为 0、3，有 8 个数字可选，个位数有 9 个数字可选，有 72 个；

三位数不含 3，千位不为 0、3，有 8 个数字可选，其他都是 9 个数字，有 $9 \times 9 \times 8 = 648$ 个；

一个四位数为 1000，不含 3，有 1 个，所以在 $1 \sim 1000$ 之间共有 729 个数字不含 3.

11. 【解析】答案是 E.

设走了 m 个一级，n 个二级，则必须满足 $m + 2n = 11$，通过分析可分为以下几类：

（1）$m = 1$，$n = 5$，一共要走 6 步，选其中任意一步走一级，则共有 6 种方法；

（2）$m = 3$，$n = 4$，一共要走 7 步，选其中任意三步走一级，则共有 C_7^3 种方法；

（3）$m = 5$，$n = 3$，一共要走 8 步，选其中任意五步走一级，则共有 C_8^5 种方法；

（4）$m = 7$，$n = 2$，一共要走 9 步，选其中任意七步走一级，则共有 C_9^7 种方法；

（5）$m = 9$，$n = 1$，一共要走 10 步，选其中任意九步走一级，则共有 C_{10}^9 种方法；

（6）$m = 11$，一共走了 11 个一级，只有 1 种办法.

综上，上楼方法共有 $N = 6 + C_7^3 + C_8^5 + C_9^7 + C_{10}^9 + 1 = 144$ 种.

12. 【解析】答案是 B.

方法一：由 $(x^2 + 3x + 2)^5 = [(x^2 + 3x) + 2]^5$，

得 $T_{k+1} = C_5^k (x^2 + 3x)^{5-k} \cdot 2^k = C_5^k \cdot 2^k \cdot (x^2 + 3x)^{5-k}$.

再一次使用通项公式得，$T_{r+1} = C_5^k \cdot 2^k \cdot C_{5-k}^r \cdot 3^r x^{10-2k-r}$，

这里 $0 \leq k \leq 5$，$0 \leq r \leq 5 - k$.

令 $10 - 2k - r = 1$，即 $2k + r = 9$.

所以 $r = 1$，$k = 4$，由此得到 x 的系数为 $C_5^4 \cdot 2^4 \cdot 3 = 240$.

方法二：由 $(x^2 + 3x + 2)^5 = (x + 1)^5 (x + 2)^5$，知 $(x + 1)^5$ 的展开式中 x 的系数为 C_5^4，

常数项为 1，$(x+2)^5$ 的展开式中 x 的系数为 $C_5^4 \cdot 2^4$，常数项为 2^5.

因此原式中 x 的系数为 $C_5^4 \cdot 2^5 + C_5^4 \cdot 2^4 = 240$.

方法三：将 $(x^2+3x+2)^5$ 看作 5 个三项式相乘，展开式中 x 的系数就是从其中一个三项式中取 $3x$ 的系数 3，从另外 4 个三项式中取常数项相乘所得的积，即 $C_5^1 \cdot 3 \cdot C_4^4 \cdot$

$2^4 = 240$ 种.

13. 【解析】答案是 B.

条件（1），有 $A_5^3 = 60$ 种分法，不充分.

条件（2），相当于把 5 种书分给 3 个人，其中 3 个人可以得到同一种书，但每人只能得到 1 本书，即为投信原理，则有 $5^3 = 125$，充分，选 B.

14. 【解析】答案是 B.

这十个数字种有奇数 5 个，偶数 5 个.

条件（1），任取 5 个不同的数字，其中 2 个奇数，3 个偶数，则不同的取法有 $C_5^2 \times C_5^3 = 100$ 种，不充分.

条件（2），第一类，0 个奇数，5 个偶数，则有 $C_5^5 = 1$ 种选法.

第二类，1 个奇数，4 个偶数，则 $C_5^1 \times C_5^4 = 25$ 种选法.

第三类，2 个奇数，3 个偶数，则 $C_5^2 \times C_5^3 = 100$ 种选法.

所以任取 5 个不同的数字，其中至多有 2 个奇数，则不同的取法有 $1 + 25 + 100 = 126$ 种，充分，选 B.

15. 【解析】答案是 B.

条件（1），根据题意，分为两类情况：一类为 3 名支教教师分别去 3 所学校，方法数为 $C_4^3 A_3^3 = 24$ 种；一类为 2 名老师和 1 名老师去 4 所中的两所学校，方法数为 $C_3^2 C_1^1 C_4^2 A_2^2 = 36$ 种；完成此种分配共有 60 种方法，不充分.

条件（2），安排 5 名工作人员在 5 月 1 日至 5 月 5 日值班一天，按照甲、乙的要求，安排的方法数为 $N = C_3^2 A_2^2 A_3^3 = 36$ 种方法，充分，选 B.

第十一章　概率

第一节　知识要点

1. 随机事件

在一定条件下可能发生也可能不发生的事件.

2. 必然事件

在一定条件下必然要发生的事件.

3. 不可能事件

在一定条件下不可能发生的事件.

4. 事件 A 的概率

在大量重复进行同一试验时，事件 A 发生的频率 $\dfrac{m}{n}$ 总接近于某个常数，在它附近摆动，这时就把这个常数叫作事件 A 的概率，记作 $P(A)$. 由定义可知 $0 \leqslant P(A) \leqslant 1$，即必然事件的概率是 1，不可能事件的概率是 0.

5. 古典概型

一次试验连同其中可能出现的每一个结果称为一个基本事件，通常此试验中的某一事件 A 由几个基本事件组成，如果一次试验中可能出现的结果有 n 个，即此试验由 n 个基本事件组成，而且所有结果出现的可能性都相等，那么这样的随机试验称为古典概型试验. 每一个基本事件的概率都是 $\dfrac{1}{n}$，如果某个事件 A 包含的结果有 m 个，那么事件 A 的概率

$$P(A) = \frac{m}{n}.$$

6. 互斥事件

（1）定义：不可能同时发生的两个事件叫互斥事件.

（2）互斥事件的特点：

①互斥事件研究的是两个事件之间的关系.

②所研究的两个事件是在一次试验中涉及的.

③两个事件互斥是从试验的结果不能同时出现来确定的.

④从集合角度来看，A，B 两个事件互斥，则表示 A，B 这两个事件所含结果组成的两个集合的交集是空集.

7. 互斥事件的概率公式

（1）若 A、B 为互斥事件，则 $P(A+B) = P(A) + P(B)$.

（2）若 A_1，A_2，$\cdots$，A_n 为互斥事件，则 $P(A_1 + A_2 + \cdots + A_n) = P(A_1) + P(A_2) + \cdots + P(A_n)$.

8. 对立事件

对立事件是互斥事件的一种特殊情况，是指在一次试验中有且仅有一个发生的两个事件，集合 A 的对立事件记作 $\overline{A}$，从集合的角度来看，事件 $\overline{A}$ 所含结果的集合正是全集 U 中由事件 A 所含结果组成集合的补集，即 $A \cup \overline{A} = U$，$A \cap \overline{A} = \varnothing$，对立事件一定是互斥事件，但互斥事件不一定是对立事件.

9. 对立事件的概率公式

$P(A) + P(\overline{A}) = 1$.

10. 独立事件

（1）定义：事件 A 是否发生对事件 B 发生的概率没有影响，这样的两个事件称为相互独立事件.

（2）独立事件的特点：

　　①独立事件研究的是两个事件之间的关系.

　　②所研究的两个事件是在两次试验中得到的.

　　③两个事件相互独立是从一个事件的发生对另一个事件的发生的概率没有影响来确定的.

11. 独立事件的概率公式

（1）若 A、B 为独立事件，则 $P(A \cdot B) = P(A) \cdot P(B)$.

（2）若 A_1，$A_2 \cdots A_n$ 为独立事件，则 $P(A_1 \cdot A_2 \cdots A_n) = P(A_1) \cdot P(A_2) \cdots P(A_n)$.

12. 伯努利概型

如果在一次试验中，事件 A 发生的概率为 P，那么在 n 次独立重复试验中，事件 A 恰好发生 k 次的概率是 $P_n(k) = C_n^k \cdot P^k \cdot (1-P)^{n-k} (k = 0,1,2,3\cdots)$.

第二节　基础例题

题型 1　古典概型的随机取样问题

【例 1】有 3 个兴趣小组，甲、乙两位同学随机参加一个小组，则这两位同学参加同一个兴趣小组的概率为

　　(A) $\dfrac{1}{3}$　　　(B) $\dfrac{1}{2}$　　　(C) $\dfrac{2}{3}$　　　(D) $\dfrac{3}{4}$　　　(E) $\dfrac{4}{5}$

【解析】答案是 A.

　　甲、乙两位同学参加兴趣小组共有 $3 \times 3 = 9$ 种可能，其中甲、乙两人参加同一个小组的情况有 3 种，故这两位同学参加同一个小组的概率 $P = \dfrac{3}{9} = \dfrac{1}{3}$.

【例2】一批产品共 10 件，其中有 2 件次品，现随机地抽取 5 件，则 5 件中至多有 1 件次品的概率为

(A) $\dfrac{1}{14}$ 　　　(B) $\dfrac{7}{9}$ 　　　(C) $\dfrac{1}{2}$ 　　　(D) $\dfrac{2}{9}$ 　　　(E) $\dfrac{2}{7}$

【解析】答案是 B.

5 件中至多有 1 件次品，可分为 2 类：

(1) 5 件中有 0 件次品的概率 $P_1 = \dfrac{C_8^5}{C_{10}^5} = \dfrac{2}{9}$.

(2) 5 件中有 1 件次品的概率 $P_2 = \dfrac{C_2^1 \times C_8^4}{C_{10}^5} = \dfrac{5}{9}$.

所以 5 件中至多有 1 件次品的概率 $P = \dfrac{2}{9} + \dfrac{5}{9} = \dfrac{7}{9}$.

【例3】在 36 人中，血型情况如下：A 型 12 人，B 型 10 人，AB 型 8 人，O 型 6 人，若从中随机选出两人，则两人血型相同的概率是

(A) $\dfrac{77}{315}$ 　　　(B) $\dfrac{44}{315}$ 　　　(C) $\dfrac{33}{315}$ 　　　(D) $\dfrac{9}{122}$ 　　　(E) $\dfrac{1}{122}$

【解析】答案是 A.

两人血型相同的概率 $P = \dfrac{C_{12}^2}{C_{36}^2} + \dfrac{C_{10}^2}{C_{36}^2} + \dfrac{C_8^2}{C_{36}^2} + \dfrac{C_6^2}{C_{36}^2} = \dfrac{77}{315}$.

题型2　古典概型的数字问题

【例4】从 1，2，…，9 这九个数中，随机抽取 3 个不同的数，则这 3 个数的和为偶数的概率是

(A) $\dfrac{5}{9}$ 　　　(B) $\dfrac{4}{9}$ 　　　(C) $\dfrac{11}{21}$ 　　　(D) $\dfrac{10}{21}$ 　　　(E) $\dfrac{3}{10}$

【解析】答案是 C.

具体事件：3 个数的和为偶数，包括以下两类情况.

(1) 3 个偶数：$C_4^3 = 4$ 种.

(2) 2 个奇数 1 个偶数：$C_5^2 \cdot C_4^1 = 40$ 种.

则具体事件即为 3 个数的和为偶数：$4 + 40 = 44$ 种.

总事件即为 9 个数中随机抽取 3 个不同的数：$C_9^3 = 84$ 种.

所以概率是 $P = \dfrac{44}{84} = \dfrac{11}{21}$.

【例5】用数字 1，2，3，4，5 组成五位数，则其中恰有 4 个相同数字的概率是

(A) $\dfrac{1}{5}$ (B) $\dfrac{1}{25}$ (C) $\dfrac{1}{35}$ (D) $\dfrac{4}{125}$ (E) $\dfrac{8}{125}$

【解析】答案是 D.

具体事件：由 1，2，3，4，5 组成的五位数，其中有 4 个相同数字.

（1）先选出 1 个重复的数字：$C_5^1 = 5$ 种.

（2）再选出剩余的 1 个数字：$C_4^1 = 4$ 种.

（3）把这 5 个数字排序：5 种.

具体事件共有 $5 \times 4 \times 5 = 100$ 种.

总事件即为由 1，2，3，4，5 组成的五位数有 $5 \times 5 \times 5 \times 5 \times 5 = 5^5 = 3125$ 种.

所以概率 $P = \dfrac{100}{3125} = \dfrac{4}{125}$.

题型 3　古典概型的穷举问题

【例 6】在分别标记了数字 1，2，3，4，5，6 的 6 张卡片中随机抽取 3 张，其上数字之和等于 10 的概率是

(A) 0.05 (B) 0.1 (C) 0.15 (D) 0.2 (E) 0.25

【解析】答案是 C.

随机试验是"从 6 张卡片中随机取 3 张"，总情况数（分母）为 $C_6^3 = 20$；问题所问随机事件（分子）是"3 张卡片数字之和等于 10"，可穷举出共"1、3、6；1、4、5；2、3、5"三种情况. 根据古典概型计算公式，随机事件的概率 $P = \dfrac{3}{20} = 0.15$.

题型 4　古典概型与排列组合典型模型

【例 7】把 4 个不同的小球任意投入 4 个不同的盒子内，若每个盒子装球数量不限.

（1）则无空盒的概率为

(A) $\dfrac{25}{256}$ (B) $\dfrac{3}{32}$ (C) $\dfrac{1}{24}$ (D) $\dfrac{49}{256}$ (E) $\dfrac{9}{16}$

（2）则恰有一个空盒的概率为

(A) $\dfrac{25}{256}$ (B) $\dfrac{3}{32}$ (C) $\dfrac{1}{24}$ (D) $\dfrac{49}{256}$ (E) $\dfrac{9}{16}$

【解析】（1）答案是 B.　（2）答案是 E.

（1）具体事件：4 个不同的小球投入 4 个不同的盒子，没有空盒，则有 $A_4^4 = 24$ 种放法. 总事件：4 个不同的小球任意投入 4 个不同的盒子，即为投信原理，有 $4^4 = 256$ 种放法. 所以概率 $P = \dfrac{24}{256} = \dfrac{3}{32}$.

（2）具体事件：4 个不同的小球投入 4 个不同的盒子，恰有一个空盒有 $4 \times 36 = 144$ 种. 总事件：4 个不同的小球任意投入 4 个不同的盒子，有 $4^4 = 256$ 种放法. 所以概率 $P =$

$$\frac{144}{256} = \frac{9}{16}.$$

题型 5 互斥事件的应用

【例 8】已知 10 件产品中有 4 件一等品,从中任取 2 件,则至少有 1 件一等品的概率为

(A) $\dfrac{1}{3}$　　　(B) $\dfrac{2}{3}$　　　(C) $\dfrac{2}{15}$　　　(D) $\dfrac{8}{15}$　　　(E) $\dfrac{13}{15}$

【解析】答案是 B.

先求对立事件,即 2 件都不是一等品的概率 $\overline{P} = \dfrac{C_6^2}{C_{10}^2} = \dfrac{1}{3}$.

所以 2 件中至少有 1 件一等品的概率 $P = 1 - \overline{P} = 1 - \dfrac{1}{3} = \dfrac{2}{3}$.

【例 9】现有标号为 1,2,3,4,5 的五封信,另有同样标号的五个信封,将五封信任意地装入五个信封,每个信封装入一封信,则至少有两封信配对的概率为

(A) $\dfrac{19}{30}$　　　(B) $\dfrac{11}{30}$　　　(C) $\dfrac{3}{8}$　　　(D) $\dfrac{89}{120}$　　　(E) $\dfrac{31}{120}$

【解析】答案是 E.

至少有两封信配对的对立事件包含两类:

5 封信都不配对,$P_1 = \dfrac{44}{A_5^5} = \dfrac{11}{30}$;仅有 1 封信配对,$P_2 = \dfrac{C_5^1 \times 9}{A_5^5} = \dfrac{3}{8}$.

则至少有两封信配对的概率 $P = 1 - (P_1 + P_2) = \dfrac{31}{120}$.

题型 6 独立事件的应用

【例 10】甲、乙两射手各自独立向目标射击 1 次,甲射手每次命中率为 0.8,乙射手每次命中率为 0.7,则在此次射击活动中能射中目标的概率是

(A) 21%　　　(B) 32%　　　(C) 43%　　　(D) 94%　　　(E) 65%

【解析】答案是 D.

对立事件是两个人全都没有射中,此时的概率是 $(1 - 0.8)(1 - 0.7) = 0.06$,

所以此次射击活动中有人射中目标的概率 $P = 1 - 0.06 = 0.94$.

【例 11】一道竞赛试题,甲解出的概率为 $\dfrac{1}{2}$,乙解出的概率为 $\dfrac{1}{3}$,丙解出的概率为 $\dfrac{1}{4}$,由甲、乙、丙三人独立解答此题,只有一人解出的概率是

(A) $\dfrac{1}{4}$　　　(B) $\dfrac{1}{8}$　　　(C) $\dfrac{1}{12}$　　　(D) $\dfrac{11}{24}$　　　(E) $\dfrac{13}{24}$

【解析】答案是 D.

只有甲解出此题的概率是 $P_1 = \dfrac{1}{2} \times \left(1 - \dfrac{1}{3}\right) \times \left(1 - \dfrac{1}{4}\right) = \dfrac{1}{4}$.

只有乙解出此题的概率是 $P_2 = \left(1 - \dfrac{1}{2}\right) \times \dfrac{1}{3} \times \left(1 - \dfrac{1}{4}\right) = \dfrac{1}{8}$.

只有丙解出此题的概率是 $P_3 = \left(1 - \dfrac{1}{2}\right) \times \left(1 - \dfrac{1}{3}\right) \times \dfrac{1}{4} = \dfrac{1}{12}$.

所以只有一人解出的概率是 $P = P_1 + P_2 + P_3 = \dfrac{11}{24}$.

题型 7　伯努利概型

【例 12】 张三以卧姿射击 10 次. 则命中靶子 7 次的概率是 $\dfrac{15}{128}$.

(1) 张三以卧姿打靶的命中率是 0.2.
(2) 张三以卧姿打靶的命中率是 0.5.

【解析】 答案是 B.

条件 (1)，10 次射击，张三命中 7 次的概率为 $P = C_{10}^{7} \times 0.2^7 \times 0.8^3 \neq \dfrac{15}{128}$. 显然不充

分. 条件 (2)，10 次射击，张三命中 7 次的概率为 $P = C_{10}^{7} \times 0.5^7 \times 0.5^3 = \dfrac{15}{128}$，充分，

选 B.

【例 13】 在某次考试中，3 道题中答对 2 道题即为及格，假设某人答对各题的概率相

同. 则此人及格的概率是 $\dfrac{20}{27}$.

(1) 答对各题的概率均为 $\dfrac{2}{3}$.

(2) 3 道题全部答错的概率为 $\dfrac{1}{27}$.

【解析】 答案是 D.

条件 (1)，由于此人及格包括两种情况：

①3 道题中答对 2 道题的概率是 $P = C_3^2 \times \left(\dfrac{2}{3}\right)^2 \times \left(1 - \dfrac{2}{3}\right) = \dfrac{4}{9}$；

②3 道题全部答对的概率是 $P = \left(\dfrac{2}{3}\right)^3 = \dfrac{8}{27}$；

所以此人及格的概率 $P = \dfrac{4}{9} + \dfrac{8}{27} = \dfrac{20}{27}$，充分.

条件 (2)，3 道题全部答错的概率为 $\dfrac{1}{27}$，那么每道题答错的概率是 $\dfrac{1}{3}$，每道题答对的

概率是 $\dfrac{2}{3}$，与条件 (1) 等价，充分，选 D.

【例 14】 甲、乙两队参加一次排球比赛，比赛实行 "五局三胜制"，其中甲队每局获

胜的概率为 $\frac{3}{5}$，在一次比赛中，已知第一局乙队先胜一局，在这种情况下，甲队最终获胜的概率是

(A) $\frac{162}{625}$　　(B) $\frac{297}{625}$　　(C) $\frac{1053}{3125}$　　(D) $\frac{27}{625}$　　(E) $\frac{324}{625}$

【解析】答案是 B.

由于乙队先胜一局，所以甲队最终获胜的比分是 3∶1 或 3∶2.

(1) 若甲队和乙队的比分是 3∶1，即第 2 局、第 3 局、第 4 局甲连胜 3 局，则概率是 $P_1 = \left(\frac{3}{5}\right)^3 = \frac{27}{125}$.

(2) 若甲队和乙队的比分是 3∶2，即第 2 局、第 3 局、第 4 局这三局中甲胜了 2 局，第 5 局甲胜，则概率是 $P_2 = C_3^2 \times \left(1 - \frac{3}{5}\right) \times \left(\frac{3}{5}\right)^2 \times \frac{3}{5} = \frac{162}{625}$.

所以甲队最终获胜的概率 $P = P_1 + P_2 = \frac{297}{625}$.

第三节　进阶例题

考点1　古典概型

【例1】在一次商品促销活动中，主持人出示一个 9 位数，让顾客猜测商品的价格，商品的价格是该 9 位数中从左到右相邻的 3 个数字组成的 3 位数，若主持人出示的是 513535319，则顾客一次猜中价格的概率是

(A) $\frac{1}{7}$　　(B) $\frac{1}{6}$　　(C) $\frac{1}{5}$　　(D) $\frac{2}{7}$　　(E) $\frac{1}{3}$

【解析】答案是 B.

由于共有 6 组不同的数字：513，135，353，535，531，319，所以顾客一次猜中价格的概率 $P = \frac{1}{6}$.

【例2】某商店举行店庆活动，顾客消费达到一定的数量后，可以在 4 种赠品中随机选取 2 件不同的赠品，任意两位顾客所选的赠品中，恰有 1 件赠品相同的概率是

(A) $\frac{1}{6}$　　(B) $\frac{1}{4}$　　(C) $\frac{1}{3}$　　(D) $\frac{1}{2}$　　(E) $\frac{2}{3}$

【解析】答案是 E.

先将 4 种赠品分别用 1，2，3，4 编号，任意两位顾客选择赠品共有 $C_4^2 \times C_4^2 = 36$ 种情况. 对于甲、乙两位顾客来说，若选择的赠品中恰好 1 号赠品是相同的，则甲的另一件赠品有 $C_3^1 = 3$ 种，乙的另一件赠品有 $C_2^1 = 2$ 种，此时共有 $3 \times 2 = 6$ 种选法.

同理，若选择的恰好是 2，3，4 号赠品是相同的，均有 6 种选法.

所以任意两位顾客所选的赠品中，恰有 1 件赠品相同，共有 $6 \times 4 = 24$ 种选法.

则概率 $P = \dfrac{24}{36} = \dfrac{2}{3}$.

【例 3】在一个不透明的布袋中装有 2 个白球、m 个黄球和若干个黑球，它们只有颜色不同. 则 $m = 3$.

（1）从布袋中随机摸出一个球，摸到白球的概率是 0.2.

（2）从布袋中随机摸出一个球，摸到黄球的概率是 0.3.

【解析】答案是 C.

设黑球有 n 个，

条件（1），随机摸出一个球是白球的概率 $P = \dfrac{C_2^1}{C_{2+m+n}^1} = \dfrac{2}{2+m+n} = 0.2$，即 $m + n = 8$.

条件（2），随机摸出一个球是黄球的概率 $P = \dfrac{C_m^1}{C_{2+m+n}^1} = \dfrac{m}{2+m+n} = 0.3$，即 $7m - 3n = 6$.

显然条件（1），条件（2）单独均不充分.

联合条件（1）和条件（2），则有 $\begin{cases} m+n=8 \\ 7m-3n=6 \end{cases}$，解得 $m = 3$，充分，选 C.

【例 4】记连续两次掷骰子得到的点数为 a、b，则点 $P(a, b)$ 落在直线 $x + y = 6$ 和两坐标轴围成的三角形内的概率为

（A）$\dfrac{1}{6}$　　　（B）$\dfrac{7}{36}$　　　（C）$\dfrac{2}{9}$　　　（D）$\dfrac{1}{4}$　　　（E）$\dfrac{5}{18}$

【解析】答案是 E.

由于落在直线 $x + y = 6$ 和两坐标轴围成的三角形内的点满足：$x + y < 6$.

则有 $(1, 1)$，$(1, 2)$，$(2, 1)$，$(1, 3)$，$(3, 1)$，$(1, 4)$，$(4, 1)$，$(2, 2)$，$(2, 3)$，$(3, 2)$ 共 10 个点，点 $P(a, b)$ 的总个数有 $6 \times 6 = 36$ 个，所以概率 $P = \dfrac{10}{36} = \dfrac{5}{18}$.

【例 5】从 1 到 100 的整数中任取一个数，则该数能被 5 或 7 整除的概率为

（A）0.02　　　（B）0.14　　　（C）0.2　　　（D）0.32　　　（E）0.34

【解析】答案是 D.

100 以内能被 5 整除的数有 20 个，能被 7 整除的数有 14 个，既能被 5 整除，又能被 7 整除的数字有 2 个：35 和 70，所以能被 5 或 7 整除的数有 32 个.

故该数能被 5 或 7 整除的概率 $P = \dfrac{32}{100} = 0.32$.

【例 6】某项活动中，将 3 男 3 女 6 名志愿者随机分成甲、乙、丙三组，每组 2 人，则每组志愿者都是异性的概率为

（A）$\dfrac{1}{90}$　　　（B）$\dfrac{1}{15}$　　　（C）$\dfrac{1}{10}$　　　（D）$\dfrac{1}{5}$　　　（E）$\dfrac{2}{5}$

【解析】答案是 E.

具体事件，先把 3 男 3 女 6 名志愿者按照每组都是异性分成 3 组有 3! 种分法. 再把 3 组命名为甲、乙、丙有 3! 种，所以共有 3! × 3! = 36 种分法.

总事件，即将 3 男 3 女 6 名志愿者随机分成甲、乙、丙三组，每组 2 人：

先把 3 男 3 女 6 名志愿者平均分成 3 组，每组 2 人，$\dfrac{C_6^2 \cdot C_4^2 \cdot C_2^2}{3!} = 15$ 种分法.

再把 3 组命名为甲、乙、丙有 3! 种，所以共有 15 × 3! = 90 种分法.

所以每组志愿者都是异性的概率 $P = \dfrac{36}{90} = \dfrac{2}{5}$.

【例 7】将 2 个红球与 1 个白球随机地放入甲、乙、丙三个盒子中，则乙盒中至少有 1 个红球的概率为

(A) $\dfrac{1}{9}$ 　　(B) $\dfrac{8}{27}$ 　　(C) $\dfrac{4}{9}$ 　　(D) $\dfrac{5}{9}$ 　　(E) $\dfrac{17}{27}$

【解析】答案是 D.

先求对立事件：(1) 乙盒中没有球，即把 3 个不同的小球投入甲、丙两个不同的盒子中，共有 $2^3 = 8$ 种；

(2) 乙盒中有 1 个白球，即把 2 个不同的红球投入甲、丙两个不同的盒子中，共有 $2^2 = 4$ 种；

总事件即把 3 个不同的小球投入甲、乙、丙三个不同的盒子中，共有 $3^3 = 27$ 种，

此时的概率 $\overline{P} = \dfrac{8+4}{27} = \dfrac{4}{9}$.

所以乙盒中至少有 1 个红球的概率 $P = 1 - \overline{P} = 1 - \dfrac{4}{9} = \dfrac{5}{9}$.

考点 2　独立事件

（一）独立事件

【例 8】某次网球比赛的四强对阵为甲对乙，丙对丁，两场比赛的胜者将争夺冠军，选手之间相互获胜的概率如下：

	甲	乙	丙	丁
甲获胜概率		0.3	0.3	0.8
乙获胜概率	0.7		0.6	0.3
丙获胜概率	0.7	0.4		0.5
丁获胜概率	0.2	0.7	0.5	

则甲获得冠军的概率为

(A) 0.165　　(B) 0.245　　(C) 0.275　　(D) 0.315　　(E) 0.330

【解析】答案是 A.

由于甲获得冠军包括两种情况:

(1) 甲胜乙,丙胜丁,甲胜丙,此时的概率 $P_1 = 0.3 \times 0.5 \times 0.3 = 0.045$.

(2) 甲胜乙,丁胜丙,甲胜丁,此时的概率 $P_2 = 0.3 \times 0.5 \times 0.8 = 0.12$.

所以甲获得冠军的概率 $P = P_1 + P_2 = 0.165$.

【例 9】若从原点出发的质点 M 向 x 轴的正向移动一个和两个坐标单位的概率分别是 $\dfrac{2}{3}$ 和 $\dfrac{1}{3}$,则该质点移动 3 个坐标单位到达点 $x = 3$ 的概率是

(A) $\dfrac{19}{27}$　　(B) $\dfrac{20}{27}$　　(C) $\dfrac{7}{9}$　　(D) $\dfrac{22}{27}$　　(E) $\dfrac{23}{27}$

【解析】答案是 B.

到达点 $x = 3$ 有三种情况:(1) $1 + 2 = 3$,此时概率是 $\dfrac{2}{3} \times \dfrac{1}{3} = \dfrac{2}{9}$.

(2) $2 + 1 = 3$,此时的概率是 $\dfrac{1}{3} \times \dfrac{2}{3} = \dfrac{2}{9}$.

(3) $1 + 1 + 1 = 3$,此时的概率是 $\dfrac{2}{3} \times \dfrac{2}{3} \times \dfrac{2}{3} = \dfrac{8}{27}$.

所以到达点 $x = 3$ 的概率是 $\dfrac{2}{9} + \dfrac{2}{9} + \dfrac{8}{27} = \dfrac{20}{27}$.

(二) 伯努利概型

【例 10】档案馆在一个库房中安装了 n 个烟火感应报警器,每个报警器遇到烟火成功报警的概率均为 P. 该库房遇烟火发出警报的概率达到 0.999.

(1) $n = 3$,$P = 0.9$.　　　　(2) $n = 2$,$P = 0.97$.

【解析】答案是 D.

条件 (1),先求对立事件,该库房遇烟火不发出警报的概率 $\overline{P} = (1 - 0.9)^3 = 0.001$,所以该库房遇烟火发出警报的概率 $P = 1 - 0.001 = 0.999$,充分.

条件 (2),先求对立事件,该库房遇烟火不发出警报的概率 $\overline{P} = (1 - 0.97)^2 = 0.0009$,所以该库房遇烟火发出警报的概率 $P = 1 - 0.0009 = 0.9991$,充分,选 D.

【例 11】信封中装有 10 张奖券,只有 1 张有奖,从信封中同时抽取 2 张奖券,中奖的概率记为 P. 从信封中每次抽取 1 张奖券后放回,如此重复抽取 n 次,中奖的概率记为 Q. 则 $P < Q$.

(1) $n = 2$.　　　　　　　　(2) $n = 3$.

【解析】答案是 B.

条件 (1),由于对立事件是不中奖. 那么 $P = 1 - \dfrac{C_9^2}{C_{10}^2} = 1 - \dfrac{4}{5} = \dfrac{1}{5}$,$Q = 1 - \dfrac{C_9^1}{C_{10}^1} \times \dfrac{C_9^1}{C_{10}^1} =$

$1 - \dfrac{81}{100} = \dfrac{19}{100}$. 所以 $P > Q$，不充分.

条件（2），由于对立事件是不中奖. 则 $P = 1 - \dfrac{C_9^2}{C_{10}^2} = 1 - \dfrac{4}{5} = \dfrac{1}{5}$，$Q = 1 - \dfrac{C_9^1}{C_{10}^1} \times \dfrac{C_9^1}{C_{10}^1} \times$

$\dfrac{C_9^1}{C_{10}^1} = 1 - \dfrac{729}{1000} = \dfrac{271}{1000}$，所以 $P < Q$，充分，选 B.

【例 12】经统计，某机场的一个安检口每天中午办理安检手续的乘客人数及相应的概率如下表：

乘客人数	0～5	6～10	11～15	16～20	21～25	25 以上
概率	0.1	0.2	0.2	0.25	0.2	0.05

该安检口 2 天中至少有 1 天中午办理安检手续的乘客人数超过 15 的概率是

(A) 0.2　　(B) 0.25　　(C) 0.4　　(D) 0.5　　(E) 0.75

【解析】答案是 E.

先求对立事件，即两天中午办理安检手续的乘客都没超过 15 人，由表格可知，一天中午办理安检手续的乘客不超过 15 人的概率 $P_1 = 0.1 + 0.2 + 0.2 = 0.5$，所以两天中午办理安检手续的乘客都没超过 15 人的概率 $\overline{P} = 0.5 \times 0.5 = 0.25$，则 2 天中至少有 1 天中午办理安检手续的乘客人数超过 15 的概率 $P = 1 - 0.25 = 0.75$.

【例 13】某乒乓球男子单打决赛在甲、乙两选手间进行，比赛采用 7 局 4 胜制，已知每局比赛甲选手战胜乙选手的概率均为 0.7，则甲选手以 4:1 战胜乙选手的概率为

(A) 0.84×0.7^3　　　　(B) 0.7×0.7^3　　　　(C) 0.3×0.7^3

(D) 0.9×0.7^3　　　　(E) 0.9×0.7^4

【解析】答案是 A.

由于甲选手以 4:1 战胜乙选手，则比赛一共打了 5 场，且最后一场甲选手获胜，

即在前 4 场比赛中，甲选手胜了 3 场，乙选手胜了 1 场，

此时的概率 $P = C_4^3 \times 0.7^3 \times (1 - 0.7) \times 0.7 = 0.84 \times 0.7^3$.

【例 14】在一次竞猜活动中，设有 5 关，如果连续通过 2 关就算闯关成功，小王通过每关的概率都是 $\dfrac{1}{2}$，则他闯关成功的概率为

(A) $\dfrac{1}{8}$　　(B) $\dfrac{1}{4}$　　(C) $\dfrac{3}{8}$　　(D) $\dfrac{4}{8}$　　(E) $\dfrac{19}{32}$

【解析】答案是 E.

小王闯关成功包括四种情况：

在第 2 关闯关成功，概率是 $\dfrac{1}{2} \times \dfrac{1}{2} = \dfrac{1}{4}$.

在第 3 关闯关成功，概率是 $\dfrac{1}{2} \times \dfrac{1}{2} \times \dfrac{1}{2} = \dfrac{1}{8}$.

在第 4 关闯关成功，最后两局连胜，第二局失败，第一局胜或败，概率是 $2 \times \dfrac{1}{2} \times \dfrac{1}{2} \times \dfrac{1}{2} \times \dfrac{1}{2} = \dfrac{1}{8}$.

在第 5 关闯关成功，最后两局连胜，第三局失败，前两局一胜一败或者都败，概率是 $\left(C_2^1 + 1\right) \times \left(\dfrac{1}{2} \times \dfrac{1}{2} \times \dfrac{1}{2} \times \dfrac{1}{2} \times \dfrac{1}{2}\right) = \dfrac{3}{32}$.

所以闯关成功的概率是 $\dfrac{1}{4} + \dfrac{1}{8} + \dfrac{1}{8} + \dfrac{3}{32} = \dfrac{19}{32}$.

【例 15】 掷一枚均匀的硬币若干次，当正面向上的次数大于反面向上的次数时停止，则在 4 次之内停止的概率为

(A) $\dfrac{1}{8}$ (B) $\dfrac{3}{8}$ (C) $\dfrac{5}{8}$ (D) $\dfrac{3}{16}$ (E) $\dfrac{5}{16}$

【解析】 答案是 C.

分两种情况：扔一次硬币正面向上，概率 $P_1 = \dfrac{1}{2}$.

扔三次硬币，第一次反面向上，第二次正面向上，第三次正面向上，此时的概率 $P_2 = \dfrac{1}{2} \times \dfrac{1}{2} \times \dfrac{1}{2} = \dfrac{1}{8}$. 所以 4 次之内停止的概率 $P = \dfrac{1}{2} + \dfrac{1}{8} = \dfrac{5}{8}$.

第四节 习题

基础习题

1. 从数字 1，2，3，4，5 中，随机抽取 3 个数字（允许重复）组成一个三位数，则各位数字之和等于 9 的概率为

(A) $\dfrac{13}{125}$ (B) $\dfrac{16}{125}$ (C) $\dfrac{18}{125}$ (D) $\dfrac{19}{125}$ (E) $\dfrac{15}{125}$

2. 从分别写有 A，B，C，D，E 的 5 张卡片中任取 2 张，则 2 张上的字母恰好按字母顺序相邻的概率为

(A) $\dfrac{1}{5}$ (B) $\dfrac{2}{5}$ (C) $\dfrac{3}{10}$ (D) $\dfrac{7}{10}$ (E) $\dfrac{1}{2}$

3. 设袋中有 80 个红球，20 个白球，若从袋中任取 10 个球，则其中恰有 6 个红球的概率为

(A) $\dfrac{C_{80}^4 \cdot C_{10}^6}{C_{100}^{10}}$ (B) $\dfrac{C_{80}^6 \cdot C_{10}^4}{C_{100}^{10}}$ (C) $\dfrac{C_{80}^4 \cdot C_{20}^6}{C_{100}^{10}}$ (D) $\dfrac{C_{80}^6 \cdot C_{20}^4}{C_{100}^{10}}$ (E) $\dfrac{C_{80}^6 \cdot C_{20}^6}{C_{100}^{10}}$

4. 某科研合作项目成员由 11 个美国人、4 个法国人和 5 个中国人组成，现从中随机选出

两位作为成果发布人，则两人不属于同一个国家的概率为

(A) $\frac{2}{9}$ (B) $\frac{17}{40}$ (C) $\frac{71}{190}$ (D) $\frac{119}{190}$ (E) $\frac{3}{10}$

5. 若 10 把钥匙中只有 2 把能打开某锁，则从中任取 2 把能将该锁打开的概率为

(A) $\frac{3}{10}$ (B) $\frac{1}{12}$ (C) $\frac{17}{45}$ (D) $\frac{11}{12}$ (E) $\frac{10}{21}$

6. 一个口袋内装有大小相同的红球、蓝球各一个，采取有放回地每次摸出一个球并记下颜色为一次试验，试验共进行 3 次，则至少摸到 1 次红球的概率是

(A) $\frac{8}{9}$ (B) $\frac{7}{8}$ (C) $\frac{5}{8}$ (D) $\frac{3}{8}$ (E) $\frac{1}{8}$

7. 甲、乙、丙三人各自去破译一个密码，若他们各自能译出的概率分别为 $\frac{1}{5}$, $\frac{1}{3}$, $\frac{1}{4}$，则只有两人译出的概率为

(A) $\frac{3}{20}$ (B) $\frac{13}{20}$ (C) $\frac{13}{30}$ (D) $\frac{3}{13}$ (E) $\frac{23}{30}$

8. 一射击选手对同一目标进行 4 次射击，每次射击互不影响，若至少命中一次的概率是 $\frac{80}{81}$，则该选手的命中率是

(A) $\frac{1}{9}$ (B) $\frac{1}{3}$ (C) $\frac{1}{2}$ (D) $\frac{2}{3}$ (E) $\frac{8}{9}$

9. 事件 A 和事件 B 相互独立. 则能确定事件 A 和事件 B 同时发生的概率.

(1) 已知事件 A 与 B 至少有一个发生的概率.

(2) 已知事件 A 与 B 有且仅有一个发生的概率.

10. 10 人依次从 10 件礼物中各取一件，其中有 5 个玩偶，3 个水杯，2 条领带. 则 $P = \frac{1}{2}$.

(1) 若小明第 5 位取礼物，且取到玩偶的概率为 P.

(2) 若小明第 9 位取礼物，且取到玩偶的概率为 P.

进阶习题

1. 在一次读书活动中，某同学从 4 本不同的科技书和 2 本不同的文艺书中任选 3 本，则所选的书中既有科技书又有文艺书的概率是

(A) $\frac{1}{5}$ (B) $\frac{1}{2}$ (C) $\frac{2}{3}$ (D) $\frac{4}{5}$ (E) $\frac{1}{3}$

2. 将红、黄、蓝 3 个球随机放入 5 个不同的盒子 A, B, C, D, E 中，则恰有两个球放在同一盒子中的概率为

(A) $\frac{12}{25}$ (B) $\frac{14}{25}$ (C) $\frac{2}{5}$ (D) $\frac{3}{5}$ (E) $\frac{16}{25}$

3. 一盒中装有 20 个大小相同的小球，其中红球 10 个，白球 6 个，黄球 4 个，某人随手拿

出 4 个，则至少有 3 个红球的概率为

(A) $\dfrac{94}{323}$ (B) $\dfrac{229}{323}$ (C) $\dfrac{188}{323}$ (D) $\dfrac{282}{323}$ (E) $\dfrac{229}{646}$

4. 袋中有 5 个白球，3 个黑球，从中任意摸出 4 个，则其中至少有 1 个黑球的概率为

(A) $\dfrac{9}{14}$ (B) $\dfrac{13}{14}$ (C) $\dfrac{11}{14}$ (D) $\dfrac{2}{15}$ (E) $\dfrac{13}{28}$

5. 某班有两个课外活动小组，其中第一小组有足球票 6 张，排球票 4 张，第二小组有足球票 4 张，排球票 6 张，甲从第一小组的 10 张票中任抽 1 张，乙从第二小组的 10 张票中任抽 1 张．则两人都抽到足球票的概率是

(A) $\dfrac{3}{5}$ (B) $\dfrac{2}{5}$ (C) $\dfrac{6}{25}$ (D) $\dfrac{8}{25}$ (E) $\dfrac{14}{25}$

6. 甲、乙二人参加知识竞赛，共有 12 个不同的题目，其中选择题 8 个，判断题 4 个，甲、乙二人各依次抽一题，则甲抽到判断题，乙抽到选择题的概率是

(A) $\dfrac{6}{25}$ (B) $\dfrac{21}{25}$ (C) $\dfrac{8}{33}$ (D) $\dfrac{25}{33}$ (E) $\dfrac{17}{25}$

7. 有红、黄、蓝三种颜色的旗子各 3 面，在每种颜色的 3 面旗帜上分别标上号码 1、2、3，现任取出 3 面旗子，则它们的颜色与号码均不相同的概率是

(A) $\dfrac{1}{14}$ (B) $\dfrac{17}{40}$ (C) $\dfrac{3}{10}$ (D) $\dfrac{7}{120}$ (E) $\dfrac{13}{110}$

8. 将一颗质地均匀的骰子先后抛掷 3 次，至少出现一次 6 点向上的概率是

(A) $\dfrac{5}{216}$ (B) $\dfrac{25}{216}$ (C) $\dfrac{31}{216}$ (D) $\dfrac{91}{216}$ (E) $\dfrac{125}{216}$

9. 已知盒中装有 3 只螺口灯泡与 7 只卡口灯泡，这些灯泡的外形与功率都相同且灯口向下放着，现需要一只卡口灯泡使用，电工师傅每次从中任取一只且不放回，则他直到第 3 次才取得卡口灯泡的概率是

(A) $\dfrac{21}{40}$ (B) $\dfrac{17}{40}$ (C) $\dfrac{3}{10}$ (D) $\dfrac{7}{120}$ (E) $\dfrac{17}{120}$

10. 将 7 个人（含甲、乙）分成相同的三个组，一组 3 人，另两组 2 人，不同的分组数为 a，甲、乙分到同一组的概率为 P，则 a，P 的值分别为

(A) $a=105$，$P=\dfrac{5}{21}$ (B) $a=105$，$P=\dfrac{4}{21}$

(C) $a=210$，$P=\dfrac{5}{21}$ (D) $a=210$，$P=\dfrac{4}{21}$

(E) $a=200$，$P=\dfrac{5}{21}$

11. 某装置的启动密码是由 0 到 9 中的 3 不同数字组成，连续 3 次输入错误密码，就会导致该装置永久关闭，一个仅记得密码是由 3 个不同数字组成的人能够启动此装置的概率为

(A) $\dfrac{1}{120}$　　(B) $\dfrac{1}{168}$　　(C) $\dfrac{1}{240}$　　(D) $\dfrac{1}{720}$　　(E) $\dfrac{3}{1000}$

12. 在三角形的每条边上各取三个分点，以这 9 个分点为顶点可画出若干个三角形，若从中任意抽取一个三角形，则其三个顶点分别落在原三角形的三条不同边上的概率为

(A) $\dfrac{1}{2}$　　(B) $\dfrac{1}{3}$　　(C) $\dfrac{1}{4}$　　(D) $\dfrac{1}{5}$　　(E) $\dfrac{1}{6}$

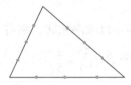

13. 六位身高全不相同的同学拍照留念，摄影师要求前后两排各三人，则后排每人均比前排同学高的概率是

(A) $\dfrac{2}{9}$　　(B) $\dfrac{17}{40}$　　(C) $\dfrac{1}{20}$　　(D) $\dfrac{7}{120}$　　(E) $\dfrac{9}{110}$

14. 从存放号码分别为 1，2，…，10 的卡片的盒子中，有放回地取 100 次，每次取一张卡片并记下号码，统计结果如下表：

卡片号码	1	2	3	4	5	6	7	8	9	10
取到的次数	13	8	5	7	6	13	18	10	11	9

则取到的号码为奇数的概率是

(A) 0.53　　(B) 0.5　　(C) 0.47　　(D) 0.37　　(E) 0.57

15. 袋中装有黑球和白球共 7 个，从中任取 2 个球都是白球的概率是 $\dfrac{1}{7}$，现甲、乙两人从袋中轮流取出 1 球，甲先取，乙后取，然后甲再取，…，取后不放回，直到两人中有一人取到白球时停止，每个球每次被取到的机会是等可能的，那么甲取到白球的概率是

(A) $\dfrac{3}{35}$　　(B) $\dfrac{6}{35}$　　(C) $\dfrac{1}{35}$　　(D) $\dfrac{22}{35}$　　(E) $\dfrac{17}{35}$

 基础习题详解

1. 【解析】答案是 D.

具体事件：第一类：抽取 3，3，3，此时有 1 个三位数.

第二类：抽取 1，4，4，此时有 $\dfrac{A_3^3}{2!}=3$ 个三位数.

第三类：抽取 1，5，3，此时有 $A_3^3=6$ 个三位数.

第四类：抽取 2，3，4，此时有 $A_3^3=6$ 个三位数.

第五类：抽取 2，2，5，此时有 $\dfrac{A_3^3}{2!}=3$ 个三位数.

具体事件即为各位数字之和等于 9 的三位数有 $1+3+6+6+3=19$ 个.

总事件共有三位数 $5^3=125$ 个.

所以各位数字之和等于 9 的概率 $P=\dfrac{19}{125}$.

2. 【解析】答案是 B.

具体事件即为任取 2 张卡片上的字母顺序相邻，则有 AB，BC，CD，DE 这 4 种选择.

总事件共有取法 C_5^2 种. 所以概率 $P=\dfrac{4}{10}=\dfrac{2}{5}$.

3. 【解析】答案是 D.

具体事件即为 10 个球中有 6 个红球、4 个白球，有 $C_{80}^6 \cdot C_{20}^4$ 种取法.

总事件即为 100 个球中任取 10 个球，有 C_{100}^{10} 种取法.

所以概率 $P=\dfrac{C_{80}^6 \cdot C_{20}^4}{C_{100}^{10}}$.

4. 【解析】答案是 D.

先求对立事件的概率，即两人属于同一个国家的概率 $\dfrac{C_{11}^2}{C_{20}^2}+\dfrac{C_4^2}{C_{20}^2}+\dfrac{C_5^2}{C_{20}^2}=\dfrac{71}{190}$.

所以两人不属于同一个国家的概率 $P=1-\dfrac{71}{190}=\dfrac{119}{190}$.

5. 【解析】答案是 C.

由于对立事件是不能将锁打开，此时的概率为 $\overline{P}=\dfrac{C_8^2}{C_{10}^2}=\dfrac{28}{45}$，

所以从中任取 2 把能将该锁打开的概率 $P=1-\dfrac{28}{45}=\dfrac{17}{45}$.

6. 【解析】答案是 B.

先求对立事件的概率，即 3 次试验中全是蓝球的概率 $\overline{P}=\dfrac{1}{2}\times\dfrac{1}{2}\times\dfrac{1}{2}=\dfrac{1}{8}$，所以至少摸

到 1 次红球的概率 $P=1-\overline{P}=1-\dfrac{1}{8}=\dfrac{7}{8}$.

7. 【解析】答案是 A.

由于（1）甲乙两人译出密码，丙没有译出密码的概率 $P_1=\dfrac{1}{5}\times\dfrac{1}{3}\times\left(1-\dfrac{1}{4}\right)=\dfrac{1}{20}$.

（2）乙丙两人译出密码，甲没有译出密码的概率 $P_2=\left(1-\dfrac{1}{5}\right)\times\dfrac{1}{3}\times\dfrac{1}{4}=\dfrac{1}{15}$.

（3）甲丙两人译出密码，乙没有译出密码的概率 $P_3=\dfrac{1}{5}\times\left(1-\dfrac{1}{3}\right)\times\dfrac{1}{4}=\dfrac{1}{30}$.

所以只有两人译出密码的概率 $P=\dfrac{1}{20}+\dfrac{1}{15}+\dfrac{1}{30}=\dfrac{3}{20}$.

8. 【解析】答案是 D.

设该选手的命中率是 P. 由于 4 次射击中至少命中一次的对立事件是 4 次射击中 1 次也没中, 此时的概率是 $1 - \dfrac{80}{81} = \dfrac{1}{81}$, 由于 $(1-P)^4 = \dfrac{1}{81}$, 则 $1 - P = \dfrac{1}{3}$, 解得 $P = \dfrac{2}{3}$.

9. 【解析】答案是 C.

设事件 A 发生的概率为 $P(A)$, 事件 B 发生的概率为 $P(B)$. 事件 A 与事件 B 独立, 事件 A 和事件 B 同时发生的概率为 $P(AB) = P(A)P(B)$.

条件 (1), 已知 $1 - [1 - P(A)][1 - P(B)]$, 故可得到 $[1 - P(A)][1 - P(B)]$, 无法求得 $P(A)P(B)$ 的值, 不充分.

条件 (2), 已知 $P(A)[1 - P(B)] + P(B)[1 - P(A)]$, 同样无法求得 $P(A)P(B)$ 的值, 故条件 (2) 不充分. 联合, 可确定 $P(A)P(B)$ 的值, 应选 C.

10. 【解析】答案是 D.

此题型为抽签原理的问题, 与有 10 张彩票, 其中有 5 张有奖, 第 n 次中奖的概率是一致的表达, 条件 (1), 第 5 次抽到玩偶的概率为 $P = \dfrac{C_5^1 C_9^4 A_4^4}{C_{10}^5 A_5^5} = \dfrac{5}{10} = \dfrac{1}{2}$, 充分. 条件 (2), 概率 $P = \dfrac{C_5^1 A_9^8}{A_{10}^9} = \dfrac{1}{2}$, 充分, 选 D.

进阶习题详解

1. 【解析】答案是 D.

从 4 本不同的科技书和 2 本不同的文艺书中任选 3 本, 共有 $C_6^3 = 20$ 种选法, 而所选的 3 本书中既有科技书又有文艺书的选法为 $C_4^1 C_2^2 + C_4^2 C_2^1 = 16$ 种, 则所求概率 $P = \dfrac{16}{20} = \dfrac{4}{5}$.

2. 【解析】答案是 A.

总事件 $5^3 = 125$ 种放法, 而满足恰有两个球放在同一盒子的元素个数为 $C_3^2 \times A_5^2 = 60$, 所求的概率 $P = \dfrac{60}{125} = \dfrac{12}{25}$.

3. 【解析】答案是 A.

具体事件: 4 个球中至少有 3 个红球, 包括以下两类情况.

(1) 4 个球中有 3 个红球: $C_{10}^3 \cdot C_{10}^1 = 1200$ 种.

(2) 4 个球都是红球: $C_{10}^4 = 210$ 种.

共有 $1200 + 210 = 1410$ 种选法.

总事件即为 20 个球中随意拿出 4 个, 有 $C_{20}^4 = 4845$ 种选法.

所以概率 $P = \dfrac{1410}{4845} = \dfrac{94}{323}$.

4. 【解析】答案是 B.

至少摸出 1 个黑球的对立事件是 4 个球全是白球，则概率 $\overline{P}=\dfrac{C_5^4}{C_8^4}=\dfrac{1}{14}$.

所以至少摸出 1 个黑球的概率 $P=1-\overline{P}=\dfrac{13}{14}$.

5. 【解析】 答案是 C.

甲抽到足球票的概率是 $\dfrac{C_6^1}{C_{10}^1}=\dfrac{3}{5}$，乙抽到足球票的概率是 $\dfrac{C_4^1}{C_{10}^1}=\dfrac{2}{5}$.

所以两人都抽到足球票的概率 $P=\dfrac{3}{5}\times\dfrac{2}{5}=\dfrac{6}{25}$.

6. 【解析】 答案是 C.

具体事件为甲抽到判断题，乙抽到选择题，则有 $C_4^1\times C_8^1=32$ 种选法.

总事件为两人依次各抽一题，则有 $C_{12}^1\times C_{11}^1=132$ 种选法.

所以概率 $P=\dfrac{32}{132}=\dfrac{8}{33}$.

7. 【解析】 答案是 A.

具体事件：第一步，先从标号 1，2，3 的三面红色旗子中任取一面，则有 $C_3^1=3$ 种选法.

第二步，再从标号 1，2，3 的三面蓝色旗子中任取一面，由于此号码与取出的红色旗子不同，则有 $C_2^1=2$ 种选法.

第三步，最后从标号 1，2，3 的三面黄色旗子中任取一面，由于此号码与取出的红色旗子和蓝色旗子都不同，则有 $C_1^1=1$ 种选法.

所以具体事件即为 3 面旗子的颜色与号码均不相同，则 $3\times2\times1=6$ 种.

总事件即为 9 面旗子中任取 3 面旗子，则有 $C_9^3=84$ 种.

所以概率 $P=\dfrac{6}{84}=\dfrac{1}{14}$.

8. 【解析】 答案是 D.

先求对立事件的概率，即 3 次中 0 次 6 点向上的概率 $\overline{P}=\dfrac{C_5^1}{C_6^1}\times\dfrac{C_5^1}{C_6^1}\times\dfrac{C_5^1}{C_6^1}=\dfrac{125}{216}$.

所以至少出现一次 6 点向上的概率 $P=1-\dfrac{125}{216}=\dfrac{91}{216}$.

9. 【解析】 答案是 D.

由于第一次取得螺口灯泡的概率是 $\dfrac{3}{10}$，第二次取得螺口灯泡的概率是 $\dfrac{2}{9}$，第三次取得卡口灯泡的概率是 $\dfrac{7}{8}$.

所以直到第 3 次才取得卡口灯炮的概率 $P=\dfrac{3}{10}\times\dfrac{2}{9}\times\dfrac{7}{8}=\dfrac{7}{120}$.

10. 【解析】答案是 A.

由于一组 3 人，另两组 2 人是局部平均分组，所以 $a = \dfrac{C_7^3 \times C_4^2 \times C_2^2}{2!} = 105$ 种.

（1）若甲、乙在 3 人组，则有 $\dfrac{C_5^1 \times C_4^2 \times C_2^2}{2!} = 15$ 种；

（2）若甲、乙在 2 人组，则有 $C_5^3 \times C_2^2 = 10$ 种.

所以甲、乙分到同一组的概率是 $P = \dfrac{15}{105} + \dfrac{10}{105} = \dfrac{5}{21}$.

11. 【解析】答案是 C.

（1）若第 1 次正确输入密码启动装置，概率 $P_1 = \dfrac{1}{10 \times 9 \times 8} = \dfrac{1}{720}$；

（2）若第 1 次输入的是错误的密码，第 2 次正确输入密码启动装置，概率 $P_2 = \dfrac{719}{720} \times$

$\dfrac{1}{719} = \dfrac{1}{720}$；

（3）若第 1 次输入的是错误的密码，第 2 次输入的是错误的密码，第 3 次正确输入密

码启动装置，概率 $P_3 = \dfrac{719}{720} \times \dfrac{718}{719} \times \dfrac{1}{718} = \dfrac{1}{720}$.

所以此人能够启动装置的概率 $P = P_1 + P_2 + P_3 = \dfrac{1}{240}$.

12. 【解析】答案是 B.

由于三点共线无法构成三角形，所以从 9 个分点中任取 3 个分点，可以构成的三角形

有 $C_9^3 - 3 = 81$ 个，所以三个顶点分别落在原三角形的三条不同边上的概率 $P =$

$\dfrac{C_3^1 \times C_3^1 \times C_3^1}{81} = \dfrac{1}{3}$.

13. 【解析】答案是 C.

由于后排每人均比前排同学高，所以先从 6 个人中选出最高的 3 个人放在后排，有

$A_3^3 = 6$ 种排法，再把剩下的 3 个人放在前排，即 $A_3^3 = 6$ 种排法，所以后排每人均比前

排同学高的概率 $P = \dfrac{6 \times 6}{A_6^6} = \dfrac{1}{20}$.

14. 【解析】答案是 A.

由于取到的号码为奇数有 $13 + 5 + 6 + 18 + 11 = 53$ 次，所以取到的号码为奇数的概率

$P = \dfrac{53}{100} = 0.53$.

15. 【解析】答案是 D.

设白球 x 个，则黑球 $7 - x$ 个. 由于 $\dfrac{C_x^2}{C_7^2} = \dfrac{1}{7}$，解得：$x = 3$，即袋中有白球 3 个，黑

球 4 个. 若两人轮流取球, 其中有一人取到白球时停止, 那么甲取到白球包括以下三类:

(1) 第一次甲取到白球, 则概率 $P_1 = \dfrac{3}{7}$.

(2) 前两次都是黑球, 第三次甲取到白球, 则概率 $P_2 = \dfrac{4}{7} \times \dfrac{3}{6} \times \dfrac{3}{5} = \dfrac{6}{35}$.

(3) 前四次都是黑球, 第五次甲取到白球, 则概率 $P_3 = \dfrac{4}{7} \times \dfrac{3}{6} \times \dfrac{2}{5} \times \dfrac{1}{4} \times \dfrac{3}{3} = \dfrac{1}{35}$.

所以甲取到白球的概率 $P = P_1 + P_2 + P_3 = \dfrac{22}{35}$.

第十二章 数据分析

第一节 知识要点

1. 常用概念

（1）总体：考查对象的全体.

（2）个体：总体中的每一个考查对象.

（3）样本：总体中所抽取的一部分个体.

（4）总体容量：总体中个体的数目.

（5）样本容量：样本中个体的数目.

（6）中位数：把一组数据按照由大到小或由小到大的顺序排列，若有奇数个数据，中位数为最中间的那个数，若有偶数个数据，则为最中间两个数的算术平均数.

（7）众数：在一组数据中，出现次数最多的数.

2. 平均数

平均数：一组数据的算术平均数.

已知一组数据 x_1，x_2，$\cdots$，x_n，那么 $\bar{x} = \dfrac{x_1 + x_2 + \cdots + x_n}{n}$.

3. 方差与标准差

（1）方差：$S^2 = \dfrac{(x_1 - \bar{x})^2 + (x_2 - \bar{x})^2 + \cdots + (x_n - \bar{x})^2}{n}$

标准差：$S = \sqrt{\dfrac{(x_1 - \bar{x})^2 + (x_2 - \bar{x})^2 + \cdots + (x_n - \bar{x})^2}{n}}$

（2）方差与标准差的意义：方差的实质是各数据与平均数的差的平方的平均数. 标准差是一个派生概念，它的优点是单位和样本的数据单位保持一致，给计算和研究带来方便.

方差和标准差用来比较平均数相同的两组数据波动的大小，也用它描述数据的离散程度. 方差或标准差越大，说明数据的波动越大，越不稳定；方差或标准差越小，说明数据波动越小，越整齐、越稳定.

4. 频率分布直方图

（1）定义：把数据分为若干个小组，每组的组距保持一致，并在直角坐标系的横轴上以组距作为底，标出每组的位置，计算每组所包含的数据个数即频数，以该组的 $\dfrac{\text{频率}}{\text{组距}}$ 为高作矩形，这样得出若干个矩形组成的分布图称为频率分布直方图.

（2）定义所包含的要点

①组距的确定：一般是人为确定，不能太大也不能太小，分组时采用左闭右开的
区间表示：[　）.

②组数的确定：组数 $= \dfrac{极差}{组距}$.

③频率的确定：每一组的频率 $= \dfrac{每一组的频数}{样本容量}$.

④每一个矩形的面积：组距 $\times \dfrac{频率}{组距} =$ 频率.

频率分布直方图中所有矩形的面积和是 1.

（3）众数、中位数、平均数的估算方法

众数：最高的矩形底边中点的横坐标.

中位数：平行于 y 轴把频率分布直方图分成左右面积相等的两部分的直线的横坐标.

平均数：每一个矩形的面积乘以底边中点的横坐标之和.

5. 饼图

饼图是一个划分为几个扇形的圆形统计图表，用于描述量、频率或百分比之间的相对关系. 在饼图中，以每个扇区的弧长（以及圆心角和面积）大小为其所表示的数量的比例. 这些扇区合在一起刚好是一个完全的圆形. 顾名思义，这些扇区拼成了一个切开的饼形图案.

其所用公式为：某部分所占的百分比等于对应扇形所占整个圆周的比例.

第二节　典型例题

【例 1】某公司销售部有营销人员 15 人，该 15 人某月的销售量，如下表所示：

每人销售件数	180	510	250	210	150	120
人数	1	1	3	5	3	2

求 15 个营销人员该月销售量的平均数、中位数、众数.

【解析】平均数：$\bar{x} = \dfrac{120 \times 2 + 150 \times 3 + 210 \times 5 + 250 \times 3 + 510 + 180}{2 + 3 + 5 + 3 + 1 + 1} = 212$.

中位数：把 15 个数按照从小到大的顺序排列，则第 8 个数是 210.

众数：210

【例 2】已知原数据为 x_1，x_2，$\cdots$，x_n，且平均数为 $\bar{x}$、方差为 S^2、标准差为 S，现构造一组新的数据 $ax_1 + b$，$ax_2 + b$，$\cdots$，$ax_n + b$，那么新数据的平均数、方差、标准差是什么？

【解析】由于原数据的平均数：$\bar{x} = \dfrac{x_1 + x_2 + \cdots + x_n}{n}$.

方差：$S^2 = \dfrac{(x_1 - \bar{x})^2 + (x_2 - \bar{x})^2 + \cdots + (x_n - \bar{x})^2}{n}$

标准差：$S = \sqrt{\dfrac{(x_1 - \bar{x})^2 + (x_2 - \bar{x})^2 + \cdots + (x_n - \bar{x})^2}{n}}$

则新数据的平均数：$\bar{x}_{新} = \dfrac{a(x_1 + x_2 + \cdots + x_n) + nb}{n} = a\bar{x} + b$

方差：

$$S^2_{新} = \dfrac{(ax_1 + b - a\bar{x} - b)^2 + (ax_2 + b - a\bar{x} - b)^2 + \cdots + (ax_n + b - a\bar{x} - b)^2}{n}$$

$$= a^2 \dfrac{(x_1 - \bar{x})^2 + (x_2 - \bar{x})^2 + \cdots + (x_n - \bar{x})^2}{n}$$

$$= a^2 S^2$$

标准差：$S_{新} = |aS|$.

【例3】甲、乙两名运动员参加射击训练，最近10次的成绩如下（单位：环）

甲的成绩	7	8	7	9	5	4	9	10	7	4
乙的成绩	9	5	7	8	7	6	8	6	7	7

设甲、乙的成绩的均值为 E_1 和 E_2，方差分别为 S_1 和 S_2，则

（A）$E_1 = E_2$，$S_1 > S_2$　　　　（B）$E_1 = E_2$，$S_1 < S_2$

（C）$E_1 > E_2$，$S_1 = S_2$　　　　（D）$E_1 < E_2$，$S_1 > S_2$

（E）$E_1 > E_2$，$S_1 < S_2$

【解析】答案是 A.

甲的平均数是 7，乙的平均数也是 7，所以 $E_1 = E_2$.

甲的方差：$S_1 = \dfrac{1}{10}\left[(7-7)^2 \times 3 + (8-7)^2 + (9-7)^2 \times 2 + (5-7)^2 + (4-7)^2 \times 2 + (10-7)^2\right] = 4$.

乙的方差：$S_2 = \dfrac{1}{10}\left[(9-7)^2 + (5-7)^2 + (7-7)^2 \times 4 + (8-7)^2 \times 2 + (6-7)^2 \times 2\right] = 1.2$，

所以 $S_1 > S_2$，选 A.

【例4】甲、乙、丙三人每轮各投篮10次，投了三轮，投中数如下表：

	第一轮	第二轮	第三轮
甲	2	5	8
乙	5	2	5
丙	8	4	9

记 σ_1，σ_2，σ_3 分别为甲、乙、丙投中数的方差，则

(A) $\sigma_1 > \sigma_2 > \sigma_3$　　　　(B) $\sigma_1 > \sigma_3 > \sigma_2$　　　　(C) $\sigma_2 > \sigma_1 > \sigma_3$

(D) $\sigma_2 > \sigma_3 > \sigma_1$　　　　(E) $\sigma_3 > \sigma_2 > \sigma_1$

【解析】答案是 B.

$$\overline{x}_{甲} = \frac{2+5+8}{3} = 5,\ \overline{x}_{乙} = \frac{5+2+5}{3} = 4,\ \overline{x}_{丙} = \frac{8+4+9}{3} = 7,\ 根据方差的公式，可以得到$$

$$\sigma_1 = \frac{(2-5)^2 + (5-5)^2 + (8-5)^2}{3} = 6,\ \sigma_2 = \frac{(5-4)^2 + (2-4)^2 + (5-4)^2}{3} = 2,$$

$$\sigma_3 = \frac{(8-7)^2 + (4-7)^2 + (9-7)^2}{3} = \frac{14}{3},\ 因此 \sigma_1 > \sigma_3 > \sigma_2.$$

方差描述的是数据的离散状态，方差越大，说明数据的波动越大，越不稳定.

从甲乙丙的波动情况来看，甲的波动幅度为 6，乙的波动幅度为 3，丙的波动幅度为 5，从波动情况也可大致判断方差状况为 $\sigma_1 > \sigma_3 > \sigma_2$.

【例5】下图是 200 辆汽车通过某一段公路时速的频率分布直方图.

(1) 则时速在 [60，70) 的汽车大约有

(A) 30 辆　　(B) 40 辆　　(C) 60 辆　　(D) 80 辆　　(E) 100 辆

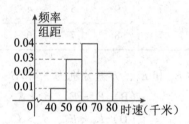

【解析】答案是 D.

由于时速在 [60，70) 的汽车的数量，即为频率分布直方图中时速在 [60，70) 的频数.

因为时速在 [60，70) 的频率是 $10 \times 0.04 = 0.4$.

所以时速在 [60，70) 的频数是 $0.4 \times 200 = 80$ 辆.

(2) 请估算时速的众数、中位数、平均数.

【解析】时速的众数：$\frac{60+70}{2} = 65$.

时速的中位数：$60 + \frac{0.5 - (10 \times 0.01 + 10 \times 0.03)}{0.04} = 62.5$.

时速的平均数：

$$10 \times 0.01 \times \frac{(40+50)}{2} + 10 \times 0.03 \times \frac{(50+60)}{2} + 10 \times 0.04 \times \frac{(60+70)}{2} + 10 \times 0.02 \times$$

$$\frac{(70+80)}{2} = 62.$$

第三节 习题

1. 已知 $M = \{a, b, c, d, e\}$ 是一个整数集合. 则能确定集合 M.

   (1) a, b, c, d, e 的平均值为 10.

   (2) a, b, c, d, e 的方差为 2.

2. 一组数据中的每一个数都减去 80，得到一组新的数据. 则新数据的平均数是 1.2，方差是 1.44.

   (1) 原来数据的平均数和方差分别是 81.2 和 1.44.

   (2) 原来数据的平均数和标准差分别是 81.2 和 1.2.

3. 某学校组织学生参加英语测试，成绩的频率分布直方图如下，数据的分组依次为 $[20, 40)$，$[40, 60)$，$[60, 80)$，$[80, 100)$，若低于 60 分的有 15 人，则该班的学生人数是

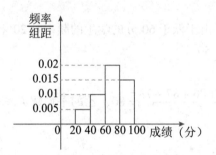

   (A) 45   (B) 50   (C) 55   (D) 60   (E) 65

4. 已知甲、乙两人最近 5 次数学测验成绩如下：（单位：分）

甲	76	84	80	87	73
乙	78	82	79	80	81

   设甲、乙的成绩的均值为 E_1 和 E_2，方差分别为 S_1 和 S_2，则

   (A) $E_1 = E_2$，$S_1 < S_2$ (B) $E_1 = E_2$，$S_1 > S_2$

   (C) $E_1 > E_2$，$S_1 = S_2$ (D) $E_1 < E_2$，$S_1 > S_2$

   (E) $E_1 > E_2$，$S_1 < S_2$

5. 一组数据的平均值是 5，在每个数据上都乘以一个常数 c，再加上 2，若形成的新数据的平均值比原数据的平均值大 12，那么新数据的方差是原数据方差的

   (A) 1 倍   (B) 3 倍   (C) 9 倍   (D) 16 倍   (E) 25 倍

习题详解

1. 【解析】答案是 C.

条件（1），$a+b+c+d+e=50$，不能确定集合 M，不充分.

条件（2），若 a，b，c，d，e 的方差为 2，根据方差性质，数据 $a+n$，$b+n$，$c+n$，$d+n$，$e+n$ 的方差也为 2，不充分.

联合条件（1）和条件（2），$\begin{cases} a+b+c+d+e=50 \\ (a-10)^2+(b-10)^2+(c-10)^2+(d-10)^2+(e-10)^2=10 \end{cases}$，

a，b，c，d，e 为连续的 5 个整数且和为 50，那么 $M=\{8,9,10,11,12\}$，充分，选 C.

2. 【解析】答案是 D.

条件（1），新数据的平均数是 $81.2 \times 1 - 80 = 1.2$，新数据的方差是 $1^2 \times 1.44 = 1.44$，充分.

条件（2）与条件（1）等价，所以条件（2）也充分，选 D.

3. 【解析】答案是 B.

设该班的学生人数是 x，由于低于 60 分的学生的频率是 $20 \times 0.005 + 20 \times 0.01 = 0.3$.

则有 $0.3x = 15$，解得 $x = 50$.

4. 【解析】答案是 B.

甲的平均数 $E_1 = \dfrac{76+84+80+87+73}{5} = 80$，乙的平均数 $E_2 = \dfrac{78+82+79+80+81}{5} = 80$，

则甲的方差：

$$S_1 = \frac{1}{5}\left[(76-80)^2+(84-80)^2+(80-80)^2+(87-80)^2+(73-80)^2\right] = \frac{130}{5} = 26.$$

乙的方差：

$$S_2 = \frac{1}{5}\left[(78-80)^2+(82-80)^2+(79-80)^2+(80-80)^2+(81-80)^2\right] = \frac{10}{5} = 2.$$

$S_1 > S_2$，所以选 B.

5. 【解析】答案是 C.

设原数据的方差是 S^2，由于新数据的平均数是 $5c+2$，则 $5c+2-5=12$，解得 $c=3$，那么新数据的方差为 $c^2 S^2 = 9S^2$，所以新数据方差是原数据方差的 9 倍.